“十四五”首批广西壮族自治区职业教育规划教材
农业高等职业教育本科系列教材

科学测土与合理施肥

钟莉传　主编

中国农业大学出版社
·北京·

内容简介

本教材主要围绕“测土→改土→合理施肥”这一内容主线，运用“工学结合”的理念，较系统地介绍了科学测定土壤和合理施用肥料的知识和技能。

本教材从农业生产实际出发，以典型生产任务为载体，以“项目导向、任务驱动”为依据，精心设计教学项目和学习任务，按照“篇一项目(或基础)一任务”模式进行编写。全书共分两大篇，由15个项目(或基础)54个任务组成。第一篇为测土与施肥基础认知，第二篇为测土与施肥职业岗位能力训练，同时融入思政教育元素，以二维码链接形式辅以图片、PPT文档、视频、随堂测试等立体教学资源，并注意选用企业典型案例，还注意与“1＋X”证书考核要求有机结合。同时，本教材配套开发了在线开放课程，已在中国大学MOOC平台上线。

中国大学 MOOC
在线开放课程《科学测土与合理施肥》

图书在版编目(CIP)数据

科学测土与合理施肥/钟莉传主编.--北京：中国农业大学出版社，2022.6
ISBN 978-7-5655-2798-2

Ⅰ.①科… Ⅱ.①钟… Ⅲ.①土壤肥力-测定法-高等学校-教材②合理施肥-高等学校-教材 Ⅳ.①S158.2②S147.35

中国版本图书馆 CIP 数据核字(2022)第098271号

书　　名 科学测土与合理施肥
作　　者 钟莉传　主编

策划编辑 司建新　　**责任编辑** 韩元凤
封面设计 郑　川
出版发行 中国农业大学出版社
社　　址 北京市海淀区圆明园西路2号　　**邮政编码** 100193
电　　话 发行部 010-62733489,1190　　读者服务部 010-62732336
　　　　　编辑部 010-62732617,2618　　出　版　部 010-62733440
网　　址 http://www.caupress.cn　　**E-mail** cbsszs@cau.edu.cn
经　　销 新华书店
印　　刷 涿州市星河印刷有限公司
版　　次 2022年6月第1版　　2022年6月第1次印刷
规　　格 185 mm×260 mm　　16开本　　17.5印张　　437千字
定　　价 67.00元

编写人员

主　　编　钟莉传（广西农业职业技术大学）

副 主 编　刘　云（广西农业职业技术大学）

余义发（南宁汉和生物科技股份有限公司）

参　　编　张慧娜（广西农业职业技术大学）

罗永明（广西农业职业技术大学）

周晓欢（广西农业职业技术大学）

吴小丽（广西农业职业技术大学）

葛　旭（南宁昇华农业科技有限公司）

审　　稿　伍华远（广西壮族自治区土壤肥料工作站）

前　言

根据教育部《职业院校教材管理办法》(2019 年)、《关于全面提高高等职业教育教学质量的若干意见》(2019 年)等有关文件精神以及国家教材委员会印发的《全国大中小学教材建设规划(2019—2022 年)》要求，充分吸收近年来土壤与肥料领域的新知识、新技术、新成果、新工艺、新案例，结合时代特点和行业及岗位工作要点，围绕培养应用型高层次技术技能人才目标，我们编写了这本《科学测土与合理施肥》教材。

本教材具有以下特色：

一是内容编排突出适用性和时代性。本教材着重对接职业本科教育，深度和广度上均注意与专科教材有所区别。内容编排上既区别于职业专科的以实践操作为主线的工作手册式教材，又有别于完全学科体系普通本科教材。在注重职业能力培养的基础上，还保留较完整的思想和行动体系，使之不过于碎片化和去逻辑化。全书分为两篇。第一篇测土与施肥基础认知，主要系统介绍测土与施肥的基础知识，以对知识技能体系有整体的认识，由 5 个基础 14 个任务组成。第二篇测土与施肥职业岗位能力训练，按实际生产过程分项目进行理实一体化编排，由 10 个项目 40 个任务所组成。同时还注重融入时代和思政教育元素，以二维码链接形式辅以图片、PPT 文档、视频、随堂测试等立体教学资源。同时，在中国大学 MOOC 平台配套开发了在线开放课程，便于学生自学和复习。

二是体例设计凸显职业性和新颖性。本教材为了适应工学结合项目教学的需要，职业岗位能力训练内容按照篇章—项目—任务的体例进行编写。每一项目包括项目描述、项目分析、项目目标、任务导航、小结与思考等栏目。而每一任务又包括任务要求、相关知识、任务准备、实施步骤、作业与活动等。教材版面分为两栏，主体教学内容放于主栏，副栏则是思政教育材料和视频、图片、PPT 文档等辅助或拓展资源(二维码)，这样既保证了知识内容的完整性和系统性，又在对应位置加以个性化拓展学习和思想教育。

三是编写团队的多元性。本教材编写过程中充分考虑了行业和时代特点，邀请了校企、行业技术专家参与教材编写、审核和指导，使教材更具前瞻性、针对性和实用性，更能提升服务产业的能力。

本教材由钟莉传主编。第一篇基础一、基础四，第二篇项目一、项目四和项目八由钟莉传编写；第一篇基础五、第二篇项目六中任务五和任务六、第二篇项目七由刘云编写；第一篇基础三、第二篇项目二、第二篇项目六中任务三和任务四由张慧娜编写；第一篇基础二、第二篇项目三由罗永明编写；第二篇项目五、第二篇项目六中任务一和任务二由周晓欢编写；第二篇项目九、项目十由吴小丽编写；企业技术专家余义发和葛旭提供教材规划指导和肥料使用案例；行业专家伍华远提供相关技术新标准；全书由伍华远审稿。其间还得到广西壮族自治区土壤肥料工作站、南宁汉和生物科技股份有限公司、南宁昇华农业科技有限公司、武鸣县红鹰肥业有限公司等单位的大力支持，在此一并表示感谢！

由于知识日新月异，科技发展和市场需求不断变化，教育教学方法也不断更新，加之编者水平和时间的限制，本书难免有诸多不足之处，衷心希望广大读者和相关专家给予批评、指正。

编 者

2022 年 1 月

目　录

第一篇　测土与施肥基础认知

第二篇　测土与施肥职业岗位能力训练

The first part

The first part

第一篇

测土与施肥基础认知

The first part

The first part

认知背景

习近平总书记指出:“全面建设社会主义现代化国家,实现中华民族伟大复兴,最艰巨最繁重的任务依然在农村,最广泛最深厚的基础依然在农村”“任何时候都不能忽视农业、忘记农民、淡漠农村”。当前,解决好“三农”问题乃全国全党工作的重中之重。为此,在“生态文明建设”“藏粮于地,藏粮于技”和“乡村振兴”战略大力推进实施的背景下,我国农业企业和种植基地越来越多地运用科学技术于生产上,纷纷采用科学测土施肥技术,促进农业节本增效、绿色发展。

因此,农业类高等院校的种植类专业均必修土壤、肥料相关课程,而进行测土施肥职业岗位能力训练前须先掌握基础知识和要求。

基础一
测土与施肥概述

【基础目标】

素质目标：树立明确的职业理想和保护土壤资源及生态环境的意识，具有强烈的社会责任感和深厚的“三农”情怀。

知识目标：解释清楚土壤、土壤肥力、肥料、测土、施肥等概念；说明土壤、肥料与植物生产的关系；说出测土与施肥的目的意义。

能力目标：能通过有效沟通，获取第一手资料；能通过各种途径，收集土壤与肥料方面的拓展知识；能灵活运用土壤肥料与植物生产关系于实际生产上。

【任务导航】

根据项目目标，需完成下列任务：

1.认知土壤、肥料及相关概念

2.了解土壤、肥料与植物生产的关系

3.认识测土与施肥的目的意义

责任担当

农业历来都是中国社会的经济基础，我国很早就形成了独具特色的农学体系。在我国文化典籍中，专门的农书有300余种，如《氾胜之书》《齐民要术》《农书》《农政全书》。

在乡村振兴战略背景下，农业、农村为年轻人提供了施展才华的广阔天地。农林学子应以“学农爱农、强农兴农”为己任，练就服务“三农”的过硬本领，践行科技兴农、质量兴农、绿色兴农。

PPT课件：土壤、肥料及相关概念

任务一　认知土壤、肥料及相关概念

一、任务要求

理解并能说出土壤、土壤肥力、肥料等的概念；能区别自然土壤与耕作土壤、自然肥力与人工肥力；能说出常见的肥料名称及属性。

二、任务内容

1.土壤

《周礼》曰：“万物自生焉则曰土，以人所耕而树艺焉则曰壤。”意思是凡是自然植被生长的土地称为“土”（自然土壤），经人为垦种的土地称为“壤”（耕作土壤）。随着社会科学技术、农业生产的逐渐发展，人类对土壤的认识逐步深化。20世纪30年代，苏联土壤学家威廉斯给土壤下了一个科学定义：土壤就是地球陆地表面能够生长植物的疏松表层。这一概念沿用至今，威廉斯这一概念说明了土壤主要功能是能生长绿色植物，具有生物多样性；所处位置是地球陆地的表层；其物理状态是由多种物质组成的疏松的介质。

尽管不同地区的土壤千差万别，但都具有以下特点：第一，土壤是一个独立的历史自然体。土壤是生物、气候、母质、地形、时间等自然因素和人类活动综合作用下的产物。第二，土壤是多孔多相系统。组成土壤的基本物质主要有固相物质（矿物质、有机物质和生物）、液相物质（水分）和气相物质（空气）等。第三，土壤具有垂直分层性。土壤在发育过程中往往形成不同的层次，使土壤在垂直方向的物质组成和颜色发生分异，形成不同的发生层次。

土壤是人类赖以生存的基本自然资源之一。从土壤中获取更多的食物和纤维等物质来满足人口日益增加的需要、维持人类社会和地球上其他生命的生息繁衍、不断改善人们的生活水平是农业生产的基本宗旨。土壤作为农业生产的基本生产资料和主要活动对象起着无可取代的作用。因此，如何合理高效地开发利用土地资源、保障土壤的生产力并避免对水土环境的不利影响是现代农业可持续稳定发展的关键。以土壤形成过程来看，通常将未经人工开垦的土壤称为自然土壤；经过开垦、耕种以后，其原有性质发生了变化，称为农业土壤或耕作土壤。

2.土壤肥力

如前所述，土壤之所以能够生长绿色植物，是因为土壤具有一定的肥力。什么是土壤肥力呢？土壤肥力是指土壤具有能同时并不断地供给和调节植物生长发育所需要的水分、养分、空气、热量和其他条件的能力。

土壤肥力是土壤最基本的特征。

养分、水分、空气和热量被称为土壤肥力的四大要素。土壤肥力的各要素不是孤立的，而是相互联系、相互制约的。如土壤孔隙中存在水分和空气，在孔隙度不变的情况下，水分的增加会使空气含量减少，土壤通气性降低。同时因为水的热容量较大，水分的增加也会使土壤温度下降，影响土壤养分的转化。而当土壤温度较高时，水分蒸发的速度较快，水分含量降低，土壤矿化速度加快，土壤养分供应增加。

根据肥力产生的原因，可将土壤肥力分为自然肥力和人工肥力。自然肥力是未经农业利用的自然土壤所具有的肥力。人工肥力是在人为因素(耕作、灌溉、施肥及其他技术措施)影响作用下形成的肥力。人工肥力是自然土壤经过开垦耕作以后，在人类生产活动影响下创造出来的。

根据表现的经济效益，又可将土壤肥力分为有效肥力和潜在肥力。由于土壤性质、环境条件和技术水平的限制，只有其中一部分肥力在当季生产中能表现出来，产生经济效益，这一部分叫“有效肥力”，而没有直接被当季作物利用的肥力则叫“潜在肥力”。有效肥力和潜在肥力可以相互转化，两者之间没有明显的界线。例如大部分的低洼积水的烂泥田、冷浸田，这种土壤有机质和氮磷钾的含量虽然较高，但其有效供应能力则较低。因此，对于这类土壤应加强农田基本建设，改造土壤环境条件，以促进土壤潜在肥力转化为有效肥力。

3.肥料

凡是能直接或间接供给作物养分，增加作物产量，改善作物品质或能改良土壤性状、培肥地力的物质，统称肥料。故而，肥料有“植物的粮食”之称。肥料种类繁多，根据不同的分类方式可以分为不同类别(表 1-1-1)。最常见的是根据肥料的来源与组分分为化学肥料、有机肥料和生物肥料三大类。

表 1-1-1　不同肥料分类情况

分类依据	类型	含义	示例
来源与组分	化学肥料	又称无机肥料，是指在工厂里用化学方法合成的或采用天然矿物精制加工的肥料。	尿素、过磷酸钙、硫酸钾等。
	有机肥料	是指来源于植物和(或)动物，施于土壤以供植物养分为主要功效的含碳物料。	人粪尿、厩肥、绿肥等。
	生物肥料	又称微生物肥料，是指含活性微生物的特定制品，应用于农业生产中，能获得特定的肥料效应。	根瘤菌肥、磷细菌肥等。
有效养分数量	单质肥料	氮、磷、钾三种养分或微量元素养分中，仅具有一种养分标明量的化学肥料。	碳酸氢铵、氯化钾、硼砂等。
	复混肥料	氮、磷、钾三种养分中，至少具有两种养分标明量的由化学方法(或)掺混方法制成或化合制成。	磷酸二氢钾、花生专用肥等。

名家故事：
大地之子——侯光炯

拓展知识：土壤、
土地与人类

名言警句

土壤就像黄金一样，你肯去开拓，总会有收获的。

(鲁迅)

我唯一的心愿是：化作泥土，留在人们温暖的脚印里。

(巴金)

爱护土壤就是爱护人类，拯救土壤就是拯救人类。

(熊毅)

续表1-1-1

分类依据	类型	含义	示例
肥效作用方式	速效肥料	养分易为植物吸收、利用，肥效快的肥料。	碳酸氢铵、硝酸铵等
	缓效肥料	养分所呈的化合物或物理状态，能在一定时间内缓慢释放，供植物持续吸收利用的肥料。	尿甲醛、包膜尿素等
肥料的化学性质	碱性肥料	化学性质呈碱性的肥料。	碳酸氢铵等
	酸性肥料	化学性质呈酸性的肥料。	过磷酸钙等
	中性肥料	化学性质呈中性或接近中性的肥料。	尿素等
反应性质	生理碱性肥料	养分经植物吸收利用后，残留部分导致生长介质酸度降低的肥料。	硝酸钠等
	生理酸性肥料	养分经植物吸收利用后，残留部分导致生长介质酸度提高的肥料。	硫酸钾、硫酸铵、氯化铵等
	生理中性肥料	养分经植物吸收利用后，无残留部分或残留部分基本不改变生长介质酸度的肥料。	硝酸铵等

（参考《土壤肥料》，宋志伟、王庆安，2019）

三、作业与活动

1.作业

(1)什么叫土壤？土壤的特点有哪些？

(2)什么是土壤肥力？什么叫肥料？土壤肥力与肥料的主要区别是什么？

2.课外活动

(1)以学习小组为单位，到附近农村访问农户，调查当地农田土壤利用情况(或种植对象)。

(2)以学习小组为单位，到当地肥料市场，调查其销售肥料的类型、名称与养分含量等。

学习视频：土壤与肥料概述

拓展知识：世界土壤日

政策法规：基本农田保护条例

任务二　了解土壤、肥料与植物生产的关系

一、任务要求

熟悉土壤、肥料与植物生产的关系；能阐释土壤在植物生长发育中的重要作用及肥料在农业生产中的重要作用。

二、任务内容

1.土壤与植物生产的关系

“万物土中生，有土斯有粮”“民以食为天，食以土为本”，这些都精辟

名言警句

但存方寸地，留与子孙耕。

（《增广贤文》）

一分土地，万分珍惜。

（土地日宣传语）

地概况了人类—农业—土壤的关系。众所周知,农业生产的基本任务是发展人类赖以生存的绿色植物生产。而土壤不仅是植物扎根立足之地,还能供给植物生命活动所需的大部分生活要素。绿色植物的生活要素有日光(光能)、热量(热能)、空气(主要是氧气和二氧化碳)、水分和养分。光、热和空气主要来自太阳辐射和大气,称为宇宙因素;水分和养分主要来自土壤,故称土壤因素。良好的土壤能使植物吃得饱(养分供给充足)、喝得足(水分供应充分)、住得好(空气流通、温度适宜)、站得稳(根系生长根深蒂固)。总之,土壤在植物生长过程中有如下不可替代的作用:

(1)土壤是植物生长的营养库。植物需要的营养元素如碳(C)、氢(H)、氧(O)、氮(N)、磷(P)、钾(K)、钙(Ca)、镁(Mg)、硫(S)、铁(Fe)、硼(B)、锰(Mn)、铜(Cu)、锌(Zn)、钼(Mo)、氯(Cl)、镍(Ni)等中,除碳、氢、氧以气态养分(如 CO_2、O_2 和 H_2O 等)被植物吸收外,其他元素均可从土壤中吸取,故土壤是植物的营养库。

(2)土壤能使养分循环利用。在土壤的发生和演化过程中,植物不断从土壤中吸收养分,而当植物死亡后这部分养分重新归还到土壤中,或其他生物消耗植物产品后将养分再归还到土壤中,这些养分可重新被植物吸收利用,使养分不断地在土壤和植物及其他生物之间循环转化。正是由于养分的不断循环与转化作用,从而保持了生物生命周期的生息与繁衍。

(3)土壤能涵养水分。因土壤具有较大的总表面积和较多的毛管孔隙,故土壤具有很强的吸收和保持水分的能力,能使雨水涵养在土壤之中。

(4)土壤是生物的栖居地。土壤被认为是地球上生物独一无二的生境(Warkentin,1995)。几乎所有的陆生动物都生活在土壤之上,并且有多种动物栖身于土壤中。据报道,土壤中存在1亿多种微生物,其中许多是植物和动物病原菌。人类首先发现并大量利用的抗生素——青霉素就是从土壤中分离得到的。同时,植物的根系不仅能从土壤中吸收养分,还能在土壤中纵横伸展而不至见风就倒,所以土壤具有机械支撑植物挺立的作用。

(5)土壤有着稳定和缓冲环境变化的作用。土壤处于大气圈、水圈、岩石圈及生物圈的交界面,是地球表面各种物理、化学、生物化学过程的反应界面,是物质与能量交换、迁移等过程最复杂、最频繁的地带。这种特殊的空间位置,使得土壤具有抗外界温度、湿度、酸碱性、氧化还原性变化的缓冲能力。对进入土壤的污染物能通过土壤生物进行代谢、降解、转化、清除或降低毒性,起着"过滤器"和"净化器"的作用,为地上部分的植物和地下部分的微生物的生长繁衍提供一个相对稳定的环境。

2.肥料与植物生产的关系

植物生产离不开肥料,肥料是植物的"粮食",是重要的农业生产物资,在农业生产中起着重要的作用。我国农谚有"庄稼一枝花,全靠肥当

PPT课件:土壤、肥料与植物生产的关系

拓展知识:全国土地日

农事谚语

白土地里看苗,黑土地里吃饭。

肥料没得巧,只要肥料配得好。

庄稼百样巧,肥是无价宝。

家”之说。根据联合国粮农组织(FAO)的资料,发展中国家通过施肥可提高粮食作物单产55%～57%,可提高总产30%～31%。可见,合理施肥不仅可以提高植物产量,改善产品品质,还能提高土壤肥力。施肥对农业生产的作用可概括为如下几个方面:

(1)肥料能促进和改善土壤—植物—动物系统中营养元素的平衡、交换和循环。

(2)肥料能提高土壤肥力,进而提高土地生产力,即肥料能提高单位面积土地的农产品数量与质量,使得土壤资源能得到永续利用。

(3)肥料能使植物生长茂盛,提高地面覆盖率,减缓或防止地表土壤侵蚀,维护了地表水域、水体的洁净不受污染。

拓展知识:耕地红线

(4)肥料能改善农副产品的品质,保护人体健康。合理施用肥料不仅能提高植物产品数量,而且能在不同程度上提高和改善农副产品品质及营养状况,有利于人体健康。

当然,施肥不合理也会带来负面影响:

(1)降低植物抗逆能力或造成肥害,影响作物生长,导致减产或产品质量恶化。

(2)恶化土壤理化及生物性状,导致土壤养分比例失调,进而使得土壤肥力下降,生产性能受到影响。

(3)污染生态环境,导致人体健康受到威胁和生态系统平衡受到影响。

拓展知识:沃土工程简介

随着化肥农药零增长的提出,肥料尤其是化肥减肥增效成了当前各地必须积极实践的课题,只有合理利用肥料资源,防止环境污染,维护生态平衡,我们才能为子孙“留一块绿地,留一片蓝天”。

三、作业与活动

1.作业

(1)为什么说土壤是植物生长发育的基础?

(2)为什么说肥料是植物的粮食?

2.课外活动

查阅相关资料,了解近两年有关土壤、肥料方面的新政策、新技术、新成果,各小组制作一份卡片或写一篇综述。

任务三　认识测土与施肥的目的意义

一、任务要求

能清楚测土与施肥的含义,能说出为什么要测土和施肥,从而产生测土和施肥的动机。

二、任务内容

1.测土的目的意义

(1)含义　所谓测土,就是对土壤的组成成分和物理、化学性质进行的定性、定量测定分析;是进行土壤生成发育、肥力演变、土壤资源评价、土壤改良和合理施肥研究的基础工作,也是环境科学中进行环境质量评价的重要手段。在农业生产上的测土主要是为了了解与作物生产有关的性状,如植物必需的营养元素含量、土壤水分含量、土壤有机质含量,还有土壤质地、孔隙度、酸碱性、吸收性能等物理化学性质等。

测土是"测土配方施肥"综合技术的第一个环节,是制定肥料配方的重要依据之一,也是该项综合技术得以实施的前提。

(2)目的意义　测土是为了弄清当前土壤理化状况和土壤养分的供应能力,再根据作物的生长和生产需求,就可以针对性调控土壤条件和进行平衡施肥,而不是盲目管理和用肥。

测土可以反映出土壤性状是否优良,尤其是当前供肥状况,是衡量施肥效果和确定是否需要施肥的依据。此外,养分测定值还常用来进行不同土壤或不同田块土壤养分状况的比较。因此,土壤测定不仅在田间施肥试验、植株营养诊断和施肥诊断中有着广泛的应用,而且对大田生产、土壤改良有着重要的指导意义。

2.施肥的目的意义

(1)含义　施肥,是指将肥料施于土壤中或喷洒在植物上,以提供植物所需养分,并保持和提高土壤肥力的农业技术措施。

合理和科学施肥是保障粮食安全和维护农业可持续性发展的主要手段之一。

(2)目的意义　作物以不同方式从土壤中吸收带走养分,不断栽培作物,势必会使土壤逐渐贫瘠,为保持土壤肥力,就需要以肥料形式归还一些养分给土壤。肥料是土壤养分的主要来源,施肥能培肥地力,保持土壤持续生产能力;施肥可以增加作物产量,改善作物品质,提高经济效益。

3.因土施肥的意义

所谓因土施肥,就是根据土壤的性质和养分含量施用不同的肥料和采用不同的施肥方法。

目前在农业生产上,盲目用肥、肥料利用率不高、效益低的问题依然突出。因此,在测定土壤性状基础上,针对性施用肥料,可以节肥增产,提高肥料利用率,提高经济效益;可以培肥改土,协调养分;可以提高农产品品质,保护生态环境。

三、作业与活动

1.作业

施肥前为什么要测土?

PPT课件:测土与施肥的目的意义

学习视频:测土与施肥的目的意义

拓展知识:"藏粮于地、藏粮于技"战略

正能量微语

农业是其他技艺的母亲和保姆,因为农业繁荣的时候,其他一切技艺也都兴旺。

(色诺芬)

随堂测试:测土与施肥概述

2.课外活动

以学习小组为单位，到附近农村访问农户，调查当地是否开展了测土施肥。

【小结与思考】

◆小结

- 测土与施肥概述
  - 认知土壤、肥料及相关概念
    - 土壤
      - 定义
      - 特点
      - 分类
    - 土壤肥力
      - 定义
      - 要素
      - 分类
    - 肥料
      - 定义
      - 分类
  - 了解土壤、肥料与植物生产的关系
    - 土壤与植物生产的关系
      - 土壤是植物生长的营养库
      - 土壤能使养分循环利用
      - 土壤能涵养水分
      - 土壤是生物的栖息地
      - 土壤有稳定和缓冲环境变化的作用
    - 肥料与植物生产的关系
      - 肥料能促进和改善土壤—植物—动物系统中营养元素的平衡、交换和循环
      - 肥料能提高土壤肥力，提高土地生产力
      - 肥料能使植物生长茂盛，提高地面覆盖率，减缓或防止地表土壤侵蚀和水体污染
      - 肥料能改善农副产品的品质，保护人体健康
      - 肥料施用不当会造成负面影响
  - 认识测土与施肥的目的意义
    - 测土的目的意义
      - 含义
      - 目的意义
    - 施肥的目的意义
      - 含义
      - 目的意义
    - 因土施肥的意义
      - 含义
      - 意义

◆思考

1.长有仙人掌的沙漠算土壤吗？

2.土壤肥力与肥料有什么关系？

3.本学科与其他学科有什么关系？

基础二
土壤形成与发育

【基础目标】

素质目标：树立保护土壤资源和生态环境意识，热爱土地，具有利用自然和改造自然的理念和信心。

知识目标：能理解影响土壤形成的因素；能解释土壤形成和发育的过程；能弄清楚土壤类型和分布情况；能说出土壤剖面的概念和主要构造。

能力目标：会设置、挖掘和观测土壤剖面，并能根据剖面情况正确判断土壤肥力性状，找出限制生产的障碍因素。

【任务导航】

根据项目目标，需完成下列任务：

1.认识土壤形成与发育过程

2.了解土壤分类及分布

3.了解土壤剖面及肥力性状

任务一　认识土壤形成与发育过程

责任担当

土壤是岩石和矿物在各种因素作用下经过漫长的时间才能形成的，是最珍贵的自然资源。从数量上看，土壤资源是有限的，是不可再生的；从质量上看，土壤也是有限的，土壤肥力一旦下降，质量一旦“退化”，将给社会与人类带来严重后果。因此，保护土壤资源是全社会乃至全人类义不容辞的责任。

PPT课件：认识土壤形成与发育过程

学习视频：土壤形成与发育认知

一、任务要求

能理解并阐述影响土壤形成的因素；能解释土壤形成和发育的过程；明确自然因素和人为因素在土壤形成过程中的作用。

二、任务内容

1.土壤形成因素

土壤形成因素又称成土因素，是影响土壤形成和发育的基本因素，它是一种物质、力、条件或关系或这些因素的组合。这些因素已经对土壤形成发生影响或将继续影响土壤的形成。

自然成土因素包括母质、生物、气候、地形和时间。人类活动也是土壤形成的重要因素，可对土壤性质和发展方向产生深刻的影响，有时甚至起着主导作用。在五大成土因素和人类活动的相互作用、相互影响下，土壤的发生条件趋向多样性和复杂性，使某些土壤产生了一些分异性，从而形成各种各样的土壤类型。

（1）母质　矿物质、化学特性影响成土过程的速度、性质和方向；母质的机械组成和矿物风化特征直接影响土壤质地，从而影响土壤形成以及一系列土壤理化性质；母质的层次性可长期保存于土壤剖面构造中，影响土壤的发育和形态特征。

（2）生物　土壤形成的生物因素包括植物、土壤动物和土壤微生物。生物因素是促进土壤形成最活跃的因素。生物除参与岩石风化外，还在土壤形成中进行着有机质的合成和分解。只有当母质中出现了微生物和植物时，土壤的形成才真正开始。

土壤微生物对成土的作用是多方面的，且非常复杂，其中最主要的是作为分解者推动土壤生物小循环不断发展。植物通过合成有机质向土壤中提供有机物质和能量，促使母质的肥力因素改变；同时根在土壤中生长产生机械作用，可促进土壤结构体的形成。在一定的气候条件下，植物与微生物的特定组合决定了土壤形成的发展速度与方向，产生相应的土壤类型。土壤动物参与了土壤中有机残体的破碎与分解作用，并通过搬运、疏松土壤及母质影响土壤物理性质。

（3）气候　气候直接参与母质的风化过程和土壤淋溶过程，直接影响土壤的水热状况和物质的转化与迁移，决定土壤的水、热条件。

（4）地形　地形是影响土壤和环境之间进行物质、能量交换的一个重要条件，它主要通过影响其他成土因素对土壤形成起作用。地形通过影响水热条件和地表物质的再分配，从而影响母质和植被类型，使在不同地形条件下形成不同的土壤类型。

(5)时间　影响土壤形成的母质、气候、生物和地形等因素的作用程度和强度都随时间的延长而不断加深，土壤的形成和发展也会随时间的推移而不断深化，并可从土壤剖面分异、土壤的形态和性质上反映出来。土壤在当地新鲜风化层或新母质上开始时起到目前所经历的时间，称为土壤的绝对年龄，通常用“万年”表示；土壤的发育阶段或土壤的发育程度，称为土壤的相对年龄。通常所说的土壤年龄是指相对年龄。

(6)人类活动　人类活动对土壤形成过程的影响与其他五个自然因素有本质的区别。人类活动可定向培育土壤，使土壤肥力特性发生巨大变化。同时，人类对土壤的影响具有双重性，利用合理有助于土壤质量的提高，利用不当则会导致土壤资源破坏和肥力下降。例如我国一些地区的土壤退化，其主要原因就是由于人类不合理利用造成的。

2.土壤形成过程

物质的地质大循环是指地面岩石的风化、风化产物的淋溶与搬运、堆积，进而产生成岩作用，这是地球表面恒定的周而复始的大循环，它是一个地质学的过程，每一轮循环所需时间长，范围广。生物小循环是植物营养元素在生物体与土壤之间的循环(吸收、固定和释放的过程)，其结果使植物营养元素逐渐在土壤中增加并累积，它是生物学过程，每一轮循环的时间短，范围小。

土壤形成是一个综合性的过程，其实质是物质的地质大循环与生物小循环的矛盾统一，其中又以生物小循环为矛盾的主要方面。地质大循环是物质的淋失过程，生物小循环是土壤营养元素的集中过程，二者是矛盾的。地质大循环形成的母质是生物小循环发生的基础，地质大循环和生物小循环的共同作用才能使土壤发生。在土壤形成过程中，两种循环过程相互渗透和不可分割地同时同地进行，它们之间通过土壤而相互联结在一起，任何单一循环都不能使土壤形成。

3.土壤成土过程

由于各地区成土因素的差异，在不同的自然因素综合作用下，大小循环所表现的形式不同，必然产生各式各样的成土过程。

根据土壤发育形成中物质与能量的迁移、转化、累积、交换的特点和差异，土壤表现出各种各样的成土过程，如原始成土、有机质积聚、富铁铝化、钙化、盐碱化、灰化和潜育化等成土过程。土壤形成过程中，因主导的成土过程不同，从而产生不同的土壤类型。

4.成土过程与成土因素的关系

在自然情况下，某一土壤的形成总有几种成土过程同时或叠加发生作用，风化过程也是如此。风化和成土过程均可随时间而发生变化，所以土壤中的各种过程亦可随土壤发育而改变。

拓展知识：土壤进化年龄图

政策法规

《中华人民共和国土壤污染防治法》第四条规定：任何组织和个人都有保护土壤、防止土壤污染的义务。

随堂测试:认识土壤形成与发育过程

三、作业与活动

1.学生作业

(1)简述影响土壤形成的因素。

(2)解释土壤形成的过程。

2.课外活动

观察你家乡的土壤,描述其形态特征,判断土壤类型,分析其成土过程。

任务二　了解土壤分类及分布

一、任务要求

了解我国土壤分类情况;了解我国土壤分布规律。

二、任务内容

(一)土壤分类

土壤分类的发展,从古代朴素的土壤分类阶段,到 20 世纪 50 年代地理发生分类、形态发生分类和历史发生分类三派鼎力阶段,发展到目前定量的系统分类阶段。我国从 20 世纪初采用发生分类制,至 20 世纪 80 年代中期开始了系统分类的研究,当前我国国内出现了土壤发生分类(中国土壤分类系统)和土壤系统分类(中国土壤系统分类)并存局面。

名言警句

有了脚下地,

才有口中粮。

(土地宣传标语)

(二)我国土壤分类方法

1.土壤发生分类(中国土壤分类系统)

我国现行的根据土壤发生分类的土壤分类系统,是在 1992 年汇总第二次全国土壤普查成果编撰《中国土壤》时而拟定的《中国土壤分类系统》(席承藩,1998),2000 年第一次修订,2009 年第二次修订。该系统是以成土条件、成土过程和土壤属性的三者统一来划分土壤,属于地理发生学土壤分类(非定量化的),从上至下共设土纲、亚纲、土类、亚类、土属、土种和亚种七级分类单元,包括 12 个土纲 29 个亚纲 61 个土类 229 个亚类(表 1-2-1)。

PPT 课件:了解土壤分类及分布

2.土壤系统分类(中国土壤系统分类)

中国土壤系统分类是以土壤本身性质为分类标准的定量化分类系统,属于诊断分类体系。该系统是由中国科学院南京土壤所主持拟定的,其分类主要依据诊断层和诊断特性,是系统化、定量化的土壤分类(龚子同等,1999),共设有 11 个诊断表层、25 个诊断特性。中国土壤系统分类为多级分类,共六级,即土纲、亚纲、土类、亚类、土族和土系,前四级为高级分类级别,后两级为基层分类级别。中国土壤系统分类共包括 14 个土纲 39 个亚纲 141 个土类和 595 个亚类。14 个土纲分别是：有机土、人为土、灰土、火山灰土、铁铝土、变性土、干旱土、盐成土、潜育土、均腐土、富铁土、淋溶土、雏形土、新成土。

（三）我国土壤分布规律

由于土壤是在各种成土因素综合作用下的产物，因此在起主导作用的成土因素作用下，形成相应不同的土壤类型。土壤分布于不同的地理位置，与当地的生物、气候条件相适应，在广域上表现出水平分布规律和垂直分布规律。同时，与地方性的母质、地形、水文、地质和成土时间相适应，在中域或微域上表现出区域分布规律。

表 1-2-1　中国土壤分类系统（GB/T 17296—2009）

土纲	土类
铁铝土	1.砖红土 2.赤红土 3.红壤 4.黄壤
淋溶土	5.黄棕土 6.黄褐土 7.棕壤 8.暗棕壤 9.白浆土 10.棕色针叶林土 11.漂灰土 12.灰化土
半淋溶土	13.燥红土 14.褐土 15.灰褐土 16.黑土 17.灰色森林土
钙成土	18.黑钙土 19.钙栗土 20.栗褐土 21.黑垆土
干旱土	22.棕钙土 23.灰钙土
漠土	24.灰漠土 25.灰棕漠土 26.棕漠土
初育土	27.黄绵土 28.红黏土 29.新积土 30.龟裂土 31.风沙土 32.石灰土 33.火山灰土 34.紫色土 35.磷质石灰土 36.石质土 37.粗骨土
半水成土	38.草甸土 39.砂姜黑土 40.山地草甸土 41.林灌草甸土 42.潮土
水成土	43.沼泽土 44.泥炭土
盐碱土	45.盐土 46.漠境盐土 47.滨海盐土 48.酸性硫酸盐土 49.寒原盐土 50.碱土
人为土	51.水稻土 52.灌淤土 53.灌漠土
高山土	54.高山草甸土 55.亚高山草甸土 56.高山草原土 57.亚高山草原土 58.山地灌丛草原土 59.干寒高山漠土 60.亚高山漠土 61.寒冻高山荒漠土

（引自《土壤肥料》，第 4 版，宋志伟、王阳主编，2015 年）

拓展资料：GB/T 17296—2009 中国土壤分类与代码

名家故事：席承藩：用一生为祖国画一张清晰的土壤分布图

1.水平地带性规律

土壤分布的水平地带性是指在水平方向上，土壤分布因生物气候带的变化而变化的规律，包括纬度地带性规律和经度地带性规律。我国东部由北向南依次分布：暗棕壤与白浆土—棕壤—黄棕壤—红壤与黄壤—赤红壤—砖红壤，形成湿润海洋性土壤地带谱，它的分布规律与纬度带基本一致，又称纬度地带性；我国西部由东向西分布：黑钙土—栗钙土—棕钙土—灰钙土和荒漠土，形成干旱内陆性土壤地带谱，它的分布规律与经度带基本一致，又称经度地带性；在这两个土壤地带谱之间，自东北大兴安岭西麓向西南至黄土高原，则形成一个过渡性土壤地带谱，顺次分布：黑土与黑钙土—栗钙土—灰褐土—褐土—黑垆土。

2.垂直地带性规律

随着海拔高度的增加，土壤类型呈带状分布，称之为土壤的垂直地带性规律。随着山体海拔高度的增加，生物、气候条件随之发生变化，土壤类型也随之发生有规律的更替。例如，我国秦岭南北坡土壤垂直分布规律，北坡由下而上依次分布：垆土—褐土—淋溶褐土—棕壤—暗棕壤—山地草甸土，南坡由下而上依次分布：黄棕壤—棕壤—暗棕壤—局部山地沼泽地—山地草甸土（图 1-2-1），具有较为完整的土壤垂直带谱，在不同的土壤带上分布不同的植被。

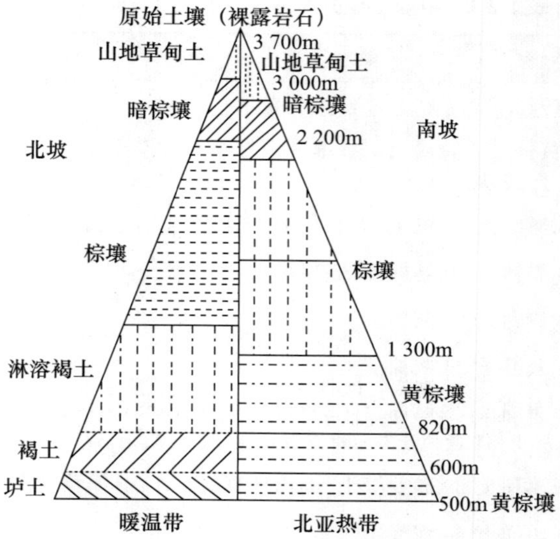

图 1-2-1 秦岭南北坡土壤垂直带谱比较

（引自《土壤肥料》，第 4 版，宋志伟，王阳主编，2015）

3.区域性分布规律

在地带性土壤分布规律的基础上，在某一地理区域，受非地带性因素（如母质、水文、地质、地形、耕作等）的制约，同一土类可镶嵌分布在不同的土壤带之中，呈非地带性分布规律，也称为区域分布规律。在中域地形上常见的土壤组合有：

（1）枝形土壤组合　高原与低山丘陵沟谷发育区，多是树枝状伸展，土壤自丘顶到谷底形成枝形土壤组合，它由相应的地带性土壤、水成土与半水成土组成。如黄土高原的干谷多呈树枝状伸展，由高原面向沟底延伸，分别出现轻质黑垆土、黑垆土和黄绵土，沟底地段出现黄潮土。

（2）扇形土壤组合　扇形土壤组合常见于山间盆地与冲积平原中，如华北平原是由黄河多次泛滥沉积而成，沿黄河河道有一系列冲积扇形地向外伸展，由扇形地上部开始，根据急沙慢淤，不急不慢两合土的

名家故事：我国土壤学家的南海情结

沉积规律，依次出现沙土、两合土与淤土，而在两合土上因返盐而形成花碱土。

(3)盆形土壤组合　盆形土壤组合多见于湖泊四周，地形由四周向中心倾斜，水分状况也发生变化，以湖泊为中心向外扩展，依次出现沼泽土、草甸土及地带性土壤。如内蒙古高原分布的许多湖泊，由湖盆中心向外扩展可依次出现沼泽土、盐化草甸土、草甸栗钙土和栗钙土。

(4)在微域地形上，由于微地形、母质或人为改造地形的结果可形成土壤复区分布。如南方水稻土就是一种在长期水耕熟化条件下形成的区域性分布的土类。

我国土壤资源极其丰富，其特征存在显著差异。我国一些重要土壤类型的分布与特征如表 1-2-2 所示。

拓展知识："一带一路"沿线国家土壤资源特点

拓展知识：土壤为什么有不同颜色？

表 1-2-2　我国主要土壤的分布与特征

土类	分布	主要性质与特征
砖红壤	热带雨林或季雨林	属强富铝化酸性土壤，在中国分布面积较小。风化度很高，黏粒的二氧化硅/氧化铝的值(以下同)低于 1.5，黏土矿物含有较多的三水铝矿、高岭石和赤铁矿，阳离子交换量很少，盐基高度不饱和。
赤红壤	南亚热带常绿阔叶林	具有红壤和砖红壤某些性质的过渡性土壤。
红壤	中亚热带常绿阔叶林	富铝化酸性土壤，分布在干湿季变化明显的地区，淀积层呈红棕色或橘红色，剖面下部有网纹和铁锰结核，二氧化硅/氧化铝的值为 1.9～2.2，黏土矿物含有高岭石、水云母和三水铝矿。
黄壤	中亚热带常绿阔叶林	分布在多云雾、水湿条件较好的地区，以川、黔两省为主，以土层潮湿、剖面中部形成黄色或蜡黄色淀积层为其特征，黏土矿物含有较多的针铁矿和褐铁矿。
黄棕壤	亚热带落叶阔叶林、杂生常绿阔叶林	属弱富铝化、黏化、酸性土壤，分布于长江下游，界于黄、红壤和棕壤地带之间，土壤性质兼有黄、红壤和棕壤的某些特征。
棕壤	暖温带的夏绿阔叶林或针阔混交林	中性至微酸性的土壤，特点是在腐殖质层以下具棕色的淀积黏化层，土壤矿物风化度不高，二氧化硅/氧化铝的值 3.0 左右，黏土矿物以水云母和蛭石为主，并有少量高岭石和蒙脱石，盐基饱和度 50%以上。
暗棕壤	温带针阔混交林或针叶林	分布在东北地区的东部山地和丘陵，介于棕壤和漂灰土地带之间，与棕壤的区别在于腐殖质累积作用较明显，淋溶淀积过程更强烈，黏化层呈暗棕色，结构面上常见有暗色的腐殖质斑点和二氧化硅粉末，盐基饱和度在 70%～80%。
漂灰土	北温带针叶林	分布在大兴安岭中北部，亚表层具弱灰化或离铁脱色的特征，常出现漂白层，强酸性，盐基高度不饱和，属于生草灰化土和暗棕壤之间的过渡性土类，可认为是在地方性气候和植被影响下的特殊土类。
褐土	暖温带半湿润区	具有黏化与钙质淋溶淀积的土壤，盐基饱和，处于硅铝风化阶段，有明显黏淀层与假菌丝钙积层，B 层呈棕褐色，盐基饱和度在 80%以上，有时过饱和。

续表1-2-2

土类	分布	主要性质与特征
灰褐土	温带干旱、半干旱山地	腐殖质积累与积钙作用明显的弱碱性土壤，枯枝落叶层有机质含量非常高，下层可见褐色腐殖层，有弱黏淀特征，钙积层在 40～60 cm 以下出现，铁铝氧化物不能移动。
黑土	温带半湿润草甸草原	具有深厚腐殖质层的非石灰性黑色土壤，腐殖质层可达 30～60 cm，有机质含量高，底层具轻度滞水还原淋溶特征，盐基饱和度高达 80%以上。
草甸土	地下水位较浅	潜水参与土壤形成过程，具有明显的腐殖质积累，由于地下水的升降与浸润作用，形成具有锈斑的土壤。
潮土	近代河流冲积平原或低平阶地	这类土壤是在长期耕作施肥和灌溉的影响下形成的。在成土过程中，获得了一系列新的属性，使土壤有机质累积、土壤质地及层次排列、盐分剖面分布，都起了很大变化。地下水位浅薄，底土氧化还原作用交替，形成锈色斑纹。长期耕作，表层土壤有机质含量只有 10～15 g/kg。
盐土	半湿润半干旱地区或沿海一带	分草甸盐土和滨海盐土，前者为高矿化地下水经毛细管上升至地表，盐分累积大，达到盐土范围；后者为土体含有氯化物为主的可溶性盐，其盐分组成与海水基本一致。
碱土	干旱地区	土壤交换性钠离子高达 20%以上，强碱性土壤。土壤黏粒下移累积，物理性状不好，坚实板结。表层质地轻，有蜂窝状孔隙。
水稻土	秦岭—淮河一线以南，其中长江中下游平原、珠三角、四川盆地和台湾西部平原最为集中	水稻土是耕种活动的产物，由各种地带性土壤、半水成土和水成土经水耕熟化培育而成。在季节性淹水、灌溉、耕作、施肥等措施影响下，进行氧化还原交替过程、有机质的合成与分解、复盐基作用与盐基的淋溶及黏粒的分解、聚积与迁移、淋失，使原来的土壤特征受到不同程度的改变，使剖面发生分异。
高山土	青藏高原、海拔高山垂直带最上部	冻结与溶化交替进行，土壤有机质腐殖化程度低，矿物质分解也很微弱，土层浅薄，粗骨性强，层次分异不明显。

（参考《土壤肥料》，第 4 版，宋志伟、王阳主编，2015）

拓展知识：为什么说黑土地是“耕地中的大熊猫”

拓展知识：五色土

三、作业与活动

1.学生作业

（1）简述我国现行的土壤分类方法。

（2）阐述我国土壤分布的规律性。

2.课外活动

全班分成若干个项目小组，通过查询有关土壤肥料书籍、杂志、网站等的信息，走访当地农业局、种植能手，以“当地土壤资源的分布与特点”为内容，每组撰写一份总结报告。

随堂测试：了解土壤分类及分布

农事谚语

万物生于土；
万物归于土。

任务三　了解土壤剖面及肥力性状

一、任务要求

能解释土壤剖面的概念；能正确进行土壤剖面的设置、挖掘和观察记载并能准确判断土壤肥力性状，找出限制生产的障碍因素。

二、任务内容

1.土壤剖面

从地表向下所挖出的垂直切面，深度一般在两米以内，称为土壤剖面。一个完整的土壤剖面应该包括土壤形成过程中所产生的发生学层次以及母质层次。土壤剖面可以表示土壤的外部特征，包括土壤的若干发生层次、颜色、质地、结构和新生体等。

2.土壤发生层

在土壤形成的过程中，由于物质的迁移和转化，土壤分化成一系列组成、性质和形态各不相同的层次，称为土壤发生层或土层，这些层次大致呈水平状态，平行于地表，共同构成了土壤剖面。发生层的顺序和变化情况，反映了土壤的形成过程及土壤性质。

3.土壤剖面形态特征

土壤剖面形态是土壤内部性质的外在表现，是土壤发生、发育的结果。不同类型的土壤具有不同的剖面特征。

(1)自然土壤剖面　目前国际上尚无统一的土层命名法，但自1967年国际土壤学会提出把土壤剖面划分为：O(有机层)、A(腐殖质层)、E(淋溶层)、B(沉积层)、C(母质层)、D或R(母岩层或基岩层)。自然土壤剖面一般可分为四个基本层次：腐殖质层(A)、淋溶层(E)、沉积层(B)和母质层(C)，如图1-2-2所示。基本发生层按其发育上的差异又可以分为若干个亚层，每一层都有相对应的代码(详见右侧拓展知识)。

拓展知识：土壤剖面各层次的代码和特点

由于自然条件和发育时间、程度的不同，土壤剖面构型差异很大，有的可能不具有以上所有的土层，其组合情况也各不相同。例如，处在发育初期阶段的土壤类型，剖面可能只有A—C层，或A—AC—C层；受到侵蚀导致表土流失的土壤，会产生B—BC—C层的剖面，只有发育时间长且稳定的土壤才有可能出现完整的A—B—C式的剖面。

(2)农业土壤剖面　农业土壤的层次分化是农业土壤发育的一般趋势，由于农业生产条件和自然条件的多样性致使农业土壤的土体构型也呈复杂状况，有的层次分化明显，有的则不明显或不完全。各层厚度差异也较大，因此田间观察时应根据具体情况进行划分，见图 1-2-3 和表 1-2-3。

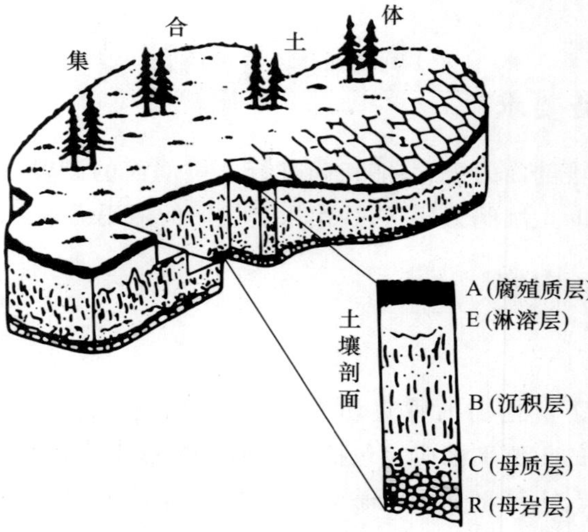

图 1-2-2　自然土壤剖面示意图

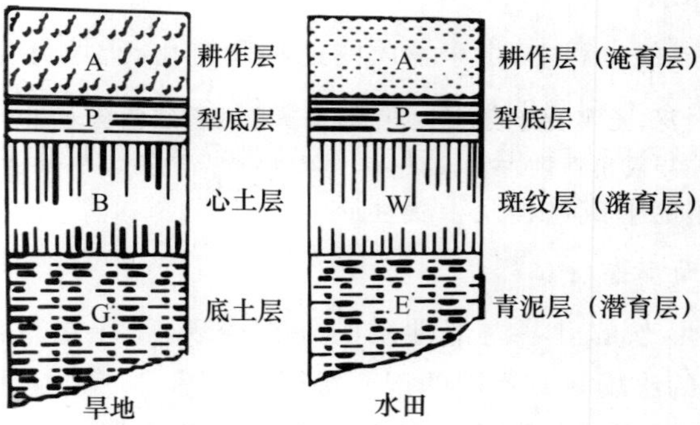

图 1-2-3　农业土壤剖面示意图

（引自《土壤肥料》，第 4 版，宋志伟、王阳主编，2015 年）

表 1-2-3　农业土壤剖面构造

层类	含义
耕作层	耕作土壤剖面的最上层，又称表土层或熟土层，其厚度一般为 15～30 cm。该层由于受耕作施肥的影响，土质疏松，含有机质较多，土块细碎，颜色较暗。
犁底层	该层又称亚表土层，它直接位于耕作层之下，为耕犁翻耕土地的底部，其厚度一般为 10～15 cm，颜色较浅，有机质含量较少。因为受耕犁的压实作用，此层较为坚实，具有保水保肥的作用。
生土层	该层又称心土层，位于犁底层之下，土壤熟化程度不够，不利于作物生长。
底土层	相当于自然土壤的 C 层。

农业土壤又分为旱地土壤和水田土壤两种。旱地土壤剖面一般分为四层:耕作层(表土层)、犁底层(亚表土层)、心土层和底土层,见表 1-2-4;水田土壤一般可分为:耕作层(淹育层)、犁底层、潴育层(斑纹层)和潜育层(青泥层),见表 1-2-5。

表 1-2-4　旱地土壤剖面构造

层类	代号	特征
耕作层	A	又称表土层或熟土层,其厚度一般为 15～30 cm。受人类活动影响最深,有机质含量高,颜色深,疏松多孔,理化和生物学性质好。
犁底层	P	厚度一般为 10～15 cm,因受到耕犁的压实作用,此层较为坚实,常呈片状或层状结构,通气透水不良,有机质含量明显下降,颜色较浅。
心土层	B	厚度一般为 20～30 cm,土体紧实,有不同物质沉积,通透性差,有机质含量极低。
底土层	G	一般在地表 50～60 cm 以下,受人类活动影响较小,但受降水、排灌等水流因素影响仍很大。

(引自《土壤肥料》,第 4 版,宋志伟、王阳主编,2015 年)

表 1-2-5　水田土壤剖面构造

层类	代号	特征
淹育层	A	长期在水耕、旱耕熟化交替进行条件下,有机质积累渐多,颜色渐深,土壤裂缝或大孔隙中有棕黄色或棕红色锈斑。
犁底层	P	受农机具耕作影响,土体结构常呈片状或层状结构,起托水保肥作用。
潴育层	W	干湿交替,淋溶沉积作用活跃,土体呈棱柱状结构,土体内有大量锈纹淀积。
潜育层	E	长期处于饱和还原条件,铁、铝氧化物还原,土层呈现蓝灰色或青灰色。

(引自《土壤肥料》,第 4 版,宋志伟、王阳主编,2015 年)

4.挖掘与观察土壤剖面

(1)任务准备　按 2～3 人一组,将全班同学分为若干组,每组准备以下材料和用具:剖面刀、取土铲、土钻、笔、记录表等。

(2)任务实施(表 1-2-6)

表 1-2-6　挖掘与观察土壤剖面操作规程及要求

工作环节	操作要点及要求
土壤剖面设置	要点:剖面位置的选择一定要有代表性。选择地形、母质、植被等成土因素一致的地段设置剖面点,以保证剖面所反映出的土壤各种性状的准确性。 要求:注意避免选择路旁、田边、沟渠边以及新垦搬运过的地块。

参考资料:土壤剖面记载表

续表 1-2-6

工作环节	操作要点及要求
土壤剖面挖掘	要点：选好剖面点后，先划出剖面的挖掘轮廓，然后挖土。剖面挖掘规格一般为长 1.5～2.0 m、宽 1.0 m、深 1.0～1.5 m，如地下水位较高，达到地下水时即可，土壤剖面如图 1-2-4 所示。将观察面分成两半整理，一半毛面，一半光面，以便于观察比较。 要求：观察面要垂直向阳，对面修成阶梯状，以便上下操作。挖出的表土和底土分开堆放在土坑的两侧，观察与记载结束后，必须将土坑先心土后表土进行填平，尽可能恢复原状。 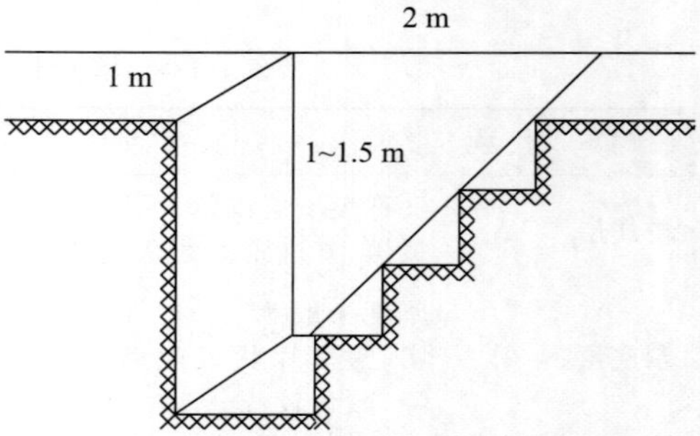 **图 1-2-4　土壤剖面示意图**
剖面层次划分	要点：自然土壤剖面按发生层次划分：O(有机层)、A(腐殖质层)、E(淋溶层)、B(沉积层)、C(母质层)、D 或 R(母岩层或基岩层)。旱地土壤剖面按发生层次划分：A 耕作层(表土层)、P 犁底层(亚表土层)、B 心土层和 G 底土层。水田剖面按发生层次划分：A 耕作层(淹育层)、P 犁底层、W 潴育层(斑纹层)和 G 潜育层(青泥层)。土层划分之后，用钢卷尺从地表往下量取各层深度，单位为 cm，以与残落物接触的矿质土表为零点，分别向上、向下量得，并写深度变幅。如 O：4/6～0 cm，A：0～17/22 cm，B：17/22～34/36 cm。 要求：由于成土因素、发育时间、发育程度不同，土壤剖面构型差异很大，一般很难具备所有层次，其组合情况各不相同。
剖面形态观察记载	(1)土壤颜色　土壤颜色有黑、红、黄、白 4 种基本色，但实际上土壤往往呈现复色，观察时，先确定主色，后确定次色，记录时次色在前，主色在后。注意：旱地以干状态时土色为准，水田以观察时的土色为准。比色时应当注意：土块应是新鲜的断面，表面要平；光线要明亮，于野外不要在阳光下比色，室内最好靠近窗口比色。 (2)土壤质地　野外观测土壤质地，一般用手测法中的湿测法。具体操作参见土壤质地测定(表 2-3-6)。 (3)土壤结构　挖出土块时，让其自然落地，观察其散碎情况，再用手轻捏使土块分散，观察分散土粒的个体形态大小、硬度、内外颜色、锈纹、锈斑，确定结构类型。土壤结构一般分为团粒状、核状、块状、棱柱状、柱状、碎块状、屑粒状、片状、鳞片状等。具体操作参见土壤结构的观察和标准(表 2-3-8 和表 2-3-9)。 (4)土壤紧实度　用采土工具(剖面刀、取土铲、土钻等)来测定土壤的紧实度，其标准大体如下： ①极松　土钻、铁铲等放在土面，不加压力即能自行进入土中，如沙土； ②松　稍加压力，土钻、铁铲即能进入土体，如壤土； ③紧　土壤结构较紧，必须用力，土钻、铁铲才能进入土中。如黏土、轻黏土； ④极紧　需用大力铁铲才能进入土中，但速度慢，取出不易，而取出后有光滑的表面，如重黏土及具有柱状结构的心土层等。有条件的可以使用土壤坚实度计测定。

拓展知识：中国标准土壤色卡及使用说明

续表1-2-6

工作环节	操作要点及要求
剖面形态观察记载	(5)土壤干湿度　可分以下四级： ①干　放在手中丝毫无凉的感觉，吹之尘土飞扬，土壤水分在凋萎系数以下(>15 000 hPa)； ②润　放在手中有微凉感觉，吹之无尘土飞扬，土壤水分高于凋萎系数，低于田间持水量(330～15 000 hPa)； ③潮　放在手中挤压，无水流出，但有湿印，能握成团状而不散，土壤水分高于田间持水量(100～300 hPa)； ④湿　放在手中，微加挤压，水分即从土中流出，土壤空隙中充满水分(<100 hPa)。 (6)土壤新生体及入侵体　由于土壤多种利用的结果，在土壤形成过程中产生不同的新生体，如石灰结核、铁锰结核、锈纹锈斑、盐斑、假菌丝等，是土壤物质转化的结果。野外观察时，详细记载各种新生体的种类、性状、坚实度和厚度，在剖面中分布的特点，开始出现和终止出现的深度，大量集中的深度。侵入体包括土壤的砖块、瓦片、岩石碎块、死亡动物的骨骼、贝壳等，它们的存在与土壤形成作用一般没有直接的关系，但可以用来判断母质来源和古土层的存在情况。 (7)根系　描述标准可分为四级：0 为没有根系、1～4 根为少量根系，5～10 根为中量根系，>10 根为大量根系。 (8)碳酸盐反应　用 10%HCl 试之，一般分下列四级： ①无石灰性反应　不起泡沫，碳酸盐含量<1%，以"－"表示； ②微石灰性反应　有微量泡沫，但消失很快，碳酸盐含量为 1%～3%，以"＋"表示； ③中石灰性反应　有较强烈的泡沫，但不能持久，碳酸盐含量为 3%～5%，以"＋＋"表示； ④强石灰性反应　泡沫强烈而持久，碳酸盐含量>5%，以"＋＋＋"表示。 (9)土壤酸碱度　用酸碱指示剂测定各层土壤的反应。

(参考《土壤肥料》，第 4 版，宋志伟、王阳主编，2015 年)

参考资料：土壤剖面措述表

三、作业与活动

1.学生作业

简述土壤剖面的设置、挖掘和记载方法。

2.课外活动

选择一块家乡的地块，进行土壤剖面的挖掘及记载，并根据土壤剖面观察结果，初步判断该土壤的肥力状况。

随堂测试：了解土壤剖面及肥力性状

【小结与思考】

◆小结

- 土壤形成与发育
  - 认识土壤形成与发育过程
    - 土壤形成因素
      - 母质
      - 生物
      - 气候
      - 地形
      - 时间
      - 人类活动
    - 土壤形成过程
    - 土壤成土过程
    - 成土过程与成土因素的关系
  - 了解土壤分类及分布
    - 土壤分类
    - 我国土壤分类方法
      - 土壤发生分类
      - 土壤系统分类
    - 我国土壤分布规律
      - 水平地带性规律
      - 垂直地带性规律
      - 区域性分布规律
  - 了解土壤剖面及肥力性状
    - 土壤剖面
    - 土壤发生层
    - 土壤剖面形态特征
      - 自然土壤剖面
      - 农业土壤剖面
    - 挖掘与观察土壤剖面
      - 任务准备
      - 任务实施

◆思考

1.土壤在形成与发育过程中，怎样形成不同类型、不同颜色的土层？

2.在农业生产上，表土层及其他土层的作用分别是什么？它们有怎样的联系？

3.土壤形成后，不合理利用可能会导致土壤退化。那么土壤退化的类型及表现如何？如何改良退化的土壤？

基础三
土壤基本组成

【基础目标】

素质目标：树立团队合作意识；养成严谨的勇于探索的学习习惯；认可现代农业发展的相关政策法规。

知识目标：能说出土壤三相物质组成与性质；能归纳出土壤不同固相组成对土壤肥力的作用；能解释不同土壤水分类型特点及其有效性；能评价土壤通气性的好坏。

能力目标：能联系土壤有机质转化过程，合理调控土壤结构；能计算土壤的含水量；能灵活运用土壤通气性相关原理优化土壤通气状况。

【任务导航】

根据项目目标，需完成下列任务：

1.认识土壤固相组成及特点

2.认识土壤液相组成及特点

3.认识土壤气相组成及特点

责任担当

作为农业技术人员，应当掌握当地土壤基本组成及性质特点。能根据土壤生产条件，合理利用土壤资源；因地制宜选择适宜的作物种类、制订可行的生产计划，为农业生产、生态建设及农业的可持续发展提供服务。

PPT课件：土壤的固相组成及特点

拓展知识：主要成土岩石

任务一　认识土壤固相组成及特点

一、任务要求

能说出土壤的三相组成特点；能解释土壤矿物质的来源及不同粒级土壤矿物质的性质；能描述土壤矿物质的转化过程及影响因素；能说出土壤生物的种类及其功能。

二、任务内容

土壤是一个复杂的有机复合体，它的物理组成包括固相、液相和气相三个部分。这三个部分有机结合，相互影响，相互制约，共同影响着土壤的性状和肥力。土壤的三相物质所占土壤容积比例因土壤类型不同而变化，通常土壤中的固相物质约占土壤总容积的 50%，液相和气相之和约占 50%。土壤的基本组成见图 1-3-1。

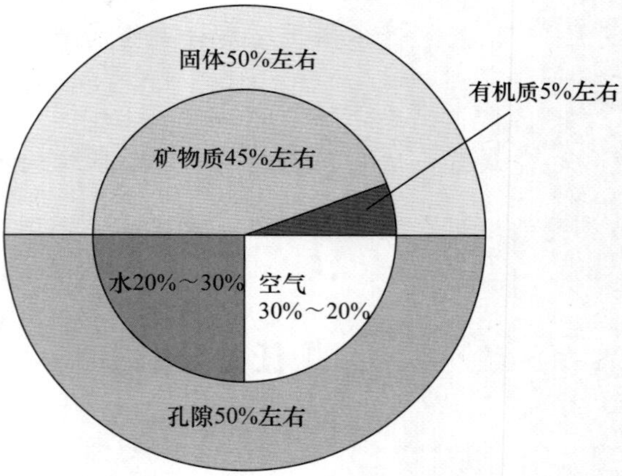

图 1-3-1　土壤的基本组成

岩石矿物经过一系列的风化作用变为成土母质，成土母质再经过成土作用，最终成为质地疏松多孔的介质，即土壤。用一句话来概括，也就是说：岩石都是由各种矿物质组成的，土壤是由岩石演变而来的，土壤就是各种矿物质的“聚合体”。很明显，土壤矿物质是构成土壤的主体，它是土壤的骨架，也是土壤固相的最重要组成部分。除了土壤矿物质，土壤中还存在着各种动物、植物、微生物残体，土壤生物的分泌物及排泄物等有机物质。另外，土壤中还生存着一个庞大的生物类群。土壤的矿物质、土壤有机质及土壤生物共同构成了土壤的固相部分。

（一）土壤矿物质

土壤矿物质是指成土岩石经过一系列的风化过程及成土过程后形成

的大小不一的颗粒物质。根据产生方式的不同，成土岩石可分为岩浆岩、沉积岩和变质岩三类。岩石在大气、水分、热量、生物等自然因素作用下发生的物理变化和化学变化就是风化作用。风化作用有物理风化、化学风化和生物风化三种类型。土壤矿物质占土壤固相部分质量的95%以上，占土壤容积的38%以上，它是构成土壤的骨架，也是植物营养元素的主要来源。

1.主要成土矿物

矿物是指由地质作用形成的、具有一定化学组成、物理性质和内部构造的单质(如金刚石)或化合物(如石英)，是组成岩石的基本单位，也是土壤矿物质的来源。矿物的种类很多，目前已经发现的矿物有3 300种以上，但与土壤有关的不过数十种(表1-3-1)。

学习视频：土壤的固相组成

拓展知识：风化作用

表1-3-1 主要成土矿物性质

名称	化学成分	物理性状	风化特点和分解产物
石英	SiO_2	无色、乳白色或灰色，混入杂质呈各种彩色，质地坚硬。	成分稳定，不易风化，风化后易形成沙粒，是土壤沙粒的主要来源。
长石类	正长石：$KAlSi_3O_8$ 斜长石：$nNaAlSi_3O_8 \cdot mCaAl_2Si_2O_8$	正长石呈肉红、浅黄红、黄白色，斜长石呈灰色或白色。硬度次于石英。	较易风化，形成次生矿物和盐基物质，是土壤中黏粒和钾素的主要来源。
云母类	白云母：$KAl_2(AlSi_3O_{10})(OH)_2$ 黑云母：$K(Mg \cdot Fe)_2(AlSi_3O_{10})(OH \cdot F)_2$	均呈片状，有光泽和弹性，易遭机械破碎，黑云母含盐基物质丰富。	白云母不易风化，黑云母易风化，是土壤中黏粒和钾素的主要来源。
角闪石 辉石	$Ca_2Na(Mg \cdot Fe)_4(Al,Fe)_4(Si \cdot Al)_4O_{11}(OH)_2$ $Ca(Mg \cdot Fe \cdot Al)(Si,Al)_2O_6$	一般为黑色或绿色，含盐基物质丰富。	易风化，生成各种次生铝硅酸盐和可溶性盐基物质，是土壤钙、铁等无机养料来源。
橄榄石	$(Mg^{2+} \cdot Fe^{2+} \cdot Mn^{2+})_2[SiO_4]$	黄绿色，含铁多则为褐色。硬度较大，呈粒状集合体存在。	易风化，风化后产生褐铁矿和二氧化硅。
磷灰石	$Ca_5F(PO_4)_3$	呈白色或褐色，有时为淡绿、天蓝色，颜色纷杂。	风化缓慢，风化后游离出磷酸，为土壤磷酸养料的来源。
铁矿类	赤铁矿：Fe_3O_2 褐矿：$2Fe_2O_3 \cdot H_2O$ 黄铁矿：FeS_2	赤铁矿：呈黑色或紫红色，分散状态为鲜红色；褐铁矿：呈褐色或黄褐色、棕色；黄铁矿：黄铜色。	赤铁矿易风化，是土壤红色的来源。褐铁矿易风化，是土壤黄色或棕色的来源。黄铁矿分解氧化为硫酸盐，为土壤中硫的来源。
方解石	$CaCO_3$	呈白色或因杂质而呈红色、黄色、灰色等；半透明半菱形斜方体；为次生矿物。	化学性质不稳定，在土壤中常和碳酸反应，生成重碳酸钙而进入地下水，在干燥气候区常沉积于土壤中层或底层，有时形成结核。

续表1-3-1

名称	化学成分	物理性状	风化特点和分解产物
高岭土 蒙脱石 伊利石	$Al_4(Si_4O_{10})(OH)_8$ $Al_4(Si_8O_{20})(OH)_4 \cdot nH_2O$ $K_2(Al \cdot Fe \cdot Mg)_4(Si\text{-}Al)_8O_{20}(OH)_4 \cdot nH_2O$	均为细小片状结晶，易粉碎，干时为粉状，滑腻，易吸水呈糊状。	是长石、云母风化形成的次生矿物，颗粒细小，土壤黏粒的主要来源。

（参考《土壤肥料》，宋志伟、王庆安，2019）

拓展视频：岩石与矿物

矿物分为原生矿物和次生矿物两大类。

（1）原生矿物　原生矿物是岩浆冷凝后留在地壳上的原始成岩矿物，在风化过程中仅受到不同程度的机械破碎，其化学组成、矿物晶格及结构均没有发生变化。原生矿物是土壤中矿物的粗质部分，是各种化学元素的最初来源。常见的原生矿物有硅酸盐类，如钾长石、钙长石、云母、角闪石、橄榄石、方解石等；氧化物类，如石英、赤铁矿、磁铁矿、钛铁矿等；硫化物类，如黄铁矿等；磷酸盐类，如氟磷灰石、氯磷灰石等。

（2）次生矿物　次生矿物是指原生矿物在风化过程中分解或由风化产物重新合成的新生成的矿物。次生矿物可分成三大类，一是次生层状铝硅酸盐黏土矿物，如伊利石、蒙脱石、高岭石等；二是结构比较简单、水化程度不等的铁、锰、铝和硅的氧化物及其水合物；三是一些简单盐类，包括各种碳酸盐、重碳酸盐、硫酸盐、氯化物等。土壤中颗粒最细的黏粒大都是次生矿物，在土壤中呈胶体状态存在。因此，次生矿物对土壤结构和土壤吸收养分能力有着重大的影响。我国北方的黑土、栗钙土以吸收养分能力较强的蒙脱石为主，南方的红壤和黄壤中主要的次生矿物是吸收养分能力较弱的高岭土。

农事谚语

家里土，
地里虎。

2.土壤矿物质的粒级

土壤矿物质颗粒形状多种多样，大小不一，差异很大，它们单独或相互团聚成土粒聚合体存在于土壤中，前者称为单粒，后者称为复粒。一般将土壤颗粒视为球体，将土壤颗粒按粒径的大小和性质的不同分成若干级别，称为土壤粒级。国际上土壤粒级的分级标准有很多，但一般将土粒由大到小分为石砾、沙粒、粉粒和黏粒四个基本粒级（表 1-3-2）。

同一粒级范围内土粒的矿物成分、化学组成及性质基本一致，而不同粒级土粒不仅化学组成差异很大，而且物理性质上也表现出明显的差异。土粒越粗，二氧化硅含量越高，铝、铁、钙、镁、钾、磷等元素含量越低；随着粒径变小，这些营养元素的含量逐渐增加，二氧化硅含量下降。

任何一种土壤都是由不同粒级的土粒以不同的比例组合而成，根据土壤中物理性沙粒和物理性黏粒的相对含量而将土壤分成不同质地类型。有关土壤质地的内容将在后面章节详述。

表 1-3-2　国际制、中国制和卡庆斯基制土粒分级标准

<table>
<tr><th colspan="3">国际制(1930)</th><th colspan="3">中国制(1987)</th><th colspan="4">卡庆斯基制(1957)</th></tr>
<tr><th colspan="2">粒级名称</th><th>粒径/mm</th><th colspan="2">粒级名称</th><th>粒径/mm</th><th colspan="3">粒级名称</th><th>粒径/mm</th></tr>
<tr><td colspan="2" rowspan="3">石砾</td><td rowspan="3">＞2</td><td colspan="2">石块</td><td>＞10</td><td colspan="3">石块</td><td>＞3</td></tr>
<tr><td rowspan="2">石砾</td><td>粗石砾</td><td>10～3</td><td colspan="3" rowspan="2">石砾</td><td rowspan="2">3～1</td></tr>
<tr><td>细石砾</td><td>3～1</td></tr>
<tr><td rowspan="3">沙粒</td><td rowspan="2">粗沙粒</td><td rowspan="2">2～0.2</td><td rowspan="3">沙粒</td><td rowspan="2">粗沙粒</td><td rowspan="2">1～0.25</td><td rowspan="3">物理性沙粒</td><td rowspan="3">沙粒</td><td>粗沙粒</td><td>1～0.5</td></tr>
<tr><td>中沙粒</td><td>0.5～0.25</td></tr>
<tr><td>细沙粒</td><td>0.2～0.02</td><td>细沙粒</td><td>0.25～0.05</td><td>细沙粒</td><td>0.25～0.05</td></tr>
<tr><td colspan="2" rowspan="3">粉(沙)粒</td><td rowspan="3">0.02～0.002</td><td rowspan="3">粉粒</td><td rowspan="2">粗粉粒</td><td rowspan="2">0.05～0.01</td><td rowspan="6">物理性黏粒</td><td rowspan="3">粉粒</td><td>粗粉粒</td><td>0.05～0.01</td></tr>
<tr><td>中粉粒</td><td>0.01～0.005</td></tr>
<tr><td>细粉粒</td><td>0.01～0.005</td><td>细粉粒</td><td>0.005～0.001</td></tr>
<tr><td colspan="2" rowspan="3">黏粒</td><td rowspan="3">＜0.002</td><td rowspan="3">黏粒</td><td rowspan="2">粗黏粒</td><td rowspan="2">0.005～0.001</td><td rowspan="3">黏粒</td><td>粗黏粒</td><td>0.001～0.000 5</td></tr>
<tr><td>中黏粒</td><td>0.000 5～0.000 1</td></tr>
<tr><td>细黏粒</td><td>＜0.001</td><td>细黏粒</td><td>＜0.000 1</td></tr>
</table>

（二）土壤生物

土壤生物是土壤中活的有机体，包括生活在土壤中的动物、植物和微生物。土壤生物参与岩石的风化和原始土壤的生成，对土壤的发育、肥力的形成和演变以及高等植物营养供应状况有重要作用；同时，土壤生物的生命活动又受到土壤物理性质、化学性质及农业技术措施的影响。

1.土壤动物

土壤动物是指在土壤中度过全部或部分生活史，且对土壤有一定影响的动物。土壤动物种类繁多，包括了原生动物、扁形动物、线形动物、轮形动物、环节动物、缓步动物、软体动物和节肢动物八大动物门，常见的有变形虫、鞭毛虫、纤毛虫、昆虫、蚯蚓、线虫、蜈蚣、蜘蛛、蛇类等。土壤动物的生物量一般为土壤生物量的 10%～20%，许多研究者认为蚯蚓是构成土壤动物群体总重量的主体。

土壤动物对土壤及环境有很大的影响，如破碎土壤有机物质，使其易于矿化分解；在土壤中挖掘穴道，有利于空气渗透和水分渗入；掺混及疏

政策法规：中国的矿产资源政策

名言警句

一粥一饭，当思来之不易；半丝半缕，恒念物力维艰。

（《朱子家训》）

松土壤，使土壤有机质与矿物质充分混合；其遗体留在土壤，增加了土壤有机质含量等。

名言警句

水旱，天时也；肥瘠，地利也；修治垦壁，人和也。

（陆世仪）

2.土壤植物

土壤植物主要是指高等植物的地下部分，包括植物的块根、块茎、根系等。土壤植物的残体留在土壤中，是土壤有机质的重要来源。

3.土壤微生物

土壤微生物是土壤中最活跃的生物类群，其种类多，数量大，每克土壤中有数亿到数十亿个微生物，它们对土壤中的养分转化起着最主要的作用。

(1)土壤微生物的类型　土壤微生物主要包括细菌、放线菌、真菌、藻类等类群。

土壤中的细菌占土壤微生物总数量的70%～90%，是土壤中数量最大、种类最多、分布最广、作用强度最大的一类微生物。细菌属原核单细胞生物，种类有球菌、杆菌和螺旋菌三类。大多数细菌被吸附在土壤结构体表面，少数分散在土壤溶液中。土壤表层分布的细菌最多，随着土壤深度加深而逐渐减少。土壤细菌的最适温度为20～40℃，最适pH为6.0～8.0。根据细菌的生活方式，可将细菌分为自养型和异养型两类。自养型细菌，不依靠分解有机质生活，能直接利用空气中的二氧化碳或土壤中的碳酸盐作为合成细胞中有机物的唯一碳源，如亚硝酸细菌可以利用氧化氨时产生的化学能将二氧化碳合成有机物质。这类细菌能为土壤积累有机质，在成土过程中起着重要的作用，同时它的氧化作用能促进养分的转化，并消除硫化氢等有毒物质对植物的毒害作用。异养型细菌靠分解有机质获得碳源和能量，土壤中大多数细菌属于异养型，根据其生活方式不同，可分为靠分解死有机物生活的腐生性细菌、靠寄生在活的有机体上的寄生性细菌和兼生性细菌。寄生性细菌寄生在活的动植物体内，以活的蛋白质为营养，是使动植物产生病害的病原菌。

土壤中的真菌有170个属690多种，广泛存在于耕作层中，在数量上仅次于细菌和放线菌。土壤中的真菌大多数是好气性的，耐酸，耐低温，不耐干旱，在pH为5.0或更低的酸性土壤中仍能生长。真菌必须从土壤有机质中获得能量和碳源，由于它具有复杂的酶系，分解有机质的能力强，能分解纤维素、木质素、丹宁等复杂有机物，是木本植物残体的主要腐蚀者；真菌由于菌丝体的缠绕还可促进形成良好的土壤结构；真菌还能与植物建立共生关系，于植物的根部形成菌根，部分代替吸收根的作用，将营养物质和水分供植物利用，特别是对磷的吸收，同时有些菌根还可固氮。

土壤中放线菌的含量仅次于细菌，是原核微生物，在进化系统中介于细菌和真菌之间，其菌丝比真菌细，每克土壤中含有放线菌几万到几百万个，在碱性、干旱、有机质丰富的土壤中放线菌数量最多。土壤中放线菌种类很多，最主要的为链霉菌属，占70%～90%，放线菌的大部分属好氧性腐生菌。放线菌对纤维素、几丁质、固醇类等结构复杂的难降解天然有机物有较强的利用能力，在土壤中对促进碳循环和腐殖质形成有重要作用。此外，土壤中一些放线菌还能产生抗生素，对其他有害菌能起拮抗作用。

藻类是微小的含有叶绿素的有机体，在土壤中的数量不及微生物总数的1%，主要生长在潮湿土壤表层，主要有硅藻、蓝藻、绿藻等。因藻类为光合型微生物，受阳光及水分影响较大，所以藻类主要发育于土面或近地面的表土层中。藻类能利用光能将二氧化碳合成为有机物质并释放氧气，利用植物生长和好气性微生物活动，加速土壤中养分的转化；有些藻类如硅藻能分解高岭土，释放钾素；不少蓝藻能够固定空气中的游离氮素；积水的表面和水稻田中，常有大量的藻类发育，为土壤积累有机物质。

(2)根际微生物　根际微生物是指紧密附着于根际土壤颗粒中的微生物。根际土壤的范围很小，一般指离根表2 mm范围内的土壤。根际微生物以细菌为主，其中革兰氏阴性菌占比最大，如假单胞菌、黄杆菌、产碱杆菌、无色杆菌、色杆菌、土壤杆菌和气杆菌等；常见的根际真菌有镰孢霉属、青霉属、丝核菌属、被孢霉属、曲霉属、腐霉属及木霉属等。植物具有明显的根际效应，离根越近，微生物的数量越多。植物根系分泌出来的代谢物如各种氨基酸、有机酸、碳水化合物等，为根际微生物提供了营养物质，因植物种类、年龄及生理状况等均影响到根系分泌物的质和量，因此根际微生物的类群及数量随着植物的种类及生长期变化而变化。

植物的生长受到根际微生物的影响，大多数根际微生物对植物无害，或对植物生长有促进作用。根际微生物呼吸作用放出的二氧化碳或代谢酸有利于难溶矿物质的溶解；某些根际微生物可分泌生长刺激素类物质，刺激植物生长；有些根际微生物分泌抗生素，可抑制植物病原微生物的繁殖。但有些根际微生物也会对植物产生不良影响，如与植物竞争养分，产生连作病害，分泌有毒物质等。

（三）土壤有机质

土壤有机质是指以各种形态存在于土壤中的含碳有机化合物的总称。虽然在土壤中的数量不多，却对土壤的物理化学性质有很大的影响，在一定程度上决定着土壤肥力的高低。

1.土壤有机质的来源及存在形态

土壤有机质主要来源于土壤中各种植物的残体及根系、动物及微生物的残体及其排泄物、人类施入土壤中的各种有机肥料。

进入土壤的有机质一般呈三种形态：一是新鲜的有机物质，是指未被分解的仍保持其生物体解剖学上特征的动植物残体及其分泌物、排泄物等。如施入土壤中的新鲜秸秆，未经分解的动物排泄物等。二是半分解的有机物质，指受到一定程度微生物分解的动植物残体，已失去原有生物组织的结构形态，多为暗褐色、松脆易碎的物质。三是腐殖质，指有机物

拓展小知识

土壤微生物是土壤中物质转化的动力：如固氮作用，硝化作用、反硝化作用、腐殖质的分解和合成，土壤酶与微生物细胞一起推动物质转化。

名言警句

地者，政之本也，辩于土而民可富。

（《管子·立政篇》）

质被土壤微生物分解后再合成的一类褐色或暗褐色的高分子有机化合物。土壤腐殖质是土壤有机质的主体，一般占土壤有机质总量的80%～90%。腐殖质与矿物质土粒紧密结合，不能用机械方法分离，对土壤物理、化学、生物学性质都有良好作用。

2.土壤有机质的组成

土壤有机质来源不同，形态多样，组分也十分复杂。土壤有机质的元素组成主要是碳(C)占52%～58%(平均含量58%)、氢(H)占34%～39%、氧(O)占3.3%～4.8%、氮(N)占3.7%～4.1%等，C/N值在10左右。此外，还含有灰分元素，如磷、钾、钙、镁、硫、铁等。从物质组成来看，土壤有机质的化合物既包括了结构简单、易被微生物分解的糖类、有机酸、氨基酸、蛋白质、纤维素等物质，又包括了结构复杂、难以被分解的单宁、树脂、蜡脂、木质素等物质。

3.土壤有机质的转化

土壤有机质在微生物的作用下进行着矿质化与腐殖质化两个方向的转化，这两个过程相互联系，随着条件的改变而相互转化(图1-3-2)。

拓展视频:植物与微生物

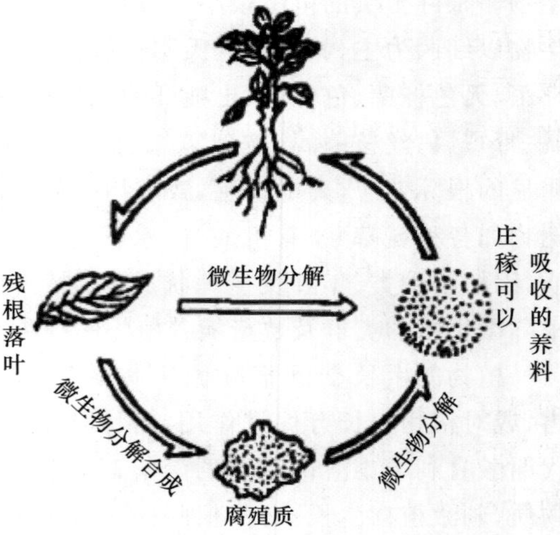

图1-3-2　土壤有机质的转化过程

(1)土壤有机质的矿质化过程　土壤有机质在微生物的作用下进行分解转化，由原来复杂的有机化合物分解为简单无机化合物(如CO_2、H_2O、NH_4^+、K^+)的过程称为有机质的矿质化过程。有机质的矿质化过程，将植物不能直接吸收利用的复杂有机物转化为植物可以吸收利用的无机物，为土壤释放了养分，是一个供肥的过程。土壤有机质的矿化速度用矿化率来表示，是指土壤中一年消耗的有机质占土壤有机质总量的百分数。耕作土壤矿化率一般在2%～5%。

(2)土壤有机质的腐殖质化过程　土壤微生物将有机质矿质化过程中产生的一些简单有机物(主要是芳香族化合物和含氮有机化合物)重新合成更为复杂的有机化合物——腐殖质的过程，叫作有机质的腐殖质化过程。一般认为腐殖质化过程包括两个阶段：第一阶段，微生物将动植物残体转化为腐殖质的组分，如芳香族化合物(多元酚)和含氮的化合物(氨基酸和多肽)；第二阶段，在微生物的作用下，各组分通过缩合作用合成腐殖质分子。腐殖质化过程是土壤的一个保肥过程，常用腐殖化系数来表示有机质转化成腐殖质的数量，它是指在一定周期内单位质量(干重)的新鲜有机物质加入土壤后所形成腐殖质的质量(干重)。

土壤腐殖质是由多种化合物形成的缩聚物,其主体为腐殖酸及其盐,占腐殖质的85%～90%。腐殖酸是一种含氮的芳香族高分子化合物,可分离出胡敏酸、胡敏素和富里酸3种不同性质的腐殖物质,但因胡敏素性质不活泼,与土粒紧密结合,不能作为独立的腐殖物质存在,一般把土壤腐殖质概括为胡敏酸和富里酸两大类。土壤腐殖质具有养分丰富、营养全面、结构复杂、分子量大、含多种官能团、阳离子代换量高、水溶液均呈酸性等性质特征,对土壤肥力有着较大的影响。不仅可以促进土壤团粒结构的形成,改善土壤结构,增强土壤的保水保肥性能,还可以通过对重金属离子的络合,使土壤中的重金属离子溶于水溶液中随水排出土地,减轻污染。

拓展知识:土壤活性有机质及其与土壤质量的关系

(3)影响土壤有机质转化的因素

①土壤通气状况　土壤通气良好,氧气含量高,有利于矿质化作用,有机质分解迅速,腐殖质难于积累;土壤通气不良,有机质矿质化慢,有利于腐殖质积累,有时产生还原性的有机酸和无机物质,如甲烷、硫化氢、氢气及磷化氢等。

②土壤水分　土壤水分主要通过影响土壤的通气状况和温度作用于土壤有机质的转化。土壤含水量越高,则土壤的通气性越差,有利于腐殖化作用;反之,有利于矿质化作用。一般来讲,土壤微生物活动的最适宜的水分含量为田间持水量的60%～80%。

③土壤温度　土壤中的生物与其他生物一样,其生命活动需在一定的温度下进行。一般来讲在0℃左右,微生物开始对有机质有微弱的分解,随着温度升至35℃左右,分解转化达到最大速率,如果温度继续升高,则速率又会下降。

④有机质的碳氮比(C/N)　生物生命活动过程,需要有机物质的碳氮比约为25∶1。若被分解有机物的C/N<25∶1,则分解时有多余的氮素释放出来,可供作物吸收利用,且分解速率不受影响;反之,如C/N>25∶1,则微生物组成体细胞的氮素不足,就会使有机质的分解速率减慢,微生物必然要从土壤中吸收氮素以组成体细胞,这样易发生与作物争氮现象,因此不利于作物的生长。

4.土壤有机质的作用

尽管土壤有机质在土壤中含量不高,却起着极其重要的作用。

(1)提供植物所需的养分,提高养分的有效性。土壤有机质是植物所需的氮、磷、硫、微量元素等各种养分的主要来源。我国主要土壤表土中大约80%的氮、20%～76%的磷、75%～95%的硫(非石灰性土壤)以有机态存在。随土壤有机质的矿化,这些养分逐步释放供植物和微生物的生长和发育之需。此外,土壤有机质转化过程中,产生的多种有机酸和腐殖酸可促进土壤矿物质的风化,有利于某些养料的有效化。一些金属(Zn、Cu、Fe等)离子可以通过与有机酸及富里酸络合而保留在土壤溶液中不

名言警句

耕地保护要求要非常明确，18 亿亩耕地必须实至名归，农田就是农田，而且必须是良田。

（习近平）

至于沉淀，从而增加了这些金属离子的有效性。

（2）提高土壤的保肥性、保水性与酸碱缓冲性。土壤有机质的主要成分是腐殖质，而腐殖质是一种有机胶体，有巨大的阳离子代换吸收能力，其阳离子代换量要比矿质胶体大几倍至几十倍，能吸附各种离子态养分，有效地减少速效养分的流失，因而具有高度保肥能力；同时腐殖质还有巨大的比表面积，其吸水率为 500%～600%，而黏土颗粒的吸水率仅为 50%～60%，因而具有高度的保水能力；此外腐殖质还具有能增强土壤抵抗酸碱度剧烈变化的缓冲能力。

（3）促进土壤团粒结构的形成，改善土壤的物理性质。新鲜的腐殖质是形成团粒结构不可缺少的天然胶结剂。胡敏酸是一种暗褐色胶体，其钙盐是水稳性团粒最理想的胶结剂，腐殖质胶体对土粒的黏结力介于黏粒与沙粒之间，无论对质地过沙或没有结构的土壤，还是质地过于黏重为大块状结构的土壤，有机质均能使它们形成团粒结构，而团粒结构是农业生产上最理想的土壤结构。增加土壤有机质含量，既有疏松黏土，改善耕性，又可改良沙土分散无结构状态。因此，有机质具有使沙土变紧、黏土变松的能力，从而使土壤具有良好的孔隙性、通透性、保蓄性和适宜耕作性质。

（4）刺激根系的生长，提高微生物的活性。腐殖质物质以很稀浓度的（10^{-6}～10^{-3}）分子态进入植物体，低浓度胡敏酸和富里酸对作物某些生理过程有促进作用，可加速根系细胞的分裂，促进植物对营养物质的吸收，刺激根系的生长、发育。同时有机质含量越高的土壤，其微生物的种类和数量越多。这是因为土壤有机质是大部分土壤微生物的碳源和能源，所以有机质含量越高的土壤，微生物的活性越强，土壤肥力一般也越高。

（5）减轻土壤污染。大部分农药是有机化合物，它们通常是一部分微生物的良好碳源或能源。有机质促进了微生物的活动，也提高了微生物对土壤中残留农药的降解，一般来讲，经微生物降解后的农药毒性降低。土壤腐殖质中含有较多的官能团，这些含氧、氮、硫的官能团通常能与土壤中的某些重金属离子形成溶于水的络合物，并随水排出，从而减轻重金属对土壤的污染及对作物的危害。

（6）提高土壤温度。有机质为暗色物质，一般是棕色到黑褐色，吸热能力强，可改善土壤热状况，提高土温。

三、作业与活动

1.作业

（1）土壤的固相包括哪些物质？

（2）简述土壤粒级分类及其特点。

（3）简述土壤有机质的转化类型及特点。

(4)土壤有机质的作用有哪些?

2.课外活动

(1)以学习小组为单位,通过走访及查阅资料调查当地土壤的主要成土矿物类型有哪些。

(2)以学习小组为单位,通过多种途径调查当地农户主要施用的有机肥类型。

随堂测试:土壤固相组成及特点

任务二　认识土壤液相组成及特点

一、任务要求

能说出土壤水分的主要类型及其特性;能够计算土壤的含水量;能根据土壤水分的有效性理论合理指导灌溉;能根据土壤所处的水分蒸发阶段采取合理的保墒措施。

PPT 课件:土壤液相组成及特点

二、任务内容

“有收无收在于水,收多收少在于肥”,在农业生产中,水是决定作物能否正常生长的主要因素。水分作为土壤的重要组成部分,参与土壤中不断进行的各种物质和能量的转化,影响着土壤肥力的变化。土壤水主要来源于灌溉、降雨及地下水补给。土壤水不是纯水,而是稀薄的溶液。

(一)土壤水分的类型

土壤是一个疏松的多孔体,其中布满大大小小的孔隙,土壤水分就存在于土壤孔隙中。由于土壤水分受到重力、毛管力、吸附力等多种因素的影响,土壤水分在土壤中的存在状态、移动性、有效性均不同。按水的一般物理状态及水分在土壤中所受作用力的不同,常把土壤水分分为吸湿水、膜状水、毛管水、重力水 4 种类型。

1.吸湿水

干燥土壤颗粒通过分子引力和静电引力,从大气或土壤空气中吸附的气态水称为吸湿水(图 1-3-3)。吸湿水是最靠近土壤颗粒表面的一层水,其受土粒的吸持力很大,最外层约 3.1×10^{6} Pa,最内层可达 1×10^{9} Pa,因此不能自由移动,只有在受热(105℃左右)转化为气态水时才可以以气态形式移动;由于土粒表面分子与吸湿水水分子的间距小于液态水分子间距,吸湿水表现出固态水的性质,因而其也无溶解能力。吸湿水不能被作物吸收利用,是无效水。

图 1-3-3　土壤吸湿水示意图

土壤吸湿水的多少，主要受大气湿度、温度、土壤质地、土壤有机质含量等因素的影响。大气温度越低、湿度越大，吸湿量越大；土壤质地越细，有机质含量越高，土壤吸湿水含量越高。当土壤空气中水汽达到饱和时，土壤吸湿水可达最大，这时的土壤含水量，称为最大吸湿量（也叫吸湿系数）。

2.膜状水

学习视频：土壤的液相组成

当土壤含水量达到吸湿系数后，土壤颗粒利用剩余的分子引力和静电引力吸附在吸湿水外层的液态水膜，称为膜状水（图 1-3-4）。膜状水所受土壤的吸力比吸湿水小，其引力范围在 6.25～31 MPa，其性质与液态水相似，但黏滞性高，移动性小，溶解能力小，只能以湿润的方式从一个土粒水膜较厚处向另一个土粒水膜较薄处移动，速度很慢，远远不能满足作物吸水需求，只有植物根系与它接触时才能被吸收利用。一般来说，膜状水的外层水可以被植物吸收利用，内层水不能被吸收利用，对植物来说部分有效。

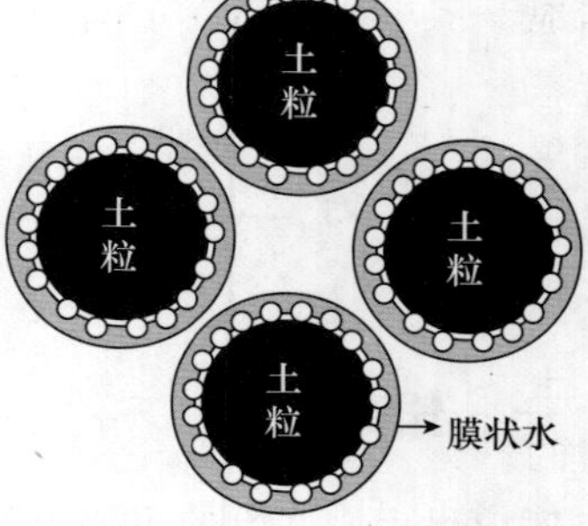

图 1-3-4　土壤膜状水示意图

土壤膜状水的含量受土壤质地、土壤有机质含量、土壤溶液浓度等因素的影响。土壤质地越细，有机质含量越高，膜状水含量越高；土壤溶液浓度越大，渗透压越大，土壤膜状水含量越少。膜状水含量达到最大量时的土壤含水量，称为最大分子持水量，它是吸湿水和膜状水的总和。因膜状水移动较慢，常常补充不及时，通常在膜状水没有被完全消耗之前，植物已呈现萎蔫状态。当植物根系无力从土壤中吸收水分而发生永久萎蔫时的土壤含水量，称为萎蔫系数（凋萎系数），它是植物可利用的土壤有效水分的下限。萎蔫系数因土壤质地和作物种类不同而变化（表 1-3-3）。

名言警句

善待生命之源
——水

（宣传标语）

表 1-3-3　几种常见植物在不同质地土壤中的凋萎系数

作物	粗沙土	细沙土	沙壤土	壤土	黏壤土
玉米	1.07	3.1	6.5	9.0	15.5
高粱	0.94	3.6	5.9	10.0	14.1
小麦	0.88	3.3	6.3	10.3	14.5
水稻	0.96	2.7	5.6	10.1	13.0
豌豆	1.02	3.3	6.9	12.4	16.6
番茄	1.11	3.3	6.9	11.7	15.3

（引自《植物生长与环境》，邹良栋，2015）

3.毛管水

土壤含水量超过最大分子持水量时,土壤依靠毛管力作用保持在毛管空隙中的水分称为毛管水。毛管水所受土壤的吸力仅有 $8\times10^3\sim6.25\times10^5$ Pa,小于根的吸水力,植物可以吸收利用。毛管水可以上、下、左、右自由移动,移动方向为粗毛管到细毛管、水多的地方到水少的地方。根据地下水与土壤毛管水间的关系不同,可将毛管水分为毛管上升水和毛管悬着水。

当地下水位较高时,地下水沿毛管孔隙上升并保持在毛管中的水分,称为毛管上升水(图 1-3-5)。土壤中毛管上升水达到最大量时的土壤含水量称为毛管持水量,它是吸湿水、膜状水和毛管上升水的总和。地下水在土壤中的上升高度与毛管孔隙半径、土壤质地有关。毛管半径越小,水分上升高度越大;土壤质地越细,水分上升高度越大,但是土壤质地过细时,孔隙主要被吸湿水、膜状水占据,阻碍毛管水运动,上升高度反而较低。因此在土壤中实际的上升高度,以粉沙质壤土的毛管水上升高度最大,最高可达 3 m 左右。毛管上升水可达作物根系层,既有利于作物生长的一面,也有不利的一面。在地下水质较好,地下水位深浅适宜时,毛管上升水上升至作物根系层,可提供作物所需水分。地下水位在 2~3 m 时,可补充 50%~60%的植物所需水分。地下水位过高或水质中盐分含量较高时,毛管上升水则容易引起湿害和盐害。能引起地表的积盐达到有害程度的最低地下水位为地下水的临界水位,或称临界深度。地下水的临界水位受土壤质地影响,沙土最小,壤土最大,黏土居中。在设计农田排灌系统时,排水沟的深度要在临界水位基础上再深 0.5 m 左右比较合适。

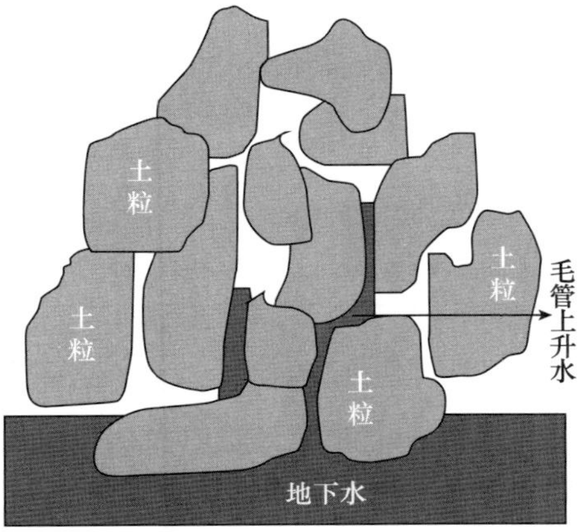

图 1-3-5　毛管上升水示意图

在地下水位较深的情况下,降雨或灌溉后,借毛管力吸持在毛管孔隙中的水分称为毛管悬着水(图 1-3-6)。毛管悬着水与地下水位不相连,也不受地下水位升降的影响。毛管

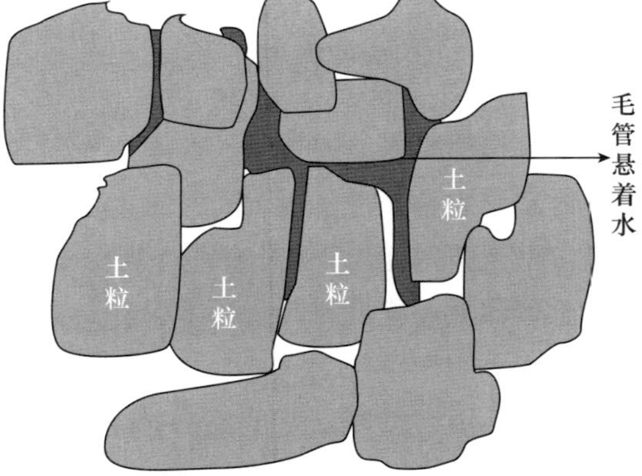

图 1-3-6　毛管悬着水示意图

农事谚语

春雨满街流,收麦累死牛;黑夜下雨白天晴,打的粮食没处盛。

拓展故事:安心坚守只为粮安天下

悬着水达到最大量时的土壤含水量称为田间持水量，它是吸湿水、膜状水和毛管悬着水的总和。田间持水量代表了在良好的水分条件下灌溉后土壤所能保持的最高含水量，它是确定农田灌溉量的重要依据，是土壤灌水的上限。土壤田间持水量受到土壤质地、有机质含量、结构、松紧状况等的影响。因作物吸水、地表蒸发等原因，土壤含水量降到田间持水量的65％～70％时，粗毛管悬着水的连续状态断裂，细毛管孔隙中的水分仍是连续状态，此时的土壤含水量称为毛管断裂含水量。当达到毛管断裂含水量时，土壤中毛管水的运动较为缓慢，水量很少，难以满足植物需要，这时要及时灌水（表 1-3-4）。

农事谚语

秋禾夜雨强似粪，一场夜雨一场肥。

表 1-3-4　不同质地和耕作条件下的田间持水量　　％

土壤质地	沙土	沙壤土	轻壤土	中壤土	重壤土	黏土
田间持水量	10～14	13～20	20～24	22～26	24～28	28～32

4.重力水

当土壤中的水分超过田间持水量时，多余的水分在重力作用下沿土壤中的大孔隙向下移动，这部分水分称为重力水。土壤在重力水达到饱和时的含水量，称为全蓄水量，它是计算稻田淹灌溉水量的依据。重力水具有一般自由水的特点，是水生植物可吸收利用的有效水分。对旱地植物来说，重力水虽可被利用，但它占据了土壤的大孔隙，往往造成土壤通气不良，严重影响植物的正常生长，同时，它不易被土壤保蓄，流失时易造成可溶性养分损失。所以，对旱地植物来说重力水是多余的水分。

（二）土壤含水量的表示方法

土壤含水量是表征土壤水分状况的指标，常见的表示方法有以下几种：

1.质量含水量

质量含水量是指土壤水分的质量占烘干土重的百分数，这是最常用的表示方法，可直接测定。

$$\text{质量含水量}=\frac{\text{水分质量(g)}}{\text{烘干土质量(g)}}\times 100\%$$

2.容积含水量

容积含水量是指土壤水的容积占土壤容积的百分数。它表明土壤中水分占据空隙的程度，从而可以计算出土壤三相比。可以由质量含水量乘以土壤容重换算得到。

$$\text{容积含水量}=\frac{\text{水的容积}}{\text{土壤的容积}}\times 100\%$$

3.相对含水量

相对含水量是指土壤实际含水量占该土壤田间持水量的百分数。相对含水量能更好地说明土壤水分的饱和程度、有效性及水、气状况，在旱作土壤中，常用相对含水量来表示土壤水分的多少。

$$土壤相对含水量=\frac{土壤实际含水量(质量分数)}{田间持水量(质量分数)}\times 100\%$$

4.土壤蓄水量(贮水量)

土壤蓄水量是指一定面积和厚度土壤中含水的绝对数量。土壤蓄水量的表示方法有两种，一种是蓄水量(贮水量)深度，是指在一定厚度一定面积土壤中所含的水量相当于相同面积水层的厚度，以 mm 表示，它便于使土壤实际含水量与降雨量进行比较，以便确定灌溉定额；另一种是蓄水量(贮水量)容积，是指一定面积一定厚度土壤中所含水量的体积数，以 $m^3/666.7\ m^2$ 表示，它是在农田灌溉中常用的方法，以便计算灌溉水量。

水层厚度(mm)=土层厚度(mm)×土壤容积含水量(%)。

关于灌水定额的计算公式如下：

灌水定额($m^3/666.7\ m^2$)=(田间持水量%－土壤含水量%)×土壤容重×面积($666.7\ m^2$)×湿润深度(m)

5.土壤墒情

土壤墒情是我国北方农民对土壤含水状况的俗称。在农业生产中，利用人的感官判断土壤水分状况，以指导农业生产(表 1-3-5)。田间验墒时，先量出干土层的厚度，再用土钻取土，根据土壤颜色、可塑性及在手中的感觉等来判断墒情，得出土壤水分状况的结论。

表 1-3-5　土壤墒情的类型及特点

类型	相对含水量/%	土的颜色	手感	特性
饱墒	>80	暗黑	用手捏之成团，抛之不散，可捏成条，手留水迹。	适耕上限，土壤过分潮湿，低洼处有积水，应及时排水防涝。
适墒	60～80	褐色	手捏成团，抛之破碎，手留湿印。	播种耕作最适宜的墒情，有效水含量最高。
黄墒	40～60	黄	手捏成团，易碎，手有凉爽之感。	适宜耕作，有效水含量中等，播种出苗不齐，需要灌溉。
灰墒	20～40	浅灰	水搓不能成条，而是分散成一些小块。	有一定的含水量，作物尚能生长，应浇水防旱。
干土	<20%	灰白	土块干燥、坚硬，手捏时不易捏碎。	作物难以吸收水分，不适宜耕作和播种。

(三)土壤水分的有效性

土壤水分的有效性是指土壤水分可被植物吸收利用的程度。在土壤所保持的水分中，可被植物吸收利用的是有效水，不能被吸收利用的是无效水。根据植物吸收难易程度，又可将土壤水分状况分为速效水阶段、缓

拓展阅读：土壤水力物理背景超级世界地图问世

名言警句

地球上的最后一滴水，将是人类的眼泪。

(宣传标语)

效水阶段和迟效水阶段。

依据土壤水所受的力及其与作物生长的关系，在规定条件下测得的土壤含水量，称为土壤水分常数。常见的土壤水分常数有吸湿系数、最大分子持水量、萎蔫系数、田间持水量、毛管断裂含水量等。它们是土壤水分的特征值和土壤水性质的转折点。

农事谚语

一场冬雪一场财，一场春雪一场灾。

一般把田间持水量视为土壤有效水的上限，萎蔫系数看作土壤有效水的下限。

土壤最大有效水量＝田间持水量－萎蔫系数

土壤实际有效水量＝土壤实际含水量－萎蔫系数

在田间持水量至毛管断裂含水量（65％～70％田间持水量）之间，毛管水连续，移动迅速，供应及时，称之为速效水阶段，此时“水就根”；在毛管断裂含水量至45％田间持水量之间，粗毛管水断裂，移动缓慢，供应不足，称之为缓效水阶段，此时“根就水”；在45％田间持水量至萎蔫系数之间，土壤水以膜状水居多，移动更慢，难于利用，植物暂时萎蔫，称之为迟效水阶段。

（四）土壤水分的能量状态

土壤水和自然界的其他物质一样，含有不同数量和形式的能量，也同样遵循着自然界所有物质的运动规律，即自发地从能量高处向能量低处运动，直到能量平衡为止。表示土壤水能量状态的指标有很多，如张力、吸力、吉氏自由能、土水势等，常用的指标有土水势和土壤水吸力。

1.土水势

土壤水在各种力的作用下，与同样温度、高度和大气压条件的纯自由水相比，其自由能降低的值即为土水势（Ψ）。

（1）利用土水势研究土壤水问题的优点

①作为判断各种土壤水分能态的统一标尺。土水势表明了土壤水的能量状态而不是简单的数量关系。土壤吸水是要做功的，当土壤含水量高时，植物吸水容易，耗能少；当土壤水分含量少时，由于土粒吸附力、毛管张力作用，植物吸水需要消耗较多的能量。土水势可以作为土壤水分运动的推动力，在不同土壤间作为统一的标尺来使用。如某一沙土的质量含水量为10％，另一黏土的质量含水量为15％，当这两种土壤接触时，水是由含水量低的沙土流向含水量高的黏土的，因为在上述情况下，沙土的土水势高于黏土，只有当土水势达到平衡以后，土壤水才停止运动。土壤水总是从土水势高处流向低处的。

土水势的数值可在土壤—植物—大气之间统一使用，把土水势、根水势、叶水势等统一比较，判断它们之间水流的方向、速度和水的有效性。如在上例中，含水量高的黏土几乎没有植物可利用的水，而含水量低的沙土反而有相当数量的水是可供植物吸收利用的。这是因为上述黏土的土水势已经低于或等于植物的根水势，而沙土水势高于根水势，所以水可以从沙土流进植物。与大气的关系也是一样，土壤水向大气蒸发的数量也取决于两者之间的水势差。

②可提供一些精确的土壤水分状况测定手段。利用土水势原理测定土壤水分状态的方法有压力膜法、张力计法、压力板法等。同一土壤采用不同测定方法结果差异较大，张力计法是应用最多的方法，具有设备简单的特点，可在大田生产和实验研究中广泛应用。

(2)土水势的分势　土壤水的势能是指土壤水的总势能，用符号 Ψ 表示。由于土壤水分受各种力的作用，不同作用力引起的势能变化称为土水势的分势。土水势的分势包括了基质势、溶质势、重力势和压力势。

①基质势(Ψ_m)　由土壤颗粒(基质)的吸附力和毛管力所引起的水势变化为基质势，它由静电引力、分子引力及毛管作用的表面张力相互作用而产生。在土壤水不饱和的状态下，水分受吸附力和毛管力的吸持，自由能水平降低，其水势必然低于参比标准(纯自由水)下的水势，由于参比标准的水势为零，所以基质势是负值。土壤含水量越低，基质势也就越低。

典型案例：山东：从“农业荒漠”到“生态粮仓”

②溶质势(Ψ_s)　由土壤水中的溶质所引起的水势变化为溶质势。由于溶质离子或分子吸引水分子，降低了土壤水的自由能，所以溶质势为负值。土壤水中溶解的溶质越多，溶质势就越小，其绝对值也就越大。由于土壤中的溶质很易随水运动而呈均匀状态分布，所以溶质势一般不起什么作用。只有在土壤水对植物的关系上，溶质势才起作用，如盐碱土中，溶质势低，植物吸水困难。

③重力势(Ψ_g)　土壤中的水分因所处位置不同而产生的位能也不同，这种由重力产生的水势称为重力势。土壤重力势与土壤性质无关，只取决于研究点与参比点之间的垂直距离。当水分高度在参比标准以上时，重力势为正值，越高值越大，当水分高度在参比标准以下时，重力势为负，越低值越小，但绝对值越大。

④压力势(Ψ_p)　对土壤水分产生压力效应的势值称为压力势。在不饱和土壤中，土壤水的压力与参比标准相同，等于零；在水分饱和土壤连续水体表面仅承受大气压力，压力势为零，在水分饱和土壤连续水体内层压力势为正值，深度越深，压力势越大。

土水势等于以上分势的总和，代表土壤水分总的能量水平。

土水势(Ψ)＝基质势(Ψ_m)＋溶质势(Ψ_s)＋重力势(Ψ_g)＋压力势(Ψ_p)

在土壤水不饱和情况下：土水势(Ψ)＝基质势(Ψ_m)＋重力势(Ψ_g)

在土壤水饱和情况下：土水势(Ψ)＝重力势(Ψ_g)＋压力势(Ψ_p)

2.土壤水吸力

土壤水吸力是指土壤水在承受一定吸力的情况下所处的能态，简称吸力、张力或负压力。

运用土壤水吸力应注意：土壤水吸力并不是指土壤对水的吸力；土壤水吸力只包括基质吸力和溶质吸力，通常是指基质吸力，因水分饱和时，基质吸力为零，因此水分饱和土壤不需要用；土壤水吸力在概念上，虽不是指土壤对水的吸力，但仍可以用土壤对水的吸力来表示，如某一个时间土壤对水的吸力为 1.2×10^5 Pa，这时的土壤水吸力就是处于 1.2×10^5 Pa 吸力下的能态，土壤水吸力为 1.2×10^5 Pa。

土壤含水量越少，土壤水吸力越大；反之越小。土壤内的水分总是由吸力低处向吸力高处移动。当土壤水吸力小于 1×10^5 Pa 时，土壤水处于低吸力阶段；当土壤水吸力在 $1\times10^5\sim1.5\times10^6$ Pa 之间时，土壤水处于中吸力阶段；当土壤水吸力大于 1.5×10^6 Pa 时，土壤水处于高吸力阶段；中、低吸力阶段的土壤水处于植物有效水范围，特别是低吸力阶段对确定灌溉时间和灌溉量均有重要意义。

正能量微语

把梦想的种子撒在奋斗的土壤上

（人民网快评语）

（五）土壤水的运动

自然界的水分进入土壤后，并非固定不变，而是处于不停的运动之中。土壤水分运动包括气态水的扩散、凝结和液态水的蒸发、运转、渗漏等，这些过程影响着土壤肥力的改变和作物的生长发育。

1.土壤水汽的扩散与凝结

土壤含水量一般都在最大吸湿量以上，所以土壤孔隙中的水汽经常处于饱和状态，并在温度、压力等因素的影响下发生凝结和扩散。土壤中的水汽总是顺着水气压梯度由水气压高处向低处移动，由水多向水少的地方扩散，由暖处向冷处扩散。因土壤温度随气温的变化而变化，亦有昼夜和季节差异。在夏季，我们经常可以观察到傍晚已经晒干的表土层，翌日清晨又变得潮湿起来，这种在清晨能够回潮的土壤叫夜潮土。夜潮土是由于昼夜温差大，夜间底土暖于表土，水汽由下向上移动，遇冷凝结成水所致。夜潮土能增加表土水分含量，提高土壤抗旱能力，对农业生产有着积极意义。在冬季，当土壤表层冻结，下层的水分不断向冻层移动，通过冷凝并结成冻块儿聚集起来。当春天气温增高后，上层的水逐渐溶解，而下层被没有融化的冰粒所堵塞，解冻水不能下渗，使表土出现返浆现象。充分利用返浆水，对易发生春旱的北方地区播种、保苗有重要意义。

2.土壤水分的蒸发

土壤水分以气态的形式扩散到近地面大气中的过程，称为土壤水分的蒸发，农业生产上又叫跑墒。

（1）影响土壤水分蒸发的因素　外界因素主要有太阳辐射、温度、风速、大气相对湿度等。太阳辐射强、温度高、风速大、大气相对湿度小时，土壤水分蒸发强烈。同时，地形、地势、纬度、地面覆盖等均对土壤水分蒸发产生影响。内在因素主要包括土壤质地、结构、孔隙状况、耕作质量等。沙土空隙大，吸力小，蒸发强，上层干得最快，但干土层浅；黏土空隙小，吸力强，蒸发比较慢，但干土层厚。

(2)土壤水分蒸发过程　土壤水分蒸发有明显的阶段性，在各阶段水分蒸发耗损的特点不同，农田抗旱保墒措施也不同。降雨或灌溉后，土壤水分开始连续蒸发。土壤水分蒸发主要分为以下三个阶段：

拓展知识：土壤水势测定方法比较

①大气蒸发力阶段　当土壤含水量大于田间持水量时，土壤水的蒸发速度接近自由水的蒸发，其蒸发速度决定于辐射、温度、空气湿度、风速等因素。这个阶段蒸发量很大，但只能持续几天。

②土壤导水率控制阶段　当土壤含水量减小到田间持水量以下时，土壤水分的蒸发速度随水分的减少而急剧下降。本阶段土壤蒸发强度取决于土壤的导水性质。这一阶段维持的时间不久，当土面的水气压与大气的水气压达到平衡时，土面就成为风干状态的干土层。在生产上为防止土壤有效水分蒸发，减少非生产性消耗，在土壤水分蒸发转入导水率控制阶段初期，就应及时地破坏土壤毛管体系，控制水分向土面传导。此时采取中耕除草或直接覆盖等保墒措施，都能起到较好的效果。

③扩散控制阶段　当土壤含水量低于毛管断裂含水量后，土面形成干土层，土壤水向土表的导水率降至接近于零。此时土壤水分以气态形式经干土层的孔隙扩散到大气中。干土层的孔隙越小，土壤水分扩散越慢，水分散失得就越少。这时采取镇压措施，既能防止土壤漏水跑墒，又有利于底土层的毛管作用，使底土层水分逐渐湿润上层土壤，旱情得以缓解。

三、作业与活动

1.作业

(1)土壤水分有哪些类型？不同类型土壤水分对作物生长有何意义？

(2)什么是土壤的水势？有什么利用意义？

(3)土壤水分蒸发分为哪几个阶段？

随堂测试：土壤液相组成及特点

2.课外活动

(1)以学习小组为单位，调查当地土壤地下水位状况及利用情况。

(2)以学习小组为单位，讨论各自家乡土壤水分调控的经验有哪些。

任务三　认识土壤气相组成及特点

名言警句

勤能补拙是良训，一分耕耘一分才。

（华罗庚）

一、任务要求

能描述土壤空气组成的特点；能够解释土壤空气与大气交换的机理；能根据土壤特点提出土壤通气性调节的措施。

PPT 课件：土壤气相组成及特点

二、任务内容

土壤空气与土壤水分共同存在于土壤孔隙中，互相消长，对植物的生长发育、土壤微生物活动、养分释放与转化等都有重要影响。

（一）土壤空气的组成及特点

土壤空气主要来自大气，少量是土壤中生物化学过程所产生的气体。土壤空气含量受到土壤孔隙度和含水量的影响，在孔隙度一定的情况下，土壤空气含量随含水量增加而减少。一般旱地土壤空气含量在10％以上。

土壤空气组成基本上与大气相似，但是，由于土壤中植物根系和微生物生命活动的影响及其他生物化学作用的结果，使土壤空气在组成和含量上存在一定的差异（表 1-3-6）。

表 1-3-6　土壤空气与近地大气组成

气体	氧	二氧化碳	氮	其他气体
近地大气/％	20.94	0.03	78.05	0.98
土壤空气/％	18.00～20.03	0.15～0.65	78.8～80.24	0.98

（参考《土壤肥料》，宋志伟、王庆安，2019）

土壤空气与大气相比，有如下特点：

（1）土壤空气中 O_2 的浓度比大气低。这是土壤中的各类生物消耗了氧的结果。

（2）土壤空气中 CO_2 的含量比大气高。其原因有 3 点：一是微生物分解有机质时产生大量的 CO_2；二是植物根系的呼吸作用，也产生大量 CO_2；三是土壤中的碳酸盐遇无机酸或有机酸的作用，也产生 CO_2。

（3）土壤空气中的水汽经常呈饱和状态。除表土层和干旱季节外，只要土壤含水量在最大吸湿量以上，土壤就经常处于水汽饱和状态。

（4）土壤空气中还原性气体的含量高于大气。当土壤通气不良时，土壤中可产生还原性气体，如 CH_4、H_2S 等，一般渍水土壤中含量较多。

（5）土壤空气组分随时间和空间而变化。大气成分相对稳定，而土壤空气各组分在不同季节和不同土壤深度变化很大。土壤空气中 CO_2 和 O_2 的含量互为消长关系，两者的总和保持在 19%～22%之间，CO_2 含量随土层加深而增加，O_2 含量则随土层加深而减少。

(6)土壤空气存在的形态与大气不同。土壤空气存在形态主要有自由态、吸附态和溶解态，大气中空气存在形态只有自由态。

名言警句

成功没有捷径。我不在家，就在试验田；不在试验田，就在去试验田的路上。

（袁隆平）

（二）土壤通气性

土壤通气性是指土壤空气与大气进行交换的能力以及土壤内部气体扩散的特性。土壤通气性是土壤的重要物理性质之一，与植物生长有密切关系。土壤通气性与土壤结构，特别是孔隙特性密切相关。总孔隙或大孔隙比较多的土壤，透气性较好；沙质土比黏质土好；水分含量适中的土壤比水分饱和的土壤好；表层土壤比下层土壤好。土壤通气性与土壤透水性成正相关。通气性良好的土壤能够满足土壤和植物对氧的需求，使土壤肥力得到进一步发挥。

1.土壤空气与大气之间的交换机制

土壤空气与大气之间的交换方式包括整体交换和气体扩散。

(1)整体交换　整体交换是指土壤空气在温度、气压、风、降雨或灌溉等因素的影响下整体移出土壤，同时大气也整体进入土壤。这是由于土壤空气和大气压力的差异造成的。如土温高于气温，土内空气受热膨胀，压力增大而被排出土壤；气压低，大气的质量减小，土壤空气排出；风可把表土空气整体抽出；降雨或灌溉时，由于雨水通过通气孔隙进入土层，而将通气孔隙内的土壤空气排出土壤。当水分进入土层的速度较快时，可使少部分空气封闭在土壤孔隙中，暂时不利于水分向下运动。翻耕或疏松土壤也是土壤空气交换的形式，当翻耕土壤时，可以使土壤空气彻底地与大气进行交换。

学习视频：土壤气相组成

(2)气体扩散　气体扩散是指气体分子由浓度高处向浓度低处移动的过程。一般情况下土壤空气扩散的方向是：O_2 从大气进入土壤、CO_2 从土壤进入大气、还原性气体从土壤进入大气、水汽从土壤进入大气。扩散是农业土壤空气更新的主要方式。影响扩散的主要因素有各种气体的浓度差、通气孔隙度、扩散的距离及土壤水分含量等。浓度差越大，通气孔隙度越高，扩散的距离越短，水分含量越低，则越有利于土壤空气的扩散；反之，则不利于土壤空气的扩散。

2.土壤通气性指标

判断土壤通气性好坏的指标有土壤呼吸系数、氧扩散率、土壤通气量、土壤的通气孔隙度等。

(1)土壤呼吸系数　单位时间内，单位面积的土壤表面扩散出的 CO_2 容积与进入土壤 O_2 容积的比率。它可用来衡量土壤中生物活动的总强度。正常情况下，土壤呼吸系数接近于 1，若超过 1 则说明土壤通气性差。

(2)土壤中氧的扩散率　氧扩散率是指每分钟内通过每平方厘米土层扩散的氧的克数(或微克数)。它标志着土壤空气中氧的供给更新速率,当氧扩散率大于 3×10^{-7} g/(cm^2 · min)时,大多数作物可以正常生长;当氧扩散率小于 2×10^{-7} g/(cm^2 · min)时,大多数作物根系便会停止生长。一般来说,土壤中氧的扩散率随土层深度而降低。氧扩散率降低越快,植物根系生长的深度越浅。

(3)土壤通气量　单位时间,单位压力下,通过单位体积土壤的空气总量称为土壤通气量。常用 mL/(cm^3 · s)表示。土壤的通气量大,表明土壤通气性好。

(4)土壤的通气孔隙度　土壤通气孔隙的数量是影响气体扩散的主要因素,所以常用土壤通气孔隙的百分率作为衡量通气性能好坏的标准。土壤通气孔隙度越大,土壤通气性越好。

(三)土壤空气与作物生长

土壤空气状况是土壤肥力的重要因素之一,影响着植物生长和土壤肥力状况。

1.影响根系发育及吸收功能

在通气良好的土壤中,植物根系长,颜色浅,根毛多;缺氧土壤中,根系则短而粗,颜色暗,根毛大量减少。因根系对水、肥的吸收受到呼吸作用的影响,通气不良时植物根系呼吸减弱,吸收养分和水分的能力降低。通气不良的土壤对植物吸收氮、磷影响最大。

2.影响种子萌发

缺氧时种子内物质的转化和代谢活动受到影响。对于一般植物种子,土壤空气中的氧气含量大于10%则可满足种子萌发需要;如果小于5%种子萌发将受到抑制。

3.影响养分有效性

农事谚语

锄头下面有水也有火。

土壤空气状况,一是通过影响微生物的活性而影响有机态养分的释放;二是通过影响土壤养分的氧化还原形态而影响其有效性。在通气不良情况下,嫌气性微生物占优势,有机质分解慢,有效养分少,还会形成一些对作物有害的物质,如硫化氢、低价铁锰和有机酸等;如果土壤通气性过强,好气性微生物占优势,有机质分解强烈,使土壤有机质的有效性降低;只有在通气适宜的条件下,土壤有机质分解速度适中,养分有效性最大。同时,因作物所需的氮、磷等矿质元素都需要在氧化态下才能被植物吸收利用,通气不良时,土壤往往处于还原态,不利于对矿质元素的吸收,如玉米缺氧对养分吸收能力依下列次序递减:K>Ca>Mg>N>P。

4.影响作物抗病性

土壤通气不良时，土壤中产生的还原性气体（如 H_2S）会抑制细胞色素氧化酶、过氧化氢酶等的活性，严重危害作物生长。通气不良时，土壤中 CO_2 过多致使土壤酸度增高，致使霉菌发育，植株生病。

（四）土壤通气性的调节

土壤通气性好坏主要取决于土壤通气孔隙的多少，调节土壤通气性就要通过各种措施改善土壤孔隙状况。主要措施包括：

1.改良土壤质地和结构

一方面可通过深耕结合施用有机肥料，培育和创造良好的土壤结构和耕层构造，改善通气性；另一方面可通过客土掺沙掺黏，改良过黏过沙的土壤质地，改善通气性。这是改良土壤通气性的根本措施。

2.耕作管理

灌溉及降雨后及时中耕，可消除土壤板结，增加土壤通气性。深耕可以提高土壤总孔隙度和通气孔隙度，改善植物根系的通气条件和生长环境。

3.灌溉结合排水

排水可以增加土壤空气的含量，灌水可以降低土壤空气的含量、促进土壤空气的更新。在水稻田，水层中溶解的氧气已被水稻根的呼吸和有机质的氧化、分解而大量消耗，氧气往往得不到及时更新，因此，稻田通气性差，土壤溶液的氧化一还原电位（Eh 值）低。采取水旱轮作或排水晒田可提高土壤氧化一还原电位，减少有害物质的积累。

4.科学施肥

新鲜易分解的有机肥是土壤中的强还原剂，对通气不良或易淹水土壤，应避免在高温季节大量施用新鲜绿肥和未腐熟的有机肥料，以免因这些物质分解耗氧，加重土壤缺氧造成的危害。

三、作业与活动

1.作业

（1）土壤空气的组成与大气相比，有什么特点？

（2）土壤空气与大气交换的方式有哪些？

（3）土壤通气性对植物生长有哪些影响？

2.课外活动

（1）通过网络及图书资料，收集 1～2 个土壤通气性调节的案例。

（2）讨论如何根据土壤通气状况指导农业生产。

随堂测试：土壤气相组成及特点

【小结与思考】

◆小结

- 土壤基本组成认知
  - 认识土壤固相组成及特点
    - 土壤矿物质
      - 定义
      - 主要成土矿物
      - 土壤矿物质的粒级
    - 土壤生物
      - 土壤动物
      - 土壤植物
      - 土壤微生物
    - 土壤有机质
      - 土壤有机质的来源及存在形态
      - 土壤有机质的转化
      - 土壤有机质的作用
  - 认识土壤液相组成及特点
    - 土壤水分的类型
      - 吸湿水
      - 膜状水
      - 毛管水
      - 重力水
    - 土壤含水量的表示方法
      - 质量含水量
      - 容积含水量
      - 相对含水量
      - 土壤蓄水量
      - 土壤墒情
    - 土壤水分的有效性
    - 土壤水分的能量状态
      - 土水势
      - 土壤水吸力
    - 土壤水的运动
      - 土壤水汽的扩散与凝结
      - 土壤水分的蒸发
  - 认识土壤气相组成及特点
    - 土壤空气的组成及特点
      - 组成
      - 特点
    - 土壤通气性
      - 土壤空气与大气的交换机制
      - 土壤通气性指标
    - 土壤空气与作物生长
    - 土壤通气性的调节

◆思考

1.结合土壤的形成过程思考，不同层次土壤的肥力有哪些差异？

2.土壤的固相组成是如何影响土壤水分和土壤空气的？

基础四
合理施肥基础

【基础目标】

素质目标：树立现代农业思想，增强学农爱农和科学经营农业的意识，具有强烈的社会责任感和实践精神。

知识目标：能熟知植物必需营养元素的概念、判断标准、生理功能、植物营养的关键时期和营养失调症状；能解释植物的营养原理和营养特点；能总结施肥的基本技术。

能力目标：能通过各种途径的调查，获取当地肥料施用情况的第一手及第二手资料；能根据植物形态特征初步识别其缺素情况；能根据实际情况，制定适宜的农业耕作措施和肥料合理使用方案。

【任务导航】

根据项目目标，需完成下列任务：

1.认识植物营养成分及植物营养特性

2.理解合理施肥基本原理

3.认识合理施肥技术

任务一　认识植物营养成分及植物营养特性

责任担当

习近平总书记指出:"中国人的饭碗任何时候都要牢牢端在自己手上。我们的饭碗应该主要装中国粮。"科技是第一生产力,早在 2012 年中央一号文件就比较体系化地提出"科技兴农"战略。而实施"科技兴农"战略,人才是基础,技术是支撑。

农学类专业学子作为新一代农业人,要有强烈责任感、使命感,掌握扎实的农业知识技能,充分将合理施肥技术运用到农业生产实践中,为振兴我国农业奉献力量!

一、任务要求

能说出植物必需营养元素及分类;能根据植物实物形态特征初步诊断出植物缺乏的营养元素;能灵活运用植物营养特性解释农业生产问题。

二、任务内容

所谓植物营养,是指植物体从外界环境中吸取的其生长发育和生命活动所需要的物质。植物体所需的化学元素,称为营养元素。

(一)植物营养成分

1.植物必需营养元素及其确定标准

植物的组成十分复杂,用化学分析的方法对植物样品进行检测发现,任何一种植物体内均含有多种(70 多种)化学元素,地壳中所含有的化学元素几乎都能在植物体内找到,一般新鲜的植物体含有 75%~95%的水分和 5%~25%的干物质。

科学家们用专门的方法培养植物,发现进入植物体的化学元素并非都是植物生活所必需的。经大量研究认为,确定必需营养元素,一般应符合三条标准。第一,该元素对植物的生长发育是必不可少的,缺乏这种元素,植物不能完成其生命周期;第二,缺乏某种元素,植物会表现出特有的病症,而只有补充这种元素后,病症才能减轻或消失;第三,这种元素对植物的新陈代谢起着直接的营养作用,而不是改善植物环境条件的间接作用。

根据以上三条标准,目前国内外公认的高等植物必需的营养元素有碳(C)、氢(H)、氧(O)、氮(N)、磷(P)、钾(K)、钙(Ca)、镁(Mg)、硫(S)、铁(Fe)、硼(B)、锰(Mn)、铜(Cu)、锌(Zn)、钼(Mo)、氯(Cl)、镍(Ni)17 种。

2.植物必需营养元素分组

根据植物对必需营养元素需要量的多少(表 1-4-1),将这 17 种营养元素分为三组。

大量营养元素:碳(C)、氢(H)、氧(O)、氮(N)、磷(P)、钾(K)6 种是植物需要量较多的元素。

中量营养元素:钙(Ca)、镁(Mg)、硫(S)这 3 种元素,植物一般对它们的需要量介于大量营养元素和微量营养元素之间。

微量营养元素:铁(Fe)、硼(B)、锰(Mn)、铜(Cu)、锌(Zn)、钼(Mo)、氯(Cl)、镍(Ni)8 种元素植物需要量少。

在植物这些必需营养元素中,一般农田土壤中 N、P 和 K 的有效含量

PPT 课件:植物必需营养元素

少，而植物的需求量较大；植物收获后，归还土壤的数量少。因此土壤中常常缺乏这三种养分，必须通过施肥来满足植物的需求。所以 N、P、K 被称为“植物营养三要素”或“肥料三要素”。

除这 17 种必需营养元素之外，植物体内还有一些元素含量也较高，如钠(Na)、钴(Co)、硒(Se)、硅(Si)、钒(V)等元素，这些元素对植物的正常生长发育有一定影响，但对整个植物界来说，还不是大多数植物所必需的。

表 1-4-1　高等植物必需营养元素的可利用形态和大致含量

营养元素		植物可利用的形态	在干物质中的大致含量	
			%	mg/kg
大量营养元素	C	CO_2	45	450 000
	O	O_2，H_2O	45	450 000
	H	H_2O	6	60 000
	N	NO_3^-，NH_4^+	1.5	15 000
	K	K^+	1.0	10 000
	P	$H_2PO_4^-$，HPO_4^{2-}	0.5	5 000
中量营养元素	Ca	Ca^{2+}	0.2	2 000
	Mg	Mg^{2+}	0.2	2 000
	S	SO_4^{2-}	0.1	1 000
微量营养元素	Cl	Cl^-	0.01	100
	Fe	Fe^{3+}，Fe^{2+}	0.01	100
	Mn	Mn^{2+}	0.005	50
	B	BO_3^-，$B_4O_7^{2-}$	0.002	20
	Zn	Zn^{2+}	0.002	20
	Cu	Cu^{2+}，Cu^+	0.000 6	6
	Mo	MoO_4^{2-}	0.000 01	0.1
	Ni			

学习视频：植物必需营养元素

拓展知识：植物有益元素

3.植物必需营养元素的一般功能及相互关系

了解各种元素的生理功能对于科学施肥、实现优质高产具有重要的意义。

(1)植物必需营养元素的一般功能　各种必需营养元素在植物体内有着各自独特的作用，但营养元素之间在生理功能方面也有相似性，依此 K.Mengel 和 E.A.Kirkby(1982)根据元素在植物体内的生物化学作用和生理功能，将植物必需营养元素分为 4 组(表 1-4-2)。

(2)必需营养元素之间的相互关系　植物必需营养元素在植物体内的相互关系主要表现为同等重要和不可代替，即必需营养元素在植物体内不论含量多少都是同等重要的，任何一种营养元素的特殊生理功能都不能被其他元素所代替。

表 1-4-2　高等植物必需营养元素的生化作用和生理功能分类

营养元素	吸收形态	生物生化功能
第一组 C、H、O、N、S	CO_2、HCO_3^-、H_2O、O_2、NO_3^-、NH_4^+、N_2、SO_4^{2-}、SO_2，离子来自主要溶液，气体来自大气。	是有机物质的主要组成成分，是酶促反应过程中的必需元素；通过氧化还原反应而同化。
第二组 P、B	来自土壤溶液中的磷酸盐、硼酸和硼酸盐。	可与植物体内的羟基化合物进行酯化形成磷酸酯、硼酸酯等，磷酸酯参与能量转化。
第三组 K、Ca、Mg、Mn、Cl	来自土壤溶液的离子。	可调节细胞渗透压、活化酶或作为辅酶或成为酶与底物间的桥键元素，维持生物膜的稳定性和选择透性。
第四组 Fe、Cu、Zn、Mo	来自土壤溶液中的离子或螯合物。	主要以螯合物结合于辅基内，通过这些元素原子价的变化而传递电子。

拓展知识：植物必需营养元素的生理功能

拓展知识：植物营养元素间的相互关系

第一，各种必需营养元素对植物来讲是同等重要的。虽然植物体内各种营养元素的含量不同，但他们在植物营养中的作用并没有重要和不重要之分。缺少大量营养元素固然会影响植物的生长发育，最终影响产量；但缺少微量营养元素也同样会影响植物生长发育和产量。例如，棉花缺 N 时叶片失绿，缺 Fe 时叶片也失绿。N 是叶绿素的主要成分，而 Fe 虽不是叶绿素的成分，但 Fe 对叶绿素的形成是必需的元素。没有 N 不能形成叶绿素，没有 Fe 同样不能形成叶绿素。所以说 Fe 和 N 对植物营养来说是同等重要的。

第二，植物体内必需营养元素是不可代替的。指植物必需营养元素在植物体内各自所起的作用，不能被其他元素所代替。这是因为每一种元素在植物新陈代谢的过程中都各有独特的功能和生化作用。如 N 不能代替 P，P 不能代替 K。

第三，植物必需营养元素之间具有以下相互作用（表 1-4-3）。包括拮抗作用和协同作用。拮抗作用，是指一种营养元素阻碍或抑制另一种元素吸收的生理作用。产生拮抗作用的原因很多。凡离子大小、电荷和配位体结构以及电子排列相类似的元素，其竞争作用大，从离子水合半径看，Li^+ 为 10.03Å（1Å＝10^{-10} m）、Na^+ 为 7.90Å、K^+ 为 5.32Å、NH_4^+ 为 5.37Å、Rb^+ 为 5.09Å、Cs^+ 为 5.05Å，K^+、NH_4^+、Rb^+、Cs^+ 离子水合半径彼此接近，容易在载体吸收部位产生竞争作用，所以互相抑制吸收。协同作用，是指一种营养元素能促进另一种元素吸收的生理效应，即两种元素结合后的效应超过其单独效应之和，则称为协同作用或相互效应。显然，协同作用能导致植物体中另外一种元素或多种元素含量的增加，而拮抗作用则使其含量或有效性降低。由于元素间的相互作用，均是以特定的植物、品种以及一定的养分浓度范围为前提的，因此，从植物营养的观点来看，协同作用或者拮抗作用的实际效果，均可能有有利的和不利的两个方面。

表 1-4-3　植物必需营养元素与其他元素之间的相互关系

常量元素	拮抗元素	协同元素
Ca	B、Cu、Fe、Mn、Zn、Co、Al、Cd、Cr	Cu、Mn、Zn
Mg	Mn、Zn、Cu、Fe、Co、Al、Cr、Ni、F	Al、Zn
P	B、Cu、Fe、Mo、Mn、Zn、Al、As、Cd、Cr、F、Hg、Ni、Pb、Si	Al、B、Cu、Fe、Mo、Zn
K	B、Mo、Mn、Al、Hg、Cd、Cr、F、Rb	
S	Fe、Mo、Se、As、Pb	F、Fe
N	Cu、B、F	B、Cu、Fe、Mo
Cl	Br、I	B、Cu、Fe、Mo

学习视频：植物的缺素症

4.植物缺乏营养元素的形态特征

作物正常生长发育需要吸收各种必需的营养元素，如果作物生长期间严重缺乏某些营养元素，往往会破坏体内正常的物质代谢，使根、茎、叶等营养器官或花、果实等生殖器官显现出特殊的病态。这种由于营养失调所引起的生理病态，通常称“缺素症”。一般缺乏大量营养元素与缺乏微量营养元素的外部形态特征有明显的差别。例如，由于氮、磷、钾、镁营养元素在作物体内具有再度利用的特点，因此，当作物缺乏这些元素时，它们可从下部老叶转移到上部新叶而被再度利用，缺素症往往首先从下部老叶上显现出来；而微量营养元素在作物体内没有再度利用的能力，因此，当缺乏微量营养元素时，缺素症状最易在上部新生组织（如幼芽、幼叶）上表现出来。

植物缺乏营养元素的一般形态特征见表 1-4-4 至表 1-4-6。

表 1-4-4　植物大量元素的缺素症状

元素	缺素症状			
	植株形态	叶	根茎	生殖器官
氮	生长受到抑制，植株矮小瘦弱。地上部分影响较严重。	叶片薄而小，整个叶片呈黄绿色无斑点，自下而上逐步扩展，严重时干枯死亡。	茎细小、多木质。根瘦，受抑制，较细小。分蘖少（禾本科）或分枝少（双子叶）。	花果穗发育迟缓，不正常地早熟。种子少而小，千粒重低。
磷	植株矮小，生长缓慢。地下部严重受影响。	叶色暗绿，无光泽或呈紫红色。从下部叶开始表现症状至逐渐死亡脱落。	茎细小，多木质。根发育不良，主根瘦长，次生根极少或无。	花少、果少，果实迟熟。易出现秃尖、脱荚或落花落蕾，种子小而不饱满。

拓展知识：植物缺素案例

续表1-4-4

元素	缺素症状			
	植株形态	叶	根茎	生殖器官
钾	植株较小且较柔弱，易感染病虫害。	开始从老叶尖端沿叶缘逐渐变黄，严重时干枯死亡。叶缘似烧焦状，有时出现斑点状褐斑，或叶卷曲显皱纹。	茎细小，柔弱，节间短，易倒伏。	分蘖多但结穗少，果子瘦小。果肉不饱满。有时果实出现畸形，有棱角。籽粒干瘪，皱缩。

表 1-4-5　植物中量元素的缺素症状

元素	缺素症状			
	植株形态	叶	根茎	生殖器官
钙	植株矮小，组织坚硬。病态先发生于根部和地上幼嫩部分，未老先衰。	幼叶卷曲，脆弱，叶缘发黄，逐渐枯死，叶尖有枯化现象。	茎、根尖的分生组织受损，根尖生长不好。茎软下垂，根尖细胞易腐烂、死亡。有时根部出现枯斑或裂伤。	结实不好或很少结实。
镁	病态发生在生长后期。黄化，植株大小没有明显变化。	首先从下部老叶开始缺绿，但只有叶肉变黄，而叶脉仍保持绿色，以后叶肉组织逐渐变褐而死亡。	变化不大。	开花受抑制，花的颜色变苍白。
硫	植株普遍缺绿，后期生长受抑制。	幼叶开始发黄，叶脉先缺绿，严重时老叶变为黄白色，但叶肉仍为绿色。	茎细小，很稀疏，支根少。豆科作物根瘤少。	开花结实期延迟，果实减少。

拓展知识：植物缺素症诊断索引及原因分析

表 1-4-6　植物微量元素的缺素症状

元素	病症表现
硼	顶端停止生长并逐渐死亡，根系不发达，叶色暗绿，叶片肥厚。皱缩，植株矮化，茎及叶柄易开裂，花发育不全，果穗不实，蕾花易脱落，块根、浆果心腐或坏死。如油菜“花而不实”，棉花“蕾而不花”，小麦“穗而不实”，大豆“缩果病”，甜菜“心腐病”，芹菜“茎裂病”等。
锌	叶小簇生，中下部叶片失绿，主脉两侧出现不规则的棕色斑点，植株矮化，生长缓慢。玉米早期出现“白苗病”，生长后期果穗缺粒秃尖。水稻基部叶片沿主脉出现失绿条纹，继而出现棕色斑点，植株萎缩，造成“矮缩病”。果树顶端叶片呈“莲座”状或簇状，叶片变小，称“小叶病”。
钼	生长不良，植株矮小，叶片凋萎或焦枯，叶缘卷曲，叶色褪淡发灰。大豆叶片上出现许多细小的灰褐色斑点，叶片向下卷曲，根瘤发育不良。柑橘呈斑点状失绿，出现“黄斑病”。番茄叶片的边缘向上卷曲，老叶上呈现明显黄斑。甘蓝形成瘦长畸形叶片。

拓展知识：植物缺素顺口溜

续表1-4-6

元素	病症表现
锰	症状从新叶开始。叶片脉间失绿，叶脉仍为绿色，叶片上出现褐色或灰色斑点，逐渐连成条状，严重时叶色失绿并坏死。如烟草“花叶病”，燕麦“灰斑病”，甜菜“黄斑病”等。
铁	引起“失绿病”，幼叶叶脉间失绿黄化，叶脉仍为绿色。以后完全失绿，有时整个叶片呈黄白色。因铁在体内移动性小，新叶失绿，而老叶仍保持绿色，如果树新梢顶端的叶片变为黄白色。新梢顶叶脱落后，形成“梢枯”现象。
铜	多数植物顶端生长停止和顶枯。果树缺铜常产生“顶枯病”，顶部枝条弯曲，顶梢枯死。枝条上形成斑块和瘤状物；树皮变粗出现裂纹，分泌出棕色胶液。在新开垦的土地上种植禾本科作物，常出现“开垦病”，表现为叶片尖端失绿，干枯和叶尖卷曲，分蘖很多但不抽穗或很少，不能形成饱满籽粒。

为了方便记忆，有人整理出“植物缺素外形症状诊断歌”：

植物营养要平衡，营养失衡把病生，病症发生早诊断，准确判断好矫正。
缺素判断并不难，根茎叶花细观察，简单介绍供参考，结合土测很重要。
缺氮抑制苗生长，老叶先黄新叶薄，根小茎细多木质，花迟果落不正常。
缺磷株小分蘖少，新叶暗绿老叶紫，主根软弱侧根稀，花少果迟种粒小。
缺钾株矮生长慢，老叶尖缘卷枯焦，根系易烂茎纤细，种果畸形不饱满。
缺锌节短株矮小，新叶黄白肉变薄，棉花叶缘上翘起，桃梨小叶或簇叶。
缺硼顶叶皱缩卷，腋芽丛生花蕾落，块根空心根尖死，花而不实最典型。
缺钼株矮幼叶黄，老叶肉厚卷下方，豆类枝稀根瘤少，小麦迟迟不灌浆。
缺锰失绿株变形，幼叶黄白褐斑生，茎弱黄老多木质，花果稀少重量轻。
缺钙未老株先衰，幼叶边黄卷枯黏，根尖细脆腐烂死，茄果烂脐株萎蔫。
缺镁后期植株黄，老叶脉间变褐亡，花色苍白受抑制，根茎生长不正常。
缺硫幼叶先变黄，叶尖焦枯茎基红，根系暗褐白根少，成熟迟缓结实稀。
缺铁失绿先顶端，果树林木最严重，幼叶脉间先黄化，全叶变白难矫正。
缺铜变形株发黄，禾谷叶黄幼尖蔫，根茎不良树冒胶，抽穗困难芒不全。

拓展知识：植物营养过剩症状

（二）植物吸收养分

植物吸收养分，是指营养物质从介质进入植物体内的过程。植物对养分的吸收有根部营养和根外营养两种方式。

PPT课件：植物吸收养分方式

1.植物的根部营养

根部营养是指植物通过根系从环境中吸收养分的过程。根系是植物吸收养分和水分的重要器官。

(1)植物根系吸收养分的部位　在植物生长发育过程中，根系不断地从土壤中吸收养分和水分。对于活的植物来说，根尖大致可分为四个区，即根冠区、分生区、伸长区、根毛区。一般来说，根毛区是根尖吸收养分最活跃的区域。就一条根而言，幼嫩根吸收能力比衰老根强，同一时期越靠近基部吸收能力越弱。

(2)植物根系吸收养分的形态　植物根系吸收养分的形态主要有离子态和分子态两种，一般以离子态养分为主。吸收离子态的养分主要有一、二、三价阳离子和阴离子，如 K^+、NH_4^+、Ca^{2+}、Mg^{2+}、Cu^{2+} 和 NO_3^-、$H_2PO_4^-$、SO_4^{2-}、MoO_4^{2-}、$H_2BO_3^-$、$B_4O_7^{2-}$ 等离子。分子态养分主要是一些小分子的有机化合物，如尿素[$CO(NH_2)_2$]、氨基酸[$H(NH_2)COOH$]、磷脂、生长素等。而大部分有机态养分需微生物分解转化为离子态养分后，才能被植物吸收利用。

(3)根系吸收养分的过程　根系吸收养分一般包括4个过程，即养分由土体向根表迁移；养分从根表进入根内自由空间，并在细胞外膜积聚；养分跨膜进入原生质体；养分由根部运输到地上部。

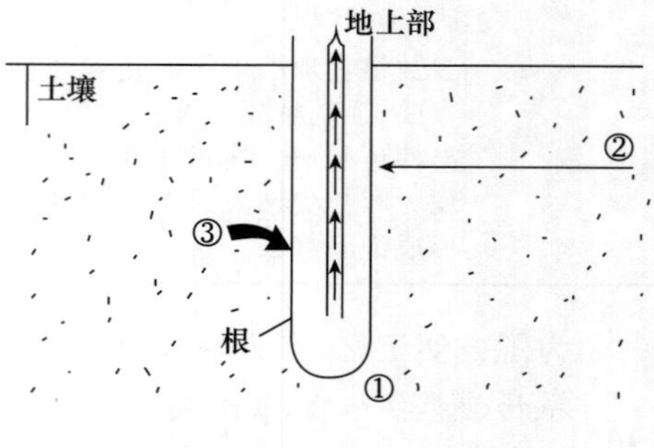

图 1-4-1　植物根系吸收养分不同方式

(引自《土壤肥料》，金为民、宋志伟，2009)

第一，土壤养分向根表迁移。植物根系主要从土壤溶液或土壤颗粒表面吸收获得矿质养分。分散在土壤各个部位的养分到达根系附近或根表的过程称为土壤养分的迁移。其方式有三种，即截获、扩散和质流(图 1-4-1)。

学习视频：植物对养分的吸收及特性

截获是指植物根系在生长与伸长过程中直接与土壤中养分接触而获得养分的方式。一般根系截获的养分可占植物吸收养分总量的0.2%～8%，最多不超过10%，而植物根系越发达，根毛越多，根系总表面积则越大，吸收养分的数量也越多。截获作用不是土壤养分迁移的主要方式。

质流是指由于植物蒸腾作用，植物根系吸水而引起水流中所携带养分由土壤向根部流动的过程。在土壤中容易移动的养分，如 NO_3^-、Cl^-、SO_4^{2-}、Na^+ 等主要通过质流到达根系表面。某种养分通过质流到达根部的数量，取决于植物的蒸腾率和土壤溶液中该养分的浓度。

扩散是指因植物根系吸收养分，使根系附近和离根系较远处的养分离子存在浓度梯度，而引起的土壤中养分移动的方式。由于植物根系不断地从土壤中吸收养分，使得根际土壤溶液中的养分浓度相对较低，这样在根际土壤和土体之间产生养分浓度差。NO_3^-、Cl^-、SO_4^{2-}、Na^+ 等在土壤中的扩散系数大，容易扩散；$H_2PO_4^-$ 扩散系数小，在土壤中扩散慢。

扩散和质流是使土体养分迁移至植物根系表面的两种主要方式。但在不同的情况下，这两个因素对养分的迁移所起的作用却不完全相同。一般认为，在长距离时，质流是补全养分的主要形式；在短距离内，扩散作用则更为重要。

第二，养分在细胞膜外表面的聚集。土壤养分到达植物根系的表面，只是为根系吸收养分准备了条件。到达根系的养分离子还必须穿过细胞间隙、细胞壁微孔和细胞壁与原生质膜之间的空隙构成的自由空间，才能到达细胞质膜。细胞壁微孔构成了物质进出细胞壁的通道，水分和无机离子可以由此进入(图 1-4-2)。

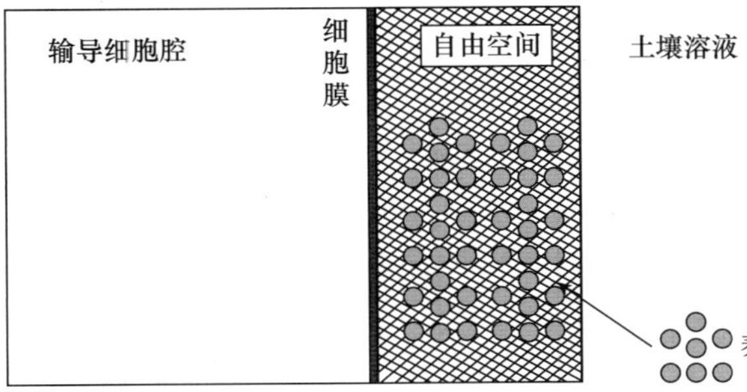

图 1-4-2　养分进入根内自由空间

第三，养分的跨膜吸收过程。养分通过自由空间到达原生质膜后，还需穿过该膜和各种细胞器(线粒体、叶绿体、液泡等)，才能进入细胞内部，参与各种代谢活动。由于生物膜是一种半透性膜，对外界离子的吸收有一定的选择性，这种选择性因植物种类而异。养分的跨膜吸收分为被动吸收和主动吸收两种方式。

被动吸收是指养分离子通过扩散等不需要消耗能量的方式，通过细胞膜进入细胞质的过程，又称非代谢吸收。解释被动吸收的机理主要有杜南平衡学说、扩散学说和离子交换学说。这里主要介绍离子交换学说。通过截获、扩散、质流等方式迁移到植物根系表面的无机养分，首先进入根细胞的自由空间。离子的进入没有选择性，在“自由空间”里进行离子交换，进入细胞内。被动吸收分两种情况：一种是根系表面和土壤溶液之间的离子交换(图 1-4-3)；另一种是根系与土壤固体颗粒之间的离子交换，也称接触交换(图 1-4-4)。不论哪一种离子交换形式都有一个共同特点，就是养分由高浓度向低浓度扩散，其动力都是物理化学的，与植物代谢作用关系较小。同时这种吸收交换反应是可逆的。因此，被动吸收是植物吸收养分的初级阶段。

拓展知识：杜南平衡理论

主动吸收，又称代谢吸收，是一个逆电化学势梯度且消耗能量的有选择性地吸收养分的过程。究竟养分是如何进入植物细胞膜内的，很多研究学者提出了不少假说，主要有离子泵学说和偶联运输方式等。离子泵是存在于细胞膜上的一种蛋白质，它在消耗 ATP 的同时将 H^+、Na^+ 或 Ca^{2+} 等从膜的一边泵到另一边，离子的运输与能量消耗由同一个蛋白质完成。偶联运输是利用 H^+ 泵或 Na^+-K^+ 泵形成的跨膜质子梯度或 Na^+ 梯度中产生的自由能量运输养分或离子，即用 H^+ 或 Na^+ 作为驱动离子驱动运输蛋白，将被运输离子或养分由电化学势低的地方运到电化学势高的地方。类似于上坡运动，需要消耗大量代谢能。一般细胞质膜电势为负值，有利于阳离子养分吸收，而不利于阴离子养分吸收。因此大多数阳离子养分是被动吸收的，而阴离子养分是主动吸收的。

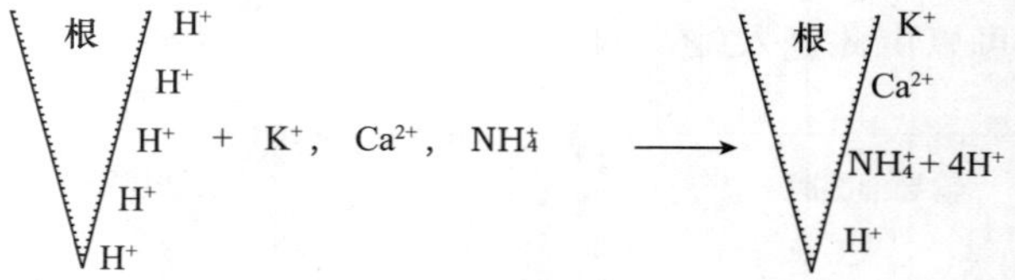

图 1-4-3　根系上的 H^+ 与土壤中的阳离子的离子交换

(引自《土壤肥料》，金为民、宋志伟，2009)

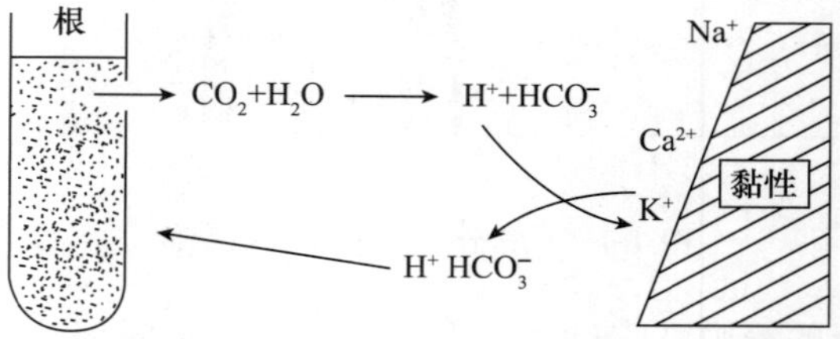

图 1-4-4　根系分泌的碳酸与黏粒所吸附的离子进行离子交换

(引自《土壤肥料》，金为民、宋志伟，2009)

第四，养分由根部运输到地上部。根系吸收的养分穿过皮层进入木质部导管，然后再向上运输。这包括短距离运输和长距离运输两个过程。

短距离运输也叫横向运输。指养分穿过皮层进入中柱的过程。在该过程中，养分离子迁移有两条途径，即质外体途径和共质体途径。

长距离运输也叫纵向运输或径向运输，是指养分（无机离子和有机物质）和水分通过木质部导管和韧皮部的筛管组织由根系向地上部，或由地上部向根系的运输。木质部由无细胞质和细胞器的导管组成，水和无机离子通过木质部向地上部输送。运输的主要机制是质流，动力是蒸腾作用和根压。一般情况下蒸腾拉力起主要作用，特别是对 B、Si 和 Ca 等养分运输影响很大，运输过程木质部导管中的养分也与相邻的薄壁细胞进行交换，同时养分离子也受细胞壁电荷的影响。韧皮部由筛管、伴胞和薄壁细胞等活细胞组成。其运输特点是双向运输，一般是向“生理库”输送养分。养分在韧皮部的运输受蒸腾作用的影响很小。不同营养元素在韧皮部中的移动性不同，而其不同的移动性在一定程度上反映了该元素再利用能力的大小。

拓展知识：质外体与共质体途径

2.植物的根外营养

根外营养是指植物通过叶、茎等根外器官吸收养分的过程。它是植物营养的一种补充方式，特别是在根部营养受阻的情况下，可及时通过叶、茎等吸收营养进行补救。

(1)根外营养的特点　根外营养和根部营养比较，一般具有以下特点：一是直接供给养分，防止养分在土壤中的固定。根外营养被植物直接吸收，可防止养分在土壤中被固定。尤其是易被土壤固定的元素，如铜、

拓展知识：植物根外营养的应用

锰、铁、锌等，叶面喷施效果较好。在寒冷或干旱地区，土壤施肥不能取得良好效果时，采取根外追肥则能及时供给植物养分。二是吸收速度快，能及时满足植物对养分的需要。叶部对养分的吸收和转化都比根部快，能及时满足植物的需要。有人用^{32}P涂于棉花叶部，5 min后各器官中已有相当数量的^{32}P，根、生长点和嫩叶中的^{32}P更多，10昼夜后^{32}P的积累量可达到最大值。在根部施用时，15昼夜后，^{32}P的分布和强度仅接近于叶部施用后5 min时的情况。尿素施用于土壤，一般要4～5 d后才见效果，但在叶部喷施后往往在1～2 d内就表现出明显效果。三是直接促进植物体内的代谢作用。据试验，根外追肥可增加光合作用和呼吸作用的强度，明显提高酶的活性，直接影响到植物体内一系列重要的生理机能，同时也能改善植物向根部供应有机养分的状况，增强植物根系吸收水分和养分的能力。四是节省肥料，经济效益高。根外施肥用肥量小，喷施钾、磷等大量元素，其用量仅为土壤施肥用量的10%左右。喷施微量元素，不仅节省肥料，还可以避免因土壤施肥不匀和施用量过多所造成的危害。

当然，根外营养也有其局限性，不能完全代替根部营养，仅是一种辅助施肥方式。

(2)提高根外营养施用效果　主要考虑以下因素：一是矿质养分的种类。生产上常用于根外施用的化肥品种主要有尿素、磷酸二氢钾、过磷酸钙、硫酸钾及各种微量元素肥料等。而植物叶片对不同种类矿质养分的吸收速率是不同的。如叶片对K的吸收速率依次为：$KCl>KNO_3>K_2HPO_4$；对N的吸收为：$CO(NH_2)_2>NO_3^->NH_4^+$。此外，在喷施微量营养元素时，适当地加入少量$CO(NH_2)_2$可提高其吸收速率，并有防止叶片黄化的作用。二是注意溶液的浓度及反应。一般认为，在一定的浓度范围内，矿质养分进入叶片的速率和数量随浓度的提高而增加。但如果浓度过高，叶片会出现灼伤症状。特别是高浓度的NH_4^+-N肥对叶片的损伤尤为严重，如能添加少量蔗糖，可以抑制这种损伤作用。同时与溶液pH也有一定关系，如果主要目的在于供给阳离子，溶液的pH应调至微碱性；当主要目的在于供给阴离子时，溶液的pH则应调至弱酸性。三是延长溶液湿润叶片的时间。喷施时间应选在下午或傍晚进行，以防止叶面很快变干。如果同时施用“湿润剂”，可降低溶液的表面张力，增大溶液与叶片的接触面积，增强叶片对养分的吸收。四是最好在双子叶植物上施用。双子叶植物叶面积大，叶片角质层较薄，溶液中的养分易被吸收；对单子叶植物应当适当加大浓度或增加喷施次数，以保证溶液能很好地被吸收利用。喷施溶液时，应叶片正面、背面一起喷。五是注意养分在叶内的移动性。各种养分在叶细胞内的移动性依次为：氮>钾>钠>磷>氯>硫>锌>铜>锰>铁>钼；不移动的元素有硼、钙等。在喷施较不易移动的元素时，喷施2～3次为宜，同时喷施在新叶上效果好。

名言警句

科学是系统化了的知识。

（赫·斯宾塞）

科学是将领，实践是士兵。

（达·芬奇）

3.影响植物吸收养分的因素

植物吸收养分随着环境条件的不同而不同。其影响因素主要有：

(1)温度　在一定温度范围内，温度增加，植物吸收养分的能力提高，温度过高、过低都不利于养分吸收。在0～30℃范围内，随着土温的升高，根系吸收养分加快，吸收的数量也增加；当土温低于2℃时，植物只能被动吸收；当土温超过30℃时，养分吸收也显著减少。

(2)光照　植物吸收养分的过程是个耗能的过程，能量的高低直接影响养分吸收的多少。光照充足，光合作用强度大，养分吸收也多。反之，光照不足，养分吸收的数量和强度就少。

(3)土壤通气性　通气有利于氧呼吸，故能促进养分吸收。土壤通气良好，能促进植物对养分的吸收；反之，土壤排水不良，植物吸收养分能力下降。在农业生产中，施肥结合中耕，目的之一就是促进植物吸收养分，提高肥料利用率。

(4)土壤酸碱性　大量的试验表明，在酸性条件下，植物吸收阴离子多于阳离子；而碱性条件下，吸收阳离子多于阴离子。大多数养分在pH 6.5～7.0时其有效性最高或接近最高。

(5)养分浓度　植物吸收养分速度随浓度的改变而变化。一般说来，土壤中养分含量高，质流中的离子浓度高，土壤与根系间离子浓度梯度大，扩散速率增加，根系对离子接触的机会也多，因而有利于植物对养分的吸收。

（三）植物营养特性

1.植物营养的共性和个性

植物生长发育必需的17种营养元素是所有高等植物生长发育所必需的，属于植物营养的共性。但有些植物或同种植物在不同的生育期，所需要的养分也是有差异的。当把植物栽培在同一种土壤上，常因植物种类不同，他们所吸收的矿物质成分和总量就会有很大的差别。如薯类植物对钾的需求比禾本科植物多；豆科植物需磷较多；叶菜类需氮较多，甚至有些植物还需要特殊的养分，如水稻需要硅，豆科植物固氮时需要钴，这些属于植物营养个性。所以，施肥时必须考虑植物的营养特性。

PPT课件：植物营养特性

2.植物营养的遗传特性

植物对养分的吸收、运输和利用特点都与基因有关，是由植物营养的基因型差异造成的，是可以遗传的，这就是植物营养的遗传特性。

不同植物存在营养基因型差异，因而具有不同的营养特点，表现在不同植物对养分需求的种类、数量和养分代谢方式等存在差异。如生长在石灰性土壤上的大豆品系有些出现失绿症，而另一些无失绿症；芹菜对缺镁和缺硼的敏感性存在着基因型差异。因此，在搞清楚植物营养性状的基础上，可以通过遗传和育种的手段对植物加以改良，将优良的营养基因保留下来，以提高作物产量，这就是研究植物营养遗传特性的目的。

3.植物营养的连续性和阶段性

植物在整个生长周期中，要经历几个不同的生长发育阶段。在这些阶段中，除种子萌发和植物生长后期根部停止吸收养分的阶段外，其他阶段都要从土壤中吸收养分，通常把植物从土壤中吸收养分的整个时期，称为植物营养期。在植物的营养期的每个阶段中，都在不间断地吸收养分，这就是植物吸收养分的连续性。因此，在生产中施基肥，对保证植物整个营养期养分的持续供应具有重要作用。在植物营养期中，植物对养分的吸收又有明显的阶段性。这主要表现在对营养元素的种类、数量和比例等方面有不同的要求。研究证明，在植物营养期中，植物对养分的需求有两个极为关键的时期，一个是植物营养的临界期，另一个是植物营养的最大效率期。

（1）植物营养的临界期　在植物营养过程中，有一时期虽对某种养分要求的绝对量不多，但很敏感，要求十分迫切，不可缺少。如果此时缺少这种养分，就会明显影响植物的生长与发育，即使以后补施该种养分再多，也很难弥补由此而造成的损失。这个时期被称为植物营养的临界期。植物营养临界期一般出现在植物生长的早期阶段。当然，不同植物、不同营养元素的营养临界期有一定差异。如水稻、小麦 P 素营养临界期在三叶期，棉花在二、三叶期，油菜在五叶期以前。水稻 N 素营养临界期是三叶期和幼穗分化期，棉花是现蕾初期，小麦和玉米一般在分蘖期、幼穗分化期。所以施足基肥，施好种肥，轻施苗肥，对满足植物营养临界期的需要，提高植物产量是有科学道理的。

（2）植物营养最大效率期　在植物生长发育过程中，有一个时期对养分的需要量最多，吸收速率最快，产生的肥效最大，增产效率最高。这一时期，就是植物营养的最大效率期，也称强度营养期。不同植物的最大效率期是不同的，如玉米 N 肥的最大效率期，一般在喇叭口至抽雄初期；棉花的 N、P 最大效率期在盛花始铃期。对于同一植物，不同营养元素的最大效率期也不一样，例如甘薯，N 素营养的最大效率期在生长初期，而 P、K 则在块根膨大期。可以看出，植物营养最大效率期一般出现在植物生长的旺盛时期，或在营养生长与生殖生长并进时期。

植物的营养临界期和营养最大效率期，是整个营养期中的两个关键施肥时期，在这两个时期保证植物适当养分，对提高植物产量有重要意义。但植物生长发育的各个阶段是相互联系、彼此影响的，因此，既要注意关键时期的施肥，又要考虑各阶段的营养特点，注意 N、P、K 肥的配合比例，采取基肥、种肥、追肥相结合的施肥方法，因地制宜地制定施肥计划，以充分满足植物对养分的需要。

三、作业与活动

1.作业

（1）植物必需营养元素有哪些？其中被称为“肥料三要素”的是什么？

（2）植物缺乏氮、磷、钾的症状主要是怎样的？

（3）植物对养分的吸收方式有哪些？

拓展知识：英国洛桑试验站简介

随堂测试：植物营养成分及植物营养特性

(4)植物对养分需求的两个关键期是什么？分别在作物生长的什么阶段？

2.课外活动

以学习小组为单位，利用课余时间，进行以下活动：

(1)到附近农场或农户的田间进行作物外观形态调查，诊断是否有缺素典型症状。

(2)讨论生产上应如何灵活运用植物两个关键营养期理论进行施肥，并写出简要方案。

任务二　理解合理施肥基本原理

一、任务要求

理解养分归还学说、最小养分律、报酬递减律和因子综合作用律的主要内涵，能运用合理施肥基本原理来指导生产上的施肥。

二、任务内容

合理施肥是综合运用现代农业科技成果，根据植物需肥规律、土壤供肥规律及肥料效应，以有机肥为基础，生产前提出各种肥料的适宜用量和比例以及相应的施肥方法的一项综合性科学施肥技术。

合理施肥是从1840年德国农业化学家李比希提出植物的"矿质营养"学说开始的，矿质营养学说的应用，奠定了合理施肥的理论基础；随后，德国土壤学家米切里希提出的米氏方程，开始了数量化施肥；20世纪70年代，英国植物营养学家库克首次提出合理施肥的经济学概念，认为最优化的施肥量就是在高产目标下获得最大利润的施肥量。因此，合理施肥就是高产的经济施肥。所以在考虑合理施肥的措施时，有两条标准必须考虑，一是产量标准，通过施肥能使单位重量的肥料换回更多的植物产量；二是经济标准，即在用较少的肥料投资获得较高产量的同时，还要获得最大的经济效益。为了达到这两条标准必须首先掌握合理施肥的基本原理。

1.养分归还学说

19世纪中叶，德国化学家、现代农业化学的倡导者李比希提出养分归还学说，也叫养分补偿学说。他认为："植物从土壤中吸收养分，每次收获必从土壤中带走某些养分，使土壤中养分减少，土壤贫化，要维持地力和植物产量，就要归还植物带走的养分。"用发展的观点看，主动补充从土壤中带走的养分，对恢复地力，保证植物持续增产有重要意义。但也不是李比希强调的那样，要归还从土壤中取走的全部养分，而应该有重点地向土

名家简介

李比希（Justas von Liebig；1803—1873）德国化学家。他对无机化学、有机化学和生物化学，特别是化学在农业上的应用有重要贡献。1840年发表《化学在农业及生理学上的应用》一书，明确提出植物的矿质营养学说和归还学说，认为只有矿物质才是绿色植物唯一的养料，有机质只有当其分解释放出矿物质时才对植物具有营养作用，他还认为，作物从土壤中吸走的矿质养分必须以肥料形式如数归还土壤，否则土壤将日益贫瘠，从而否定了当时盛行的植物腐殖质营养学说，引起农业理论的一场革命，并促进了化学肥料工业的迅速发展。故被称为"肥料工业之父"。

（参考"知网百科"）

壤归还必要的养分就可以了。

总之,李比希提出的养分归还学说,尽管有一些片面观点,但就其实质而言这个学说对于如何恢复土壤肥力,提高植物产量起到了积极作用,为合理施肥奠定了理论基础。

PPT 课件:合理施肥基本原理

2.最小养分律

最小养分律是李比希在 1843 年《化学在农业和生理学上的应用》一书中提出来的。这一理论的中心意思是:植物产量受土壤中相对含量最小的养分所控制,植物产量的高低则随最小养分补充量的多少而变化。

植物为了生长发育需要吸收各种养分,但是决定植物产量的却是土壤中那个相对含量最小的养分因素,产量也在一定限度内随着这个因素的增减而相对地变化,如果无视这个限制因素的存在,即使继续增加其他营养成分也难以再提高植物产量。

以木桶为例,见(图 1-4-5)。木桶是由代表不同养分含量的木板所组成。贮水量的多少决定于最短木板的高度,同理,植物产量的高低则决定于最小养分的含量。它说明了要想多贮水,必须将最短的木板补齐,同样要想提高植物产量,必须有针对性地补充最小养分。

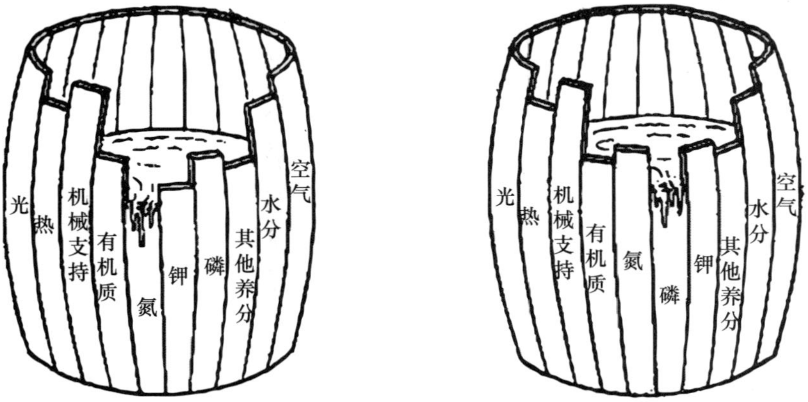

图 1-4-5 影响植物产量的限制因子

应用最小养分律要注意以下几点:第一,最小养分不是指绝对含量最低的;第二,最小养分是限制植物生长发育和提高产量的关键,因此,在施肥时,必须首先补充这种养分;第三,最小养分不是固定不变的,而是随条件变化而变化的。当土壤中某种最小养分增加到能够满足植物需要时,这种养分就不再是最小养分了,另一种元素又会成为新的最小养分。

学习视频:合理施肥基本原理

总之,"最小养分率"指出了植物产量与养分供应上的矛盾,表明了施肥应有针对性。就是说,要因地制宜地、有针对性地选择肥料种类,缺什么养分,施什么肥料。

3.报酬递减律

报酬递减律是 18 世纪后期,欧洲经济学家杜尔哥和安德森根据投入与产出之间的关系提出来的。实际上是一个经济上的定律。该定律的一般表述是：从一定土壤上所得到的报酬随着向该土地投入的劳动资本量的增大而有所增加，但报酬的增加却在逐渐减小，也即最初的劳力和投资所得到的报酬最高，以后递增的单位投资和劳力所得到的报酬是渐次递减的。科学试验进一步证明，当施肥量(特别是N)超过适量时，植物产量与施肥量之间的关系就不再是曲线模式，而呈抛物线模式了，如图 1-4-6 所示。

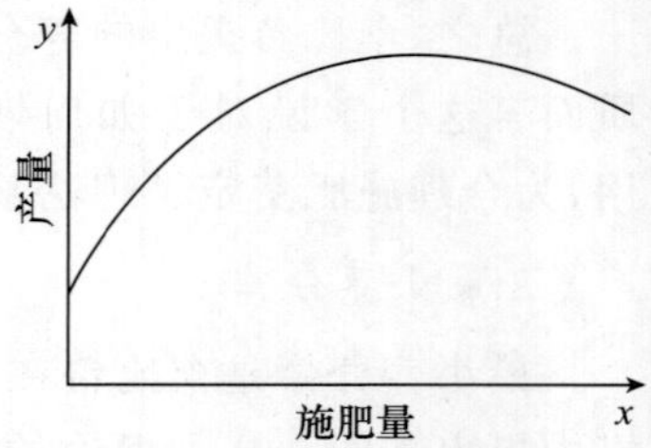

图 1-4-6　增产效应的抛物线

名言警句

四个现代化，关键是科学技术的现代化。没有现代科学技术，就不可能建设现代农业现代工业现代国防。

（邓小平）

综上所述，报酬递减律是以其他技术条件不变(相对稳定)为前提，反映了投入(施肥)与产出(产量)之间具有报酬递减的关系。在推荐施肥中，要重视施肥技术的改进，在提高施肥水平的情况下，力争发挥肥料最大的增产作用获得较高的经济效益。

4.因子综合作用律

因子综合作用律的中心意思是：植物产量是水分、养分、光照、温度、空气、品种以及耕作条件、栽培措施等因子综合作用的结果，但其中必有一个起主导作用的限制因子，产量在一定程度上受该种限制因子的制约。为了充分发挥肥料的增产作用和提高肥料的经济效益，一方面，施肥措施必须与其他农业技术措施密切配合；另一方面，各种养分之间的配合施用，能使养分平衡供应。

总之，在制订施肥方案时，利用因子之间的相互作用效应，其中包括养分之间以及施肥与生产技术措施(如灌溉、良种、防治病虫害等)之间的相互作用效应是提高农业生产水平的一项有效措施，也是经济合理施肥的重要原理之一。发挥因子的综合作用具有在不增加施肥量的前提下，提高肥料利用率、增进肥效的显著特点。

三、作业与活动

1.作业

(1)养分归还学说在农业生产上的指导意义是什么？

(2)根据最小养分律指导施肥实践要注意哪些内容？

2.课外活动

以学习小组为单位，讨论在实际生产中哪些措施运用了这些施肥原理。

任务三　认识合理施肥技术

一、任务要求

明确合理施肥技术的含义及内容；能评价施肥情况，会运用合理施肥技术于生产实践。

二、任务内容

施肥技术是将肥料施入各种栽培基质或直接施用于作物的一种手段。合理施肥技术包括适宜的施肥量及养分配比、正确的施肥时期、合理的施肥方式等要素。施肥技术的核心和关键是提高肥效，合理施肥应该做到：不断提高土壤肥力；改善土壤理化性质；满足植物对各种养分的需求；降低施肥成本；达到产量高、品质好、经济效益高的目的。

PPT 课件：合理施肥技术

（一）合理施肥量

施肥量是构成施肥技术的核心要素，确定经济合理的施肥量是合理施肥的中心问题。现代施肥技术所寻求的是经济施肥量，但确定适宜的施肥量，是一个非常复杂的事情，一般应该遵循以下几个原则：

（1）全面考虑与合理施肥有关的因素　考虑作物施肥量时应该深入了解作物、土壤和肥料三者的关系，还应结合考虑环境条件和相应的农业技术条件。各种条件综合水平高，施肥量可以适当大些，否则应适当减少施肥量。只有综合分析才能避免片面性。

（2）施肥量必须满足作物对养分的需要　为了使作物达到一定的产量，必须要满足它对养分的需求，即通过施肥来补充作物消耗的养分数量，避免土壤养分亏损，肥力下降，不利于农业生产的可持续性。

（3）施肥量必须保持土壤养分平衡　土壤养分平衡包括土壤中养分总量和有效养分的平衡，也包括各种养分之间的平衡。施肥时，应该考虑适当增加限制作物产量的最小养分的数量，以协调土壤各种养分的关系，保证养分平衡供应。

（4）施肥量应能获得较高的经济效益　在肥料效应符合报酬递减律的情况下，单位面积施肥的经济效益，开始阶段随施肥量的增加而增加，达到最高点后即下降。所以，在肥料充足的情况下，应该以获得单位面积最大利润为原则来确定施肥量。

学习视频：施肥时期及施肥量

（5）确定施肥量时应考虑前茬作物所施肥料的后效　试验证明，肥料三要素“氮、磷、钾”中，磷肥后效最长，磷肥的后效与肥料品种有很大关系，如水溶性磷肥和弱酸性磷肥，当季作物收获后，大约还有 2/3 留在土壤中，第二季作物收获后，约有 1/3 留在土壤中，第三季收获后，大约还有 1/6，第四季收获后，残留很少，不再考虑其后效。钾肥的后效，一般在第一季作物收获后，大约有 1/2 留在土壤中。一般认为，无机氮肥没有后效。

估算施肥用量的方法很多，如养分平衡法、肥料效应函数法、土壤养分校正系数法、土壤肥力指标法等，目前应用较广的为养分平衡法。具体方法参见第二篇的测土配方施肥技术项目。

（二）合理施肥时期

因植物营养的连续性，可以在不同的时期施用肥料。但为了满足植物在各个营养阶段都能得到适宜种类、数量和比例的养分，就要根据不同植物的营养特性和生育期长短来确定不同的施肥时期。对大多数作物来说，施肥时期包括基肥、种肥和追肥三个环节。只有三个环节掌握得当，肥料用得好，经济效益才能高。

1.基肥

基肥习惯上也称为底肥，它是指在播种或定植前结合土壤耕作施入的肥料。而对多年生作物，则一般指越冬前施入土壤中的肥料。基肥具有双重作用：一是培肥地力、改良土壤；二是源源不断地给植物供应养分满足植物营养连续性的需求，为发挥作物的增产潜力提供条件。

基肥从选用的肥料种类来看，一般情况下，为了达到培肥和改良土壤、提高土壤肥力的目的，应以有机肥为主。化肥中磷肥和大部分钾肥也主要做基肥用；对旱作地区和生长期短的作物，也可把大多氮肥用作基肥。现代施肥技术中，可以把有机肥和复（混）合肥及其他一些化学肥料（包括必要的中微量元素肥料）同时施入做基肥，施肥应深一些，也可与机械耕耙作业结合进行。

农事谚语

庄稼要好，施肥要巧。

缸里无米空起早，田里无肥空种稻。

基肥的施用量一般可占到某种作物全生育期施肥量的大部分。但它的用量和分配比例还应考虑其他条件，如为了达到培肥和改良土壤的目的，基肥（有机肥为主）用量可大一些。作物生长期短而生长前期气温低且要求早发的作物及总施肥量大时，基肥（化肥为主）的比例应大一些，在灌溉区基肥的用量一般可较非灌溉区少一些，以充分发挥追肥的肥效（特别是氮肥），肥料用量应考虑植物的预计产量和有机肥与化肥的配比。

深根植物而且以有机肥为基肥时，一般宜深施。当以化学肥料特别是硝态氮肥为基肥时，以浅施为宜。

2.种肥

种肥是指播种或定植时施于种子或植物幼株附近，或与种子混播以及与植物幼株混施的肥料。种肥的目的是为植物幼苗生长发育创造良好的营养和环境条件。种肥的作用可以概况为两个方面：一方面供给植物幼苗养分，特别是满足植物营养临界期对养分的需要；另一方面用腐熟的有机肥料作种肥，还有改善种子床和苗床物理性状的作用。因此，种肥的施用在施肥水平较低、基肥不足而且有机肥料腐熟程度较差的情况下效果良好；土壤贫瘠和植物苗期因低温、潮湿而养分转换慢、幼根吸收能力差时，施用种肥一般有较显著的增产效果；在盐碱地上，施用腐熟的有机肥料作种肥还可以起到放盐保苗的作用。

因此，种肥一般多选用腐熟的有机肥料或速效性化学肥料以及细菌肥料等。同时，为了避免种子与肥料接近时可能产生的不良作用，应尽量选择对种子或植物根系腐蚀性小或毒害较轻的肥料。凡是浓度过大、过酸、过碱、吸湿性强、溶解时产生高温及含有毒副作用的肥料均不宜作种肥施用。

种肥的用量不宜过大，而且要注意施用方法，否则会影响种子发芽和出苗。具体用量根据作物、土壤、气候、肥料种类等而异。

3.追肥

追肥是在植物生长期间，根据植物各生长发育阶段对营养元素的需要而补施的肥料。追肥的作用是及时补充植物生长发育过程中所需要的养分，以促进植物生长发育，提高植物产量和品质，一般多用速效性化学肥料。腐熟良好的有机肥料也可以用作追肥。对氮肥来说，应尽量将化学性质稳定的氮肥如硫酸铵、硝酸铵、尿素等作追肥。对磷肥来说，一般在基肥中已经施过磷肥的，可以不再追施磷肥，但在田间确有明显缺磷症状时，也可及时追施过磷酸钙或重过磷酸钙补救。对微肥来说，根据不同地区和不同植物在各营养阶段的丰缺来确定是否追肥。不同的植物对追肥的时期、次数、数量要求不一，从生产实践中可以看出，当肥料充足时，应当重视追肥的施用。

追肥在总施肥量中所占的比例受许多条件影响。生育期长的作物追肥比例要大一些，反之则小一些；有灌溉条件和降雨量充足的地区追肥比例大一些，降雨量少的旱作区可不用追肥。现代施肥技术的趋势是增加基肥所施肥料比例，减少追肥次数而只用于关键时期，以减少施肥用工，提高肥效。

基肥、种肥和追肥是施肥的三个重要环节，在生产实践中要灵活运用，切不可千篇一律。

（三）合理施肥方式

施肥方式就是将肥料施于土壤和植株的途径与方法，前者称为土壤施肥，后者称为植株施肥。

科学、合理施肥的基本要求是：尽量施于作物易于吸收的土层或部位，提高肥料被作物吸收的利用率；选择适当施入方法，以减少肥料各种途径的损失。

用肥小知识

不宜选做种肥的肥料：

有腐蚀性作用的肥料：如碳酸氢铵、氨水等；

有毒害作用的肥料：如尿素（含缩二脲）；

含有害离子的肥料：如氯化钾、氯化铵（会产生水溶性氯化物）；

强碱性化肥：如窑灰钾肥、钢渣磷肥等；

未腐熟的农家肥：如人粪尿等（发酵过程中释放大量热能和氨气）。

学习视频:合理施肥方法

1.土壤施肥

在生产实践中,常用的土壤施肥方式有撒施、条施、穴施、分层施、环状和放射状施等。

(1)撒施　撒施是将肥料用人工或机械均匀撒于地表的施肥方式,是施用基肥和追肥的一种常见方式。肥料撒于地面后,结合耕耙作业把肥料翻入土中,实现土肥相融。凡是施肥量大的或密植植物如小麦、水稻、蔬菜等封垄后追肥以及根系分布广的植物都可采用撒施法。

撒施具有省工简便的优点,但对于挥发性氮肥来说,易于引起氮的挥发损失。在土壤水分不足、地面干燥,或作物种植稀疏,又无其他措施使肥料与土壤充分混合时,不宜采用撒施方式,否则会增加肥料的损失,降低肥效。

(2)条施　条施是开沟将肥料成条施入作物行间或行内土壤的方式。条施既可以作为基肥施用的方式,也可以作为种肥或追肥的施用方式,通常适用于条播作物。一般在肥料较少的情况下施用,玉米、棉花及垄栽甘薯多用条施,再如小麦在封行前可用施肥机或耧播入土壤。

条施和撒施相比,肥料集中,并可与灌水措施相结合,更易达到深施的目的,有利于将肥料施到作物根系层,提高肥效,即所谓"施肥一大片,不如一条线"。

(3)穴施　穴施是在种植穴内,或在作物生长期内按株或在两株间开穴施肥的方式。穴施法常常适用于穴播或稀植作物,是一种比条施更能使肥料集中施用的方法。其特点是施肥集中、用肥量少、增产效果较好,果树、林木多用穴施法。

名言警句

农业现代化关键在科技进步和创新。

(习近平)

(4)分层施肥　是将肥料按不同比例施入土壤的不同层次内的施肥方式。一般是结合深耕深翻将迟效肥料施在土壤底层或中层,在播种或定植时再将少量的速效肥料施在土壤表层。例如,河南的超高产麦田将作基肥的70%的氮肥和80%的磷钾肥撒于地表随耕地而翻入下层,然后把剩余的30%的氮肥和20%的磷钾肥于耙前撒入垡头,通过耙地而进入表层。

(5)环状和放射状施肥　环状和放射状施肥一般用于多年生木本植物,尤其是果树。环状施肥做法是以作物主茎为中心,在树冠外围垂直的地面上,挖一环状沟(可以是连续的圆环,也可以是断续的环形),深、宽各30～60 cm(图1-4-7),施肥后覆土踏实。来年再施肥时可在第一年施肥沟的外侧再挖沟施肥,以逐年扩大施肥范围。放射状施肥是在距树木一定距离外,以树干为中心,向树冠外围挖4～8条放射状直沟,沟深、宽各50 cm,沟长与树冠相齐,肥料施在沟内(图1-4-8),来年再交错位置挖沟施肥。

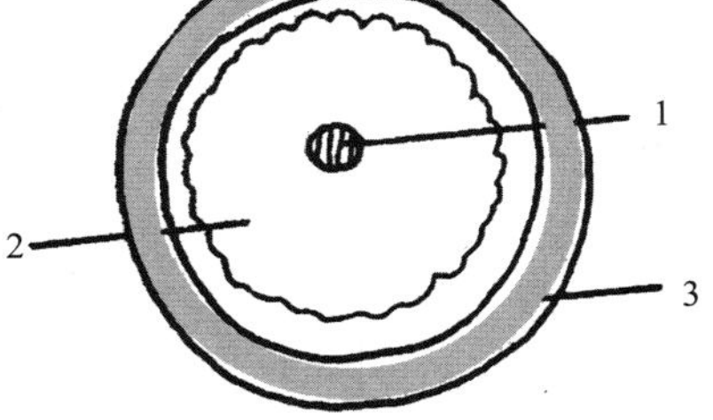

1.树干；2.树冠投影；3.环状沟

图 1-4-7　环状施肥示意图

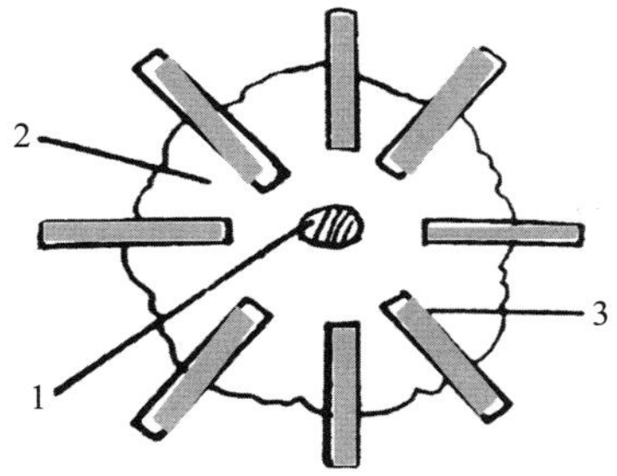

1.树干；2.树冠投影；3.放射状沟

图 1-4-8　放射状施肥示意图

2.植株施肥

在生产实践中，常用的植株施肥方法主要有如下几种：

(1)根外喷施　把肥料配成一定浓度的溶液，喷洒在植物体上，主要是叶片上，以供植物吸收的一种施肥方法。它是一种用肥少、见效快的追肥方式，也称为叶面施肥。

根外喷施是土壤施肥的有效辅助手段。在作物生长盛期，根系吸收的养分难以满足作物生长发育的需求，而根外喷施能有效地解决这一问题；在作物生长后期，根系吸收能力减弱，根外喷施可以补充根系吸收养分的不足；由于施氮不会对根瘤固氮产生抑制作用，故是豆科植物有效的施肥手段；对微量元素来说，根外喷施也是常用而有效的方法。

(2)注射施肥　注射施肥是在树体、根、茎部打孔，在一定的压力下，将营养液通过树体的导管，输送到植株的各个部位的一种施肥方法，也称为吊瓶输肥法。注射施肥又可分为滴注和强力注射。

滴注是将装有营养液的滴注袋垂直悬挂在距地面 1.5 m 左右高的树杈上，排出管道中气体，将滴注针头插入预先打好的钻孔中(钻孔深度一般为主干直径的 2/3)，利用虹吸原理，将溶液注入树体中(图 1-4-9)。强力注射是利用踏板喷雾器等装置加压注射，压强一般为$(9.81\sim14.71)\times10^5$ Pa，注射结束后注孔用干树枝塞紧，与树皮剪平，并堆土保护注孔(图 1-4-10)。

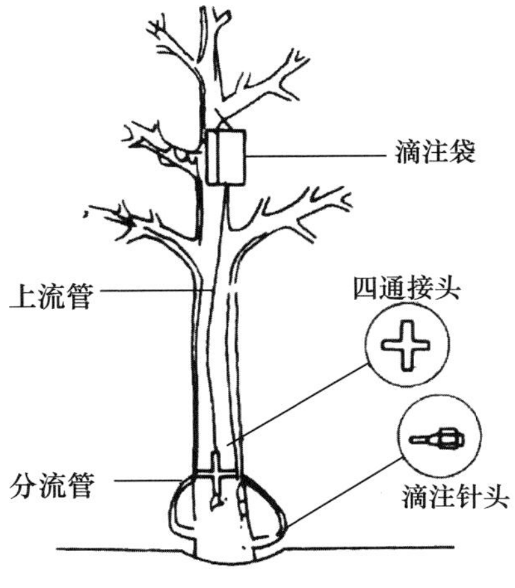

图 1-4-9　滴注示意图

(引自《作物施肥原理与技术》，谭金芳，2003)

拓展知识

——精准施肥

“精准施肥”的概念来源于精准农业。精准农业是根据空间变异定位、定时、定量地实施一整套现代化农事操作技术与管理的系统。

它由现代信息技术支持的十个系统组成，即全球定位系统、农田信息采集系统、农田遥感监测系统、农田地理信息系统、农业专家系统、智能化农机具系统、环境监测系统、土壤养分信息管理、网络化管理系统和培训系统。目前，精准农业已涉及施肥、精量播种、作物病虫害防治、杂草防除和水分管理等农业生产的多个环节。

(参考“百度百科”)

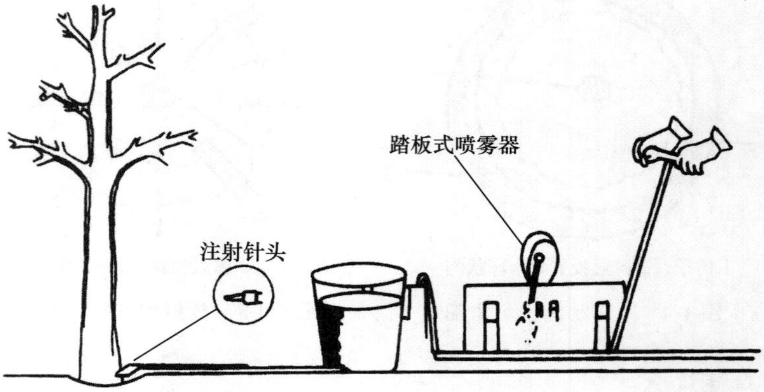

图 1-4-10　强力注射示意图

（引自《作物施肥原理与技术》，谭金芳，2003）

（3）打洞填埋法　适合于果树等木本植物施用微量元素肥料，是在果树主干上打洞，将固体肥料填埋于洞中，然后封闭洞口的一种施肥方法。

（4）蘸秧根　对移栽植物如水稻等，将磷肥或微生物菌剂配制成一定浓度的悬浊液，浸蘸秧根，然后定植。

（5）种子施肥　是指肥料与种子混合的一种施肥方法，包括拌种、浸种和盖种肥。拌种是将肥料与种子均匀拌和或把肥料配成一定浓度的溶液与种子均匀拌和后一起播入土壤的一种施肥方法；浸种是用一定浓度的肥料溶液来浸泡种子，待一定时间后，取出稍晾干后播种；盖种肥是开沟播种后，用充分腐熟的有机肥或草木灰盖在种子上面的施肥方法，具有供给幼苗养分、保墒和保温作用。

三、作业与活动

1.作业

（1）确定合理施肥量时，应遵循哪些原则？

（2）按照施肥时期，施肥一般有哪几个环节？

2.课外活动

以学习小组为单位，调查附近农户采用过哪些植株施肥方式，形成总结。

随堂测试：合理施肥技术

【小结与思考】

◆小结

- 合理施肥基础
  - 认识植物营养成分及植物营养特性
    - 植物营养成分
      - 植物必需营养元素及其确定标准
      - 植物必需营养元素分组
      - 必需营养元素的一般功能及相互关系
      - 植物缺乏营养元素的形态特征
    - 植物吸收养分
      - 植物的根部营养
      - 植物的根外营养
      - 影响植物吸收养分的因素
    - 植物营养特性
      - 植物营养的共性和个性
      - 植物营养的遗传特性
      - 植物营养的连续性和阶段性
  - 理解合理施肥基本原理
    - 养分归还学说 — 阐明：应施肥
    - 最小养分律 — 阐明：施什么肥
    - 报酬递减律 — 阐明：施多少肥
    - 因子综合作用律 — 阐明：利用因子间相互作用
  - 认识合理施肥技术
    - 合理施肥量
      - 全面考虑与合理施肥有关的因素
      - 施肥量必须满足作物对养分的需要
      - 施肥量必须保持土壤养分平衡
      - 施肥量应能获得较高的经济效益
      - 应考虑前茬作物所施肥料的后效
    - 合理施肥时期
      - 基肥
      - 种肥
      - 追肥
    - 合理施肥方式
      - 土壤施肥
      - 植株施肥

◆思考

1.如何理解植物必需营养元素之间的同等重要和不同代替性？

2.如何区分植物缺素症与病虫危害和其他因环境条件不适而引起的病症？

3.作物吸收养分的两个关键期对施肥有什么指导意义？

4.你认为现代施肥技术还有哪些问题或不足？

基础五
土壤肥料与农产品安全

【基础目标】

素质目标：具有生态环保和质量安全的意识，树立“绿水青山就是金山银山”的农业发展理念。

知识目标：能解释土壤质量、农产品质量安全、合理施肥等概念；能弄清土壤质量及合理施肥和农产品质量安全的关系；了解保障农产品质量安全的施肥相关措施。

能力目标：能通过多种途径，调查当地农业企业或农业生产基地的肥料施用情况，会推广运用健康农产品生产的施肥技术。

【任务导航】

根据项目目标，需完成下列任务：

1.认识土壤质量对农产品质量安全的影响

2.认识合理施肥对农产品质量安全的影响

任务一　认识土壤质量对农产品质量安全的影响

一、任务要求

理解土壤质量、土壤质量指标与评价等基础知识;熟悉土壤质量和安全农产品之间的关系;结合当地实际,熟悉土壤肥力、农药化肥、环境污染对农产品安全的影响。

二、任务内容

(一)土壤质量

土壤是农业绿色发展和人类赖以生存的基础,人类95%以上的食物来自土壤。我国土壤资源严重不足,而且由于长期不合理的利用,土壤退化严重,土壤酸化、盐渍化、耕层变浅、土壤污染、生物多样性下降、土传病害频发等问题严重影响着健康食物的生产。国际上对土壤质量的关注程度在不断提高。

关于土壤质量的定义,通常指特定类型土壤在自然或农业生态系统边界内保持动植物生产力,保持或改善大气和水的质量以及支持人类健康和居住的能力(Doran & Parkin,1994),也可简单理解为"土壤实现各种功能的能力"。土壤的主要功能包括:生产功能,即土壤是植物生长的介质;环境功能,即土壤是物质过滤、缓冲和转换的反应器,使环境、地下水和食物链免遭污染;土壤还是很多植物、动物和微生物免遭灭绝的栖息地和遗传库。土壤质量超越了土壤肥力概念,不仅包括作物生产力、土壤环境保护,还包括食物安全及人类和动物健康。

(二)土壤质量指标与评价

人类对土地的利用和管理对土壤产生不断影响,所以土壤质量是一个动态的概念,由于不合理的土地管理措施将导致土壤功能的恶化,所以需要一定的工具和方法监测土壤质量。

土壤质量指标是从土壤生产潜力和环境管理的角度监测和评价土壤性状、功能或条件,单一指标不可能反映土壤质量,因此,必须由足够的代表土壤化学、生物和物理性质和过程的复杂指标组成土壤质量指标体系来综合评价土壤质量。可以分为四个方面:

(1)土壤肥力　土壤肥力包括水、肥、气、热四大因素,具体指标有土壤质地、紧实度、耕层厚度,土壤结构,土壤含水量,田间持水量,土壤排水性、渗透性,有机质、全磷、全钾、速效氮、速效磷、缓效钾、速效钾、缺乏性微量元素全量和有效量,土壤通气性,土壤热量,土壤侵蚀状况,pH,CEC等。

责任担当

保障农产品质量安全的措施有很多,明确土壤质量状况和掌握施肥技艺是首要。在狠抓农产品质量安全和生态文明建设的国家政策引导下,同学们要树立"绿水青山就是金山银山"的绿色发展理念,本着科学严谨的态度,在合理施肥方面探索土壤质量改善和农产品安全提升的绿色途径。

PPT课件:土壤质量对农产品质量安全的影响

(2)土壤环境背景　背景值、盐分种类与含量、硝酸盐、碱化度、农药残留量、污染指数、植物中污染物、环境容量、地表水污染物、地下水矿化度与污染物、重金属元素种类及其含量、污染物存在状态及其浓度等。

(3)土壤生物活性　包括微生物量、C/N、土壤呼吸、微生物区系、磷酸酶活性、脲酶活性等。

(4)土壤生态质量　节肢动物、蚯蚓、种群丰富度、多样性指标、优势性指标、均匀度指标、杂草等。

人们可根据不同的评价目标和技术水平选择或设计合适的评价方法。国际上比较常用的评价土壤质量的方法有:多变量指标克立格法、土壤质量动力学方法、土壤质量综合评分方法和土壤相对质量评价法。

学习视频:土壤健康与农产品质量安全

(三)土壤质量与农产品安全

农产品安全的影响因素很多,而产地环境土壤质量恶化是引发农产品质量安全问题的源头因素,是决定农产品安全的基础条件。

1.土壤肥力退化与农产品安全

山水林田湖草是生命共同体,要统筹兼顾、整体施策、多措并举,全方位、全地域、全过程开展生态文明建设。

(习近平)

土壤退化主要指土壤养分的贫瘠化与土壤有效养分提供机制的丧失。土壤中营养元素含量的多少及形态、土壤理化性质及化学元素间的相互转化都影响着作物对养分的吸收和利用。

土壤肥力下降的应对对策:减少掠夺性耕作,少施化学肥料,多施有机肥;退耕还林还草;对退化土壤进行修复,改善水环境,加强灌溉和排水措施;提倡免耕技术,减少土壤有机质的迅速释放;减少灭虫剂、除草剂的使用,改善土壤养分状况,减少土壤污染;推广土肥新技术。

2.肥料和农药施用与农产品安全

过量施用氮肥会导致农产品硝酸盐含量超标,在食用过程中会有味道差异、耐储性变低等;适当施用磷肥可以改善谷类籽粒中蛋白质的含量;施用钾肥的茶叶所泡出来的水,茶多酚的含量比较高。因此,土壤养分的均衡供应是保障农产品品质的前提之一,而施肥过量或不当,不仅肥料利用率低,还会造成环境破坏和影响农产品安全。

土壤是农药的集散地和贮藏库,施入农田的农药大部分残留于土壤环境介质中,从而导致农作物和农畜产品农残超标,污染食品,危害人类健康。

拓展知识:GB/T 15618—2018 土壤环境质量 农用地土壤污染风险管控标准(试行)

3.土壤污染与农产品安全

农产品安全与土壤污染关系密切,土壤是否遭受污染以及污染的程度直接影响到农产品的品质与产量。土壤中常见的污染物有四类:重金属、有机物、放射性物质和病原微生物。

(1)重金属污染　我国基本农田面积约 1 亿 hm^2,研究表明,我国耕地受污染面积达 2 667 万 hm^2,其中,汞、铬、铅等重金属污染的耕地面积达到 2 000 万 hm^2。据农业部环境监测系统近些年的调查,污染超标的农作物种植面积为 60.6 万 hm^2,占调查总面积的 20% ,其中重金属含量超标的农作物种植面积约占污染物超标农作物种植面积的80%以上。我国粮食产量每年因土壤重金属污染导致的减产超过1 000万t，而每年被污染的粮食超1 200万t，合计经济损失达200多亿元。我国十大产量大省份的农田土壤重金属的土壤环境背景值和富集程度见表1-5-1。

表1-5-1 我国十大产量大省份的农田土壤重金属的土壤环境背景值和富集程度

省	土壤元素背景值					富集倍数				
	Cr	Cu	Cd	Pb	Zn	Cr	Cu	Cd	Pb	Zn
黑龙江	58.6	20	0.086	24.2	70.7	0.96	1.17	2.21	1.40	1.05
河南	63.8	19.7	0.074	19.6	60.1	1.15	1.30	14.05	1.22	1.86
山东	66	24	0.084	25.8	63.5	0.86	0.88	1.67	0.81	0.86
安徽	66.5	20.4	0.097	26.6	62	1.86	3.79	8.25	1.69	2.10
吉林	46.7	17.1	0.099	28.8	80.4	0.79	1.57	4.04	0.75	1.00
河北	68.3	21.8	0.094	21.5	78.4	1.03	1.44	2.77	1.12	1.03
江苏	77.8	22.3	0.126	26.2	62.6	0.86	1.45	1.27	1.25	1.30
内蒙古	41.4	14.1	0.053	17.2	59.1	1.25	1.94	4.34	1.23	1.38
湖南	71.4	27.3	0.126	29.7	94.4	1.13	1.94	33.17	5.25	3.36
四川	79	31.1	0.079	30.9	86.5	0.57	0.54	1.77	0.71	0.91

（参考《农田重金属污染现状、风险与管控对策研究》，彭天玥、王洁玲，2021）

土壤重金属污染来源有金属矿山开采冶炼、化学工业生产、重金属农药、污水灌溉和化肥施用以及高地质背景值等（图1-5-1）。我国土壤重金属污染区域相对集中于云南、贵州、广西等西南地区，江西、湖南等华中地区以及珠三角和长三角等地区。

重金属在体内的积累会严重影响人体健康。1955年日本富山县神通川流域骨痛病事件，即是因铅、锌炼厂排放含镉废水污染，公众食用含镉稻米和含镉水而中毒。在我国贵州赫章、江西赣州、广西桂林、湖南衡东、广东马坝和辽宁张士地区，农作物镉含量超标，10%以上居民出现不同程度腰背、四肢、骨关节疼痛等症状。

(2)有机污染　土壤有机污染已成为全球性环境问题，土壤有机污染来源和种类主要有：农药类污染，包括有机氯类杀虫剂、有机磷类杀虫剂、氨基甲酸酯类杀虫剂、拟除虫菊酯类杀虫剂、三唑类杀菌剂、酰胺类除草剂等；农膜、地膜、塑料包装材料等引起的邻苯二甲酸酯类、微塑料等污染；畜禽粪便有机肥、污水灌溉等导致的磺胺类、氟喹诺酮类、大环内酯类、四环素类、酰胺醇类等污染；另外，还有多环芳烃、多氯联苯、全氟化合物、苯系物等。

土壤中有机污染物不仅毒性强，而且多为“环境激素”，影响人类的生存繁衍。一些有机污染物对人体有致疾、致癌、致突变作用，危害性极大。

政策法规

国家建立农用地分类管理制度。按照土壤污染程度和相关标准，将农用地划分为优先保护类、安全利用类和严格管控类。

（《中华人民共和国土壤污染防治法》第49条）

名言警句

我们不要过分陶醉于对自然界的胜利。对于我们的每一次胜利，自然界都报复了我们。

（恩格斯）

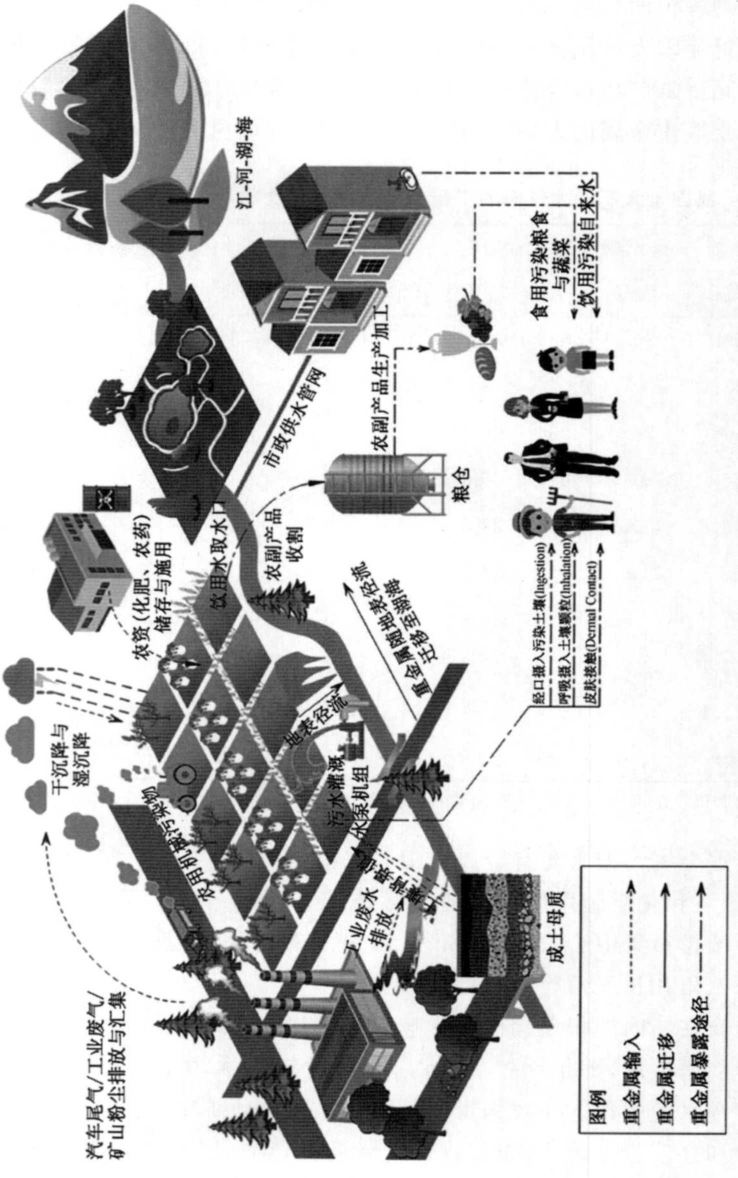

图1-5-1 农田中重金属的污染源、迁移途径与暴露风险

(引自《农田重金属污染现状、风险与管控对策研究》,彭天玥,王洁玲,2021)

拓展知识:微生物

——捍卫土壤小战士

(3)放射性污染 当前,核技术广泛应用在军事、能源、航天、医学、工业及农业等人类生产活动的诸多方面。各种核武器试验及与核武器有关的战争是局部环境放射性增加的重要原因之一,核电站排放出的三废物质也会包括一些放射性物质,因核设备发生意外事故也会造成放射性物质泄漏,进而导致放射性污染,如 2011 年日本福岛因地震海啸导致的核泄漏。

拓展知识:核辐射事件

因核能利用引起土壤放射性核素增加是有限的,且距离污染源越远,影响就越小。在现代农业中大量使用的肥料及土壤改良剂中还有放射性物质,它们是农业土壤放射性污染的重要来源。有研究表明化肥中的钾肥和磷肥就不同程度地含有放射性核素；自然界分布的磷矿石中，往往伴生有铀、镭等天然放射性核素；稀土肥料应用到农业生产中有改善作物品质提高产量的作用，但稀土元素与钍的化学性质相似，两者不能彻底分离，因此农用稀土中也含有放射性物质，另外，还有粉煤灰应用、同位素示踪研究等也会带入放射性物质。

放射性核素一旦进入水体和土壤环境，便可通过各种途径产生污染危害。表现在：农产品放射性核素比活度超标，直接危及食物链安全及人类健康；影响土壤微生物的生存与种类，进而影响到土壤肥力和土壤对有毒物质的分解净化能力；污染水源和大气（图 1-5-2）。

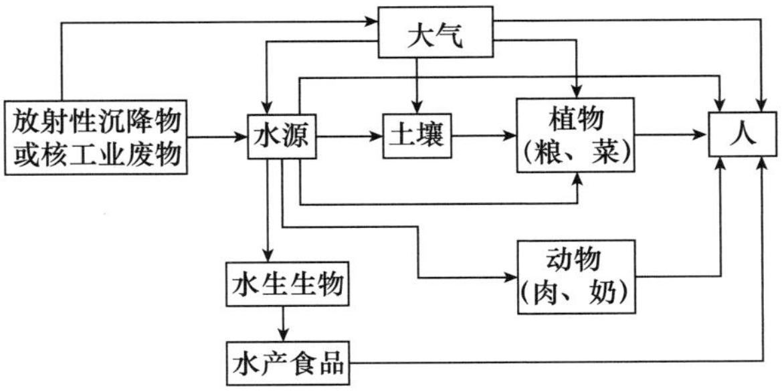

图 1-5-2　放射性物质进入人体途径

（4）病原微生物污染　土壤微生物污染是指一个或几个有害的生物种群从外界环境侵入土壤并大量繁殖，引起土壤质量下降，不仅破坏原来的生态平衡，还会对动植物和人体健康以及生态系统造成不良影响。未经处理的粪便、垃圾、城市生活污水以及饲养场和屠宰场的污物等，均可带入有害的微生物种群，造成土壤污染。

某些植物致病细菌侵入土壤后，能够引起番茄、茄子、辣椒、马铃薯、烟草、颠茄等百余种茄科植物和茄科以外植物的青枯病，也能够引起果树的细菌性溃疡和根癌病。香蕉黄叶病属于土传病害，病原菌随病残体在土壤中营腐生生活，是最具毁灭性的香蕉病害。

炭疽病是人畜共患病，炭疽芽孢杆菌是炭疽的病原菌，其芽孢对环境和化学因素具有很大的抵抗力，在牲畜的皮毛里能存活多年，在土壤中可存活 60 年以上。因此，如果家畜感染了炭疽病，处理不当就会引起本病的不断传播，人也会因接触患病动物、尸体等而被感染。

三、作业与活动

1.作业

（1）什么叫土壤质量？

（2）说一说土壤质量和农产品安全的关系？

拓展知识：生态环境部发布 2020 年全国生态环境质量简况

随堂测试：土壤质量对农产品质量安全影响

2.课外活动

(1)讨论保障农产品安全的土壤质量管理对策和措施。

(2)以学习小组为单位结合当地实际，调查影响农产品安全的土壤质量因素有哪些。

任务二　认识合理施肥对农产品质量安全的影响

一、任务要求

了解施用有机肥料、化学肥料、微生物肥料对农产品品质安全的影响；掌握健康农产品生产的施肥技术，为推广农产品质量安全提供技术保障；了解农产品质量安全的相关法律法规及保障农产品质量安全的措施等。

二、任务内容

PPT课件：合理施肥对农产品质量安全的影响

各种污染对农产品安全的影响主要以土壤为载体，土壤肥料又是保障农业可持续发展和农产品安全以及人类赖以生存环境的重要基础，因此明确施肥和农产品质量安全的关系是指导合理施肥的前提。

（一）合理施肥与农产品质量

农产品质量包括以下 3 个方面：一是内在品质，如营养成分含量等；二是安全性品质，如作物中农药、亚硝酸盐、重金属盐类等对人体健康有害物质的含量等；三是商业品质，如外观色泽、口感性、形状、香味等。提高农产品质量的途径有改良品种、培育优质品种、优化种植结构和方式、合理施肥等，其中合理施肥是重要的途径(表 1-5-2)。

学习视频：农产品质量安全与合理施肥

表 1-5-2　施肥对农产品质量安全的影响

肥料类型	特点及作用	合理施用对农产品质量的影响(示例)	施用不当对农产品质量的影响(示例)
有机肥	完全肥料，含作物所需各种营养成分和有益元素，利于作物吸收，供肥平稳持续。 有机肥能充分改善土壤结构，利于微生物活动，促进土壤养分活化，为产出高品质农产品提供有利条件。	有机肥比例高于 25%时，显著提高春茶品质。 有机肥与化学氮联合施用促进水稻籽粒中 N 素含量积累，提高产量。 施用堆肥，番茄果实挥发性物质如醛类与醇类物质增加，有效改善品质。	因原料存在重金属和抗生素超标的情况，会对农产品安全造成隐患，如导致水稻籽粒和土壤甲基汞含量显著增加。

续表1-5-2

肥料类型		特点及作用	合理施用对农产品质量的影响(示例)	施用不当对农产品质量的影响(示例)
化肥	氮肥	提高产品蛋白质含量。 影响植物油品质：在种植初期施以一定量氮肥，可提高油酸含量，改善籽粒产量和粒重。	正确施用使稻米、油料作物等的蛋白质、芥酸含量提高，降低油酸、烯酸、亚麻酸、亚油酸含量，有利于产量和品质。	过多施用会导致农产品硝酸盐含量超标，味道差异、耐贮性变低。 氮素供应过量会降低产品中油脂、糖、淀粉及必需氨基酸的含量，使棉花纤维品质变劣，薯类薯块变小，豆科结荚少等。 氮肥施用过多，苹果着色指数下降，果实糖度降低，风味变淡。 过量施用氮肥会导致蔬菜亚硝态氮和硝态氮含量过高，导致病虫害如纹枯病、软腐病等增加，影响产品口味和耐贮性。
	磷肥	磷是植物主要组成成分，众多含磷有机化合物如核酸、磷脂、核苷酸、三磷酸腺苷等，在植物代谢中都起着重要作用。 适量施用磷肥能提高作物产量，增加作物绿色部分的粗蛋白含量，提高品质。	增加磷可增加部分谷物粗蛋白含量，特别是人体所必需的氨基酸。可促进蔗糖、淀粉和脂肪合成，提高糖料、薯类和油料作物品质。 磷可提高果实的大小均匀度、味道、颜色等外观条件，促使营养价值和耐贮性提高。	过量的磷施用，特别是大量磷酸二铵和有机肥料的连续多年施用，会导致土壤中磷素积累，抑制作物对镁、钙、钾和其他微量元素的吸收，导致农作物生理代谢紊乱，出现生理病害，品质下降。
	钾肥	钾元素俗称“品质元素”，可以提高农产品蛋白质和脂肪数量，减少病虫害，提高产品质量。	提高禾本科作物籽粒中淀粉、蛋白质、糖和氨基酸的单位含量，提高小麦面筋含量，提高制作面食的烘焙品质。 降低烟叶中蛋白质浓度，进而减少香烟中尼古丁、氰化氢、颗粒物的含量，色泽、易燃性和燃烧性都有效提高。 使果实表面光滑，白菜包心实，黄瓜瓜条直，菠菜叶片大而绿，番茄的糖分和维生素的含量提高。	施钾过量，会降低籽粒蛋白质含量。 缺钾易导致植物体内单糖相对增加而多糖减少，影响农作物口感、风味品质。

农事谚语

驴粪谷子羊粪麦，大粪搅玉米，炕土上山药。

骨灰上棉花，狗粪上菜瓜。

稻田铺上三层秆，赛过猪油碗。

名言警句

保持地球生态平衡，就是保护人类自身。

(环境保护宣传语)

续表1-5-2

肥料类型		特点及作用	合理施用对农产品质量的影响（示例）	施用不当对农产品质量的影响（示例）
化肥	中量元素肥	中量元素钙、镁、硫肥都可以对农产品味道产生不同影响。	施用钙肥可降低花生的空秕率，防止大白菜“干烧心”，使番茄表面光滑，口感变好。 镁影响着一些作物产品中叶绿素、胡萝卜素和碳水化合物的含量。 硫是某些百合科和十字花科植物一些具有特殊香味物质的组成成分，如大蒜施用含硫肥料，大蒜素含量增加。	苹果缺钙果实上会产生棕色斑点、降低商品质量及储藏性。 硫供应不足或过量，会影响某些重要化合物合成，叶绿素和硫脂化合物的形成也会受影响。 硫肥施用不当会导致土壤酸化，且硫是土壤、大气、水源的重要污染物。
化肥	微量元素肥	微量元素是多酶和辅酶的组成成分，微量元素的缺乏意味着植物体内重要代谢功能的丧失，对农作物干物质形成有影响。	钼肥能有效促进谷物中蛋白质的快速合成。 锰对提高作物产品中维生素如胡萝卜素、维生素C和种子含油量等有重要作用。 铜对籽粒的灌浆、蛋白质的含量有很大的影响。 锌肥可提高番茄果实中维生素C和可溶性糖含量，并使滴定酸量降低，改善番茄的适口性，提高番茄果实内含锌量，使其营养价值提高。	农作物缺硼，会直接影响蛋白质的含量，造成果树花芽发育缓慢，授粉受精受阻，导致果实发育不良，出现缩果病。 黄淮海平原玉米出现“白化苗”，豫南水稻出现“坐蔸”，豫西果树出现“小叶病”就是缺锌引起的。
微生物肥		是一类含有活微生物的农用制品，可活化土壤养分，促进作物对养分的吸收利用。 可直接为作物提供营养元素，如根瘤菌。 在生命活动中分泌多种生理性物质，刺激和调节作物生长。 对作物产生抗病虫和抗逆作用。	木霉微生物肥可显著提升番茄果实的总可溶性固形物、糖分、维生素C及其他品质指标。 复合微生物肥增加马铃薯单株个数、提高单株产量，降低小薯比例。 促进黄瓜发育，降低病害发生，显著提高净光合强度、雌花节率、坐果率、前期产量、总产量，改善产品口味，且能降低硝酸盐含量。	如果田地里仅施用化肥，缺乏有机质，施用微生物肥效果不明显。 和不能同时混用的农药一起施用，效果差。

拓展知识：植物缺钙症状

政策法规

“三品一标”指品种培优、品质提升、品牌打造和标准化生产。意义是保障粮食等重要农产品有效供给，既要保数量，也要保多样、保质量。

（《农业生产“三品一标”提升行动实施方案》）

（二）合理施肥与农产品质量安全保障

近年来，我国农业生产水平逐年提高，消费者对作物品质的要求也越来越高，农产品质量安全已成为我国农业迫切需要解决的重大问题。作为化学投入要素，化肥在农业生产中过于大量使用引发了许多严重的环境问题，也直接威胁到了国民的食品安全，因此多措并举，推动合理施肥，是改善农产品质量安全，增强国际竞争力的重要途径。

1.推广测土配方施肥等科学施肥技术

为确保科学、合理地应用肥料进行生产，应该加强宣传、教育，强化农产品质量安全意识，积极改进施肥方法，大力推广测土配方施肥、平衡施肥、精确施肥等先进、适用的科学施肥技术。加强有机无机复合肥、高效生物肥、作物专用肥等新型肥料的宣传力度。精准施肥应与肥料结构、施肥比例调控相结合，从培肥土壤、作物增产为主要目标拓展到土壤健康、产品优质、环境保护等多目标的生态平衡施肥。加强土肥技术产业化建设，并配套搞好技术培训、指导和技物结合的全程服务，全方位推进农产品的优质化生产。

2.推广优质有机肥料应用

有机肥料具有降低化肥污染，改善土壤肥力、提供植物营养、提高作物品质等重要作用。针对有机肥投入少、化肥污染重、无害化处理率低的问题，对丰富的畜禽粪便等有机肥资源，进行工厂化生产、商品化供给的产业化路子。同时，要围绕绿色、优质农产品的发展，提高有机肥料的科技含量和产品质量，尤其是在无害化处理方面，重金属元素含量、抗生素和病原微生物残留量控制技术方面要加强研制开发，引进有机无机复合肥、生物有机肥等高效新型有机肥，实行商品有机肥的标准化生产、规范化管理，积极探索有机肥替代部分化肥的科技研究，提升商品有机肥品牌化、差异化，增强社会化服务水平，改善农技推广和农化服务，提高农户认可度，大力推广应用优质有机肥。

典型案例：神奇！一次施肥，管用“一生”

3.制定完善法律法规，加强肥料市场监管

民以食为天，食以安为先，农产品质量安全事关人民身体健康，事关民生大事。制定和完善农产品质量安全法律法规是保证农产品安全的重要举措。据此我国先后出台《中华人民共和国食品安全法》《中华人民共和国农产品质量安全法》等法律法规，制定了一批绿色食品、有机食品、农产品地理标志等认证标准和规范，自 2001 年开始按照国际通行规则和市场化运作方式，基本建立起了我国食品、农产品认证认可体系，加强农产品产地环境、农业投入品、农业生产过程、包装标识和市场准入 5 个环节的管理，并建立健全农产品质量安全保障体系，加强执法监督、技术推广、市场信息等工作。

拓展资料：GB 18382—2021 肥料标识内容和要求

在投入肥料方面，依据有关法律、法规和技术标准，合理控制使用氮肥，禁用劣质肥，加强对肥料市场监管。深入开展肥料施用安全风险评估，完善肥料产品标准，严格肥料产品质量管理；健全我国肥料的质量保障体系，鼓励肥料生产企业质量管理体系认证，规范生产过程与工艺；加强肥料生产的无害化技术研究与推广。

4.开展配套施肥技术的研究与应用

根据精品农业、效益农业和绿色农产品的发展要求，重点开展名、特、优、稀、新农产品的配套施肥技术研究，以保持和增加土壤肥力及生物活性，从而达到减少污染、保护环境、提高土壤供肥能力，保证农产品优质、安全生产的目的。

5.加强土壤培肥管理，提高耕地质量，推动绿色农业的发展

耕地质量直接关系到农产品的质量、安全和效益。针对土壤污染、土壤

正能量微语

农业兴则国家兴，农业稳则国家稳。

到农村去、到基层去、到人民最需要的地方去。

随堂测试：认识合理施肥对农产品质量安全的影响

障碍及养分失衡等问题，应加强土壤培肥管理，探索土壤改良和地力培肥的综合技术，重点抓好设施栽培条件下的土壤障碍因子治理技术的研究和服务；将土壤管理措施与生态农业建设有机结合，建立农作物秸秆、畜禽粪便等农业废弃物的无害化处理、资源化利用循环等生态农业模式，实现无废物、无污染的清洁生产；通过实施以科学施肥、培肥地力为中心的“沃土工程”，开展土壤质量监测体系建设，研究地力速测技术，建立土壤管理与评价信息系统等综合配套措施，保护、改善土壤生态环境，提高耕地质量，以保障农产品的优质、高产，为生产安全、无污染的绿色农产品打下良好基础。

三、作业与活动

1.作业

(1)举例说明氮肥施用对作物品质有何影响。

(2)有机肥料施用越多，农产品质量越安全吗？

2.课外活动

(1)以学习小组为单位，结合当地情况，调查影响农产品质量安全的各种因素。

(2)查阅资料，讨论保障农产品质量安全的对策和措施。

【小结与思考】

◆小结

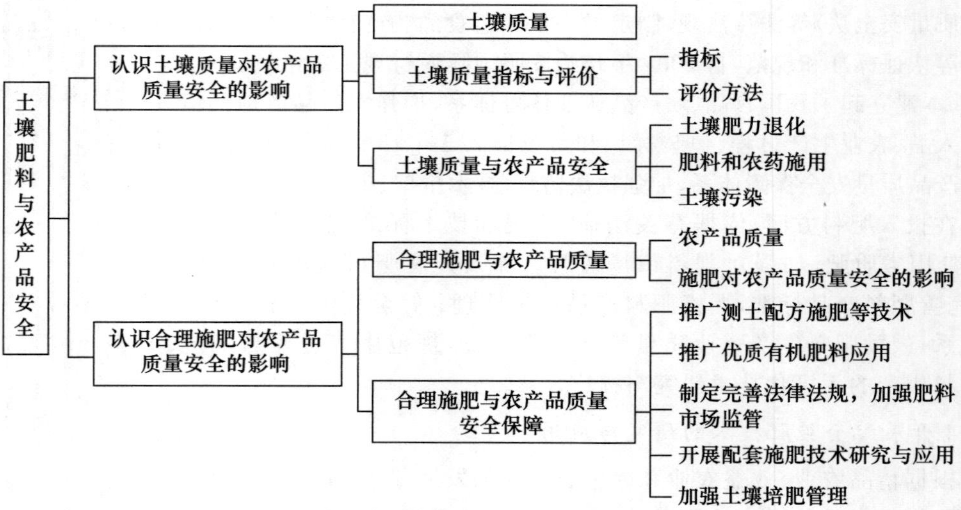

◆思考

1.土壤健康、土壤质量概念的区别是什么？

2.理解减肥增效和合理施肥的关系。

第二篇

测土与施肥职业岗位能力训练

The second part
The second part
The second part
The second part

训练背景

习近平总书记指出："全面建设社会主义现代化国家，实现中华民族伟大复兴，最艰巨最繁重的任务依然在农村，最广泛最深厚的基础依然在农村""任何时候都不能忽视农业、忘记农民、淡漠农村"。当前，解决好"三农"问题乃全国全党工作的重中之重。为此，在"生态文明建设""藏粮于地，藏粮于技"和"乡村振兴"战略大力推进实施的背景下，我国农业企业和种植基地越来越多地运用科学技术于生产上，纷纷采用科学测土施肥技术，促进农业节本增效、绿色发展。

近年来各级教学文件指出：高职毕业生的就业能力和适岗能力是关键，高等职业教育教学要充分围绕岗位职业能力培养这一核心进行。

项目一
土壤样品采集与处理

【项目描述】

随着国家政策对农业的大力支持和农业科技的发展，当地一些农业企业和种植大户纷纷聘请咱们农学类专业学生协助实施科学测土施肥技术，以提高农业生产效率。刚接到任务的年轻学生思考该如何入手。

【项目分析】

该技术主要是在测定土壤基本性状基础上，针对性施用肥料和调控土壤条件；首要工作是准备好测定的对象——土壤样品，故第一步就需要采集和处理土壤样品。

【项目目标】

素质目标：树立科学严谨、求真务实的工作态度；具有责任意识、生态文明意识和团队协作精神。

知识目标：能阐明土壤样品采集和处理的目的意义；能归纳、总结土壤样品采集和处理的方法及要求。

能力目标：能正确规范采集土壤样品；会科学合理处理土壤样品。

【任务导航】

根据项目分析及目标，需完成下列任务：

1.采集土壤样品

2.处理土壤样品

修为提示

要使土壤样品有实用价值，实施任务时要秉承科学严谨、求真务实态度；同时要有生态文明意识和社会责任感。

例如，有操作不当时，要及时修正，重新再做；采样时注意不破坏农作物；采样后须回填土坑等。

任务一　采集土壤样品

一、任务要求

能够熟练准确采集当地各类土壤耕层混合样品，为后续正确进行土壤分析奠定基础。

二、相关知识

采集土壤样品，简称采样，是指将土壤从野外、田间、培养或者栽培单元中取出具有代表性的一部分用作检测分析的过程。通常需采集混合样品，所谓混合样品，就是每个样品是由若干个相邻近的多个样点的样品混合而成。

土壤样品采集是土壤分析工作中的一个重要环节，直接影响分析结果的准确性和精确性。不正确的采样方法，常常导致分析结果无法应用，误导制定农业生产措施，对农业生产造成极大的负面影响。因而，土壤样品的采集必须遵循随机、多点混合和具有代表性的原则，严格按照要求和目的进行操作。下面以耕作层土壤混合样品采集为例进行训练。

三、任务准备

按2～3人一组，将全班同学分为若干组，每组准备以下材料和用具：取土钻或小铁铲、布袋（纸袋、塑料袋）、标签、铅笔、钢卷尺、盛土盘或厚塑料布、木棍（木槌、镊子等。

四、实施步骤

PPT课件：土壤样品的采集

学习视频：耕层土壤混合样品的采集

表 2-1-1　土壤样品采集操作要点及要求

工作环节	操作要点及要求
划分采样单元	采样单元是指采集的一个土样所代表的实际地块。一般应根据分析测定目的、土壤类型、地形、前茬（或种植作物）、肥力状况以及耕作栽培习惯等因素而定。一个采样单元的面积以1～3 hm^2 为宜，最大不超过5 hm^2。试验田以一个试验区组或小区为一个采样单元。保护地栽培应以一栋温室或大棚为一个采样单元。
合理布点	(1)布点方法　为保证样品的代表性，采样前确定采样点时可根据地块面积大小，按照一定的路线进行选取。一般采用线路分为蛇形、棋盘式和对角线（图2-1-1）。一般面积较大，地形起伏不平，肥力不均，采用蛇形布点；面积中等，地形较整齐，肥力有些差异，采用棋盘式布点；面积较小，地形平坦，肥力较均匀，采用对角线布点。 (2)采样点确定　保证采样点“随机”“均匀”，避免特殊取样。一般以5～20个点为宜，并做到每个采样点的选取是随机的，尽量分布均匀。

续表2-1-1

工作环节	操作要点及要求
合理布点	(3)采样时间　采样目的不同,采样时间不同。根据土壤测定需要,应随时采样。供养分普查的土样,可在播种前采集混合样品;为了摸清养分变化和作物生长规律,可按作物生育期定期取样;若要了解施肥效果,则在作物生长期间,施肥的前后进行采样。 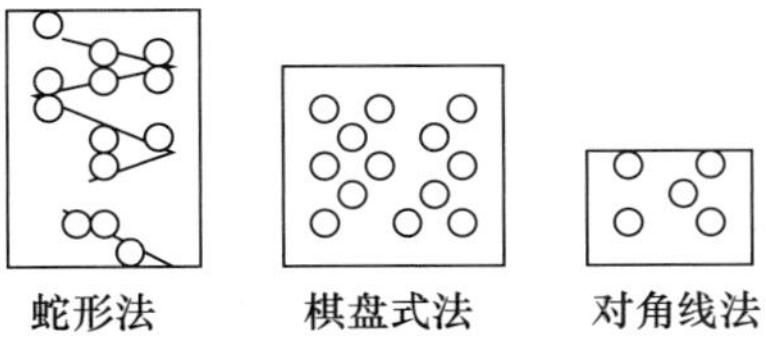 **图 2-1-1　常用土壤采样路线**
正确取土	在选定的采样点上,先将 3～5 mm 表土杂物刮去,挖一个一铲宽、20 cm 深的小坑,把一侧坑壁切直修光。然后用取土铲由此坑壁垂直均匀入土 15～20 cm 深,用小铲切下约 1～3 cm 厚的土片(图 2-1-2),土片厚度上下应一致,用剖面刀从中间切取宽约 5 cm、长约 20 cm 的长方体土块,放在盛土盘上,便完成了一个采样点的采土,再进入下一个点采样。也可用取土钻垂直入土取土。注意每个采样点的取土深度、质量应尽量一致。 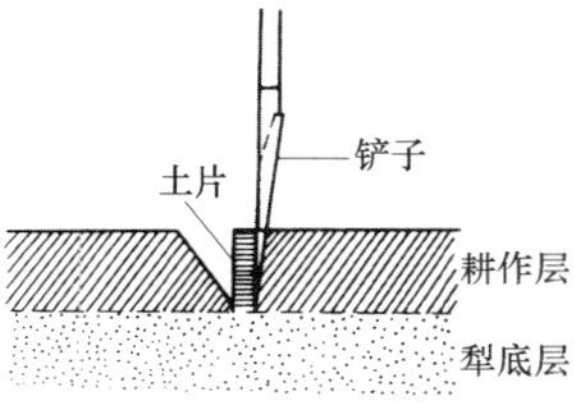 **图 2-1-2　用铁铲在耕层取土示意**
样品混合及选取	将采集的各点土样在盛土盘上集中起来,剔除石砾、虫壳、根系等物质,混合均匀,量多时采用四分法(图 2-1-3),弃去对角线的一半的土,如此反复,直至达到所需要数量为止,一般每个混合土样的质量以 1 kg 左右为宜。 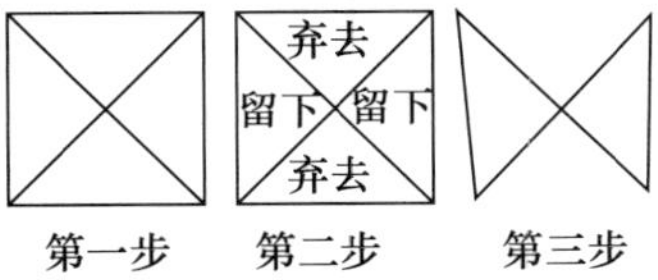 **图 2-1-3　四分法分选土样示意**
装袋与填写标签	缩分好后的土样装入布袋或纸袋或塑料袋中,立即写标签,一式两份,一份系在口袋外,一份放入袋内。标签用铅笔写明采样地点、日期、采样深度、土壤名称、样品编号及采样人等。同时将此内容登记在专门的记载本上备查。

注意事项:①土样采集不得少于 5 个样点;②每个样点要随机布设,而且要避开田埂、路旁、沟边、挖填方、堆肥等特殊部位;③各样点取土深浅、采样量要一致;④各样点土样要混合均匀;⑤土样过多时不能随便丢弃掉,要用四分法分选样品;⑥土样标签内容要完整清楚,至少包含采样时间、采样地点、采样深度、采样人等信息。

五、作业与活动

1.作业

填写土壤样品采集实训报告表。

拓展知识:取土钻取土方法

学习视频:土壤样品采集的纠错、强化

拓展知识:其他类别土壤样品采集要点

随堂测试:土壤样品的采集

2.课外活动

找一块空地，依据其形状，进行采样布点练习；取一定量的土壤或沙，进行四分法取样练习。

参考资料：实验（训）报告表格（适用于全课程）

任务二　处理土壤样品

一、任务要求

能够正确熟练进行各类土壤样品的处理，为后续正确进行土壤分析奠定基础。

二、相关知识

PPT 课件：土壤样品的处理

野外采回的土壤样品（不论是剖面样品或混合样品），都须经过一定的处理手续。风干、磨细、过筛、混合、制成分析样品保存，以便进行各项分析。

处理样品的目的是：使分析样品可较长期地保存，不致因微生物活动而变质；挑去非土部分，使分析结果能代表土壤本身组成；将样品适当磨细和充分混匀，使分析时所取的称样具有较高的代表性，减少称样的误差；将样品磨细，增大土粒的表面积，使制备待试溶液时分解样品反应能够完全和匀致。

三、任务准备

按 2～3 人一组，将全班同学分为若干组，每组准备以下材料和用具：制样板、木槌或木棍、镊子、土壤筛（18 目、60 目）、广口瓶、研钵、样品盘等。

四、实施步骤

学习视频：土壤混合样品的制备

表 2-1-2　土壤样品处理操作要点及要求

工作环节	操作要点及要求
风干剔杂	除一些物理性状、速效养分、还原物质的测定需用新鲜样品外，其余均采用风干土样。从野外采回的样品及时放在样品盘上，将土样内的石砾、虫壳、根系等物质仔细剔除干净，捏碎土块，摊成薄薄一层，放在阴凉、干燥、洁净的室内通风处自然风干，严禁日光暴晒或烘烤，并注意防止酸、碱、气体及灰尘污染。
磨细过筛	（1）18 目（1 mm 筛孔）样品制备　将完全风干以后的土样平铺在木板或塑料布上，用木棒碾碎，经初步磨细的土样，用 1 mm 筛孔（18 目）的筛子过筛，不能通过筛孔的，则用研钵继续研磨，直到全部通过 1 mm 筛孔（18 目）的筛子为止。将过筛后土样充分混匀后用四分法或棋盘格法选取其 3/4 样品装入具有磨口塞的广口瓶中，此为 1 mm 土样或 18 目土样。 （2）60 目（0.25 mm 筛孔）样品制备　将上一步剩余的 1/4 土样，继续用研钵研磨，至全部通过 0.25 mm（60 目）筛孔，若量多，则按四分法或棋盘格法取出 200 g 左右供有机质、全 N 测定之用。将土样装瓶，此为 0.25 mm 土样或 60 目土样。

续表2-1-2

工作环节	操作要点及要求
装瓶贮存	过筛后的两份土样经分别充分混合后，应分别装入具有磨口塞的广口瓶中，内外各附标签一张，标签上写明土壤样品编号、采样地点、土壤名称、深度、筛孔号、采集人及日期等。
注意事项：①对于砂石和植物根茎等较多的特殊样品，应备注说明并记录弃去杂质的重量；②在保存期间应避免日光、高温、潮湿及酸碱气体的影响或污染，有效期一年左右。	

五、作业与活动

1.作业

简述土样制备中的注意事项。

2.课外活动

利用多种途径，查询土样的制备规格还有哪些。分小组练习各种规格样品的制备。

正能量微语

当你尽了最大努力时，失败也是伟大的。

所以，不要放弃，坚持就是正确的。

随堂测试：土壤样品的处理

【小结与思考】

◆小结

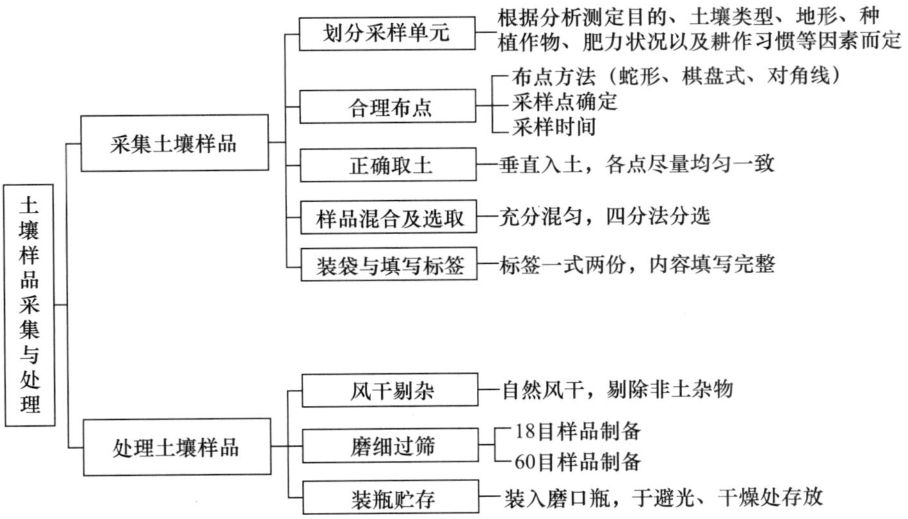

◆思考

1.土壤样品采集与处理中，分选土样为什么用四分法，还可以用其他方法分选吗？

2.土壤样品采集方法和工具能有创新和改进的地方吗？

3.思考并分析视频案例“老挝水稻土采样”的问题。

项目二
土壤含水量的测定与调控

【项目描述】

随着国家农田节水灌溉政策的出台和对农田水分管理认识的加深，农业企业和种植大户们开始重视农田精准灌溉技术和科学管水。现协助其实施测土施肥技术的农学专业学生需思考如何科学合理地进行农田水分管理。

【项目分析】

要做到精准灌溉和科学管水，首先需弄清楚当前农田土壤的水分状况，进而根据实际的水分状况和植物需要采取合理调控措施。因而本项目需要科学测定土壤水分含量和分析、选取水分调控措施。

【项目目标】

素质目标：养成科学严谨、精益求精的工作态度；具有创新精神及爱岗敬业的劳动意识。

知识目标：掌握不同土壤水分指标的测定方法；能够归纳出土壤水分调控的措施。

能力目标：针对不同测定目的，能够选择合适的土壤含水量测定方法；能够灵活运用土壤水分调控措施进行调控。

【任务导航】

根据项目分析及目标，需完成下列任务：

1.土壤自然含水量的测定

2.土壤田间持水量的测定

3.土壤水分的调控

任务一　测定土壤自然含水量

一、任务要求

能够理解烘干法、酒精燃烧法、时域反射法测定土壤含水量的原理;能够熟练准确地测定土壤的自然含水量。

二、相关知识

一般所说的土壤水分,实际上是指在105～110℃条件下从土壤中被驱逐出来的水。土壤自然含水量是指在自然状态下土壤的水分含量。土壤含水量的测定方法很多,既包括传统的物理测定方法——烘干法和酒精燃烧法,又包括近些年发展的定位测定法,如时域反射法、频域反射法等。

烘干法测定土壤含水量的原理是:把土壤样品放在(105±2)℃烘箱中烘至恒重时的失重,即为土壤样品中所含的水分质量。根据烘干前后质量之差,可计算出土壤水分含量的百分数。

酒精燃烧法测定的原理是:利用酒精在土壤中燃烧放出的热量,使土壤水分蒸发干燥,通过燃烧前后质量之差,计算土壤水分含量百分数。

时域反射法测定土壤含水量的原理:土壤的含水量与土壤的介电常数之间存在一种对应关系,电磁波在不同介电常数的介质中传播时行进速度会有所改变。时域反射法是通过测定土壤中的水和其他电介质介电常数之间的差异并采用时域反射测试技术测量土壤含水量的方法。

烘干法是土壤水分测定的标准方法,其简单直观,测定结果比较准确,比较适合大批量样品的测定,但需要时间长,采样会干扰田间土壤水分的连续性,留下的取样孔会切断作物的根系并影响土壤水分运动;酒精燃烧法测定土壤含水量,速度快但精确度低,适合田间速测,不太适宜有机质含量多的土壤,采样同样会影响作物根系及土壤水分运动;时域反射法是比较先进的土壤含水量测定方法,其精确度高,便于携带,具有可连续原位测定及无辐射等优点,但仪器价格昂贵。

土壤水分测定方法很多,每种方法都有其使用范围及优缺点,因此在选用测量方法时一定要有针对性,既要考虑其实用性又要考虑其经济性。

三、任务准备

按2～3人一组,将全班同学分为若干组,每组准备以下材料和用具:土壤样品、铝盒、记号笔、天平、干燥器、无水酒精、烘箱、胶头滴管、时域反射仪6台。

责任担当

土壤含水量在一定程度上能够反映土壤质量。土壤缺水,就不能滋养植物,甚至失去土壤的价值。我国是淡水资源相对不足的国家,我们在日常生活中要有水危机意识,养成人人爱护水,时时处处节水的好习惯,建立节水型社会,走可持续发展之路。

PPT课件:土壤自然含水量的测定

四、实施步骤

1.酒精燃烧法测定田间土壤含水量

以测试基地自然土壤为测试样品，按照表 2-2-1 操作步骤实施项目。

学习视频：酒精燃烧法测定土壤自然含水量

表 2-2-1　酒精燃烧法测定土壤含水量操作步骤

工作环节	操作要点及要求
实验准备	每组准备 3 个清洗烘干的铝盒，用油性笔给盒身和对应盒盖记上标记，用感量 0.01 g 的天平给铝盒称重，记重量 W_1。
田间采样	每组在测定地块选取三个有代表性的采样点，采集 0～20 cm 的耕层土样装入铝盒，并迅速盖上盒盖。注意：装入土样的量以 1/2 铝盒为宜。
实验室测定	(1)将从田间带回的铝盒外表擦拭干净，用天平给铝盒称重，记录湿土加铝盒重 W_2。 (2)将铝盒放在石棉网上，打开铝盒盖子，用滴管向铝盒内滴入燃料酒精，酒精的量要没过土样。用火柴将酒精点燃，任其燃烧至火焰熄灭，稍冷却后再加入酒精燃烧，重复 3 遍。盖上盖子，冷却至室温，称重记 W_3。 (3)将铝盒放在石棉网上，打开铝盒盖子，再次加入酒精燃烧，之后冷却称重，记重量 W_4。如 $W_3-W_4<0.03$ g，说明土壤中水分已经全部蒸发出来，达到恒重。
结果计算	土壤质量含水量$=\dfrac{W_4-W_2}{W_4-W_1}\times 100\%$ 土壤含水量取三个平行测定结果的算术平均数。
注意事项：①采的样品要混合均匀，并捡出里面的杂质如石子、根系后再装入铝盒。②每次称重都要带上盒盖一起称，同时注意盒身与盒盖要对应。③铝盒要加盖冷却，冷却后及时称重，以免土壤重新吸水。④实验过程中要注意操作安全，严格按照实验规程进行操作。	

2.烘干法测定风干土含水量

学习视频：烘干法测定土壤含水量

表 2-2-2　烘干法测定土壤含水量操作步骤

工作环节	操作要点及要求
实验准备	选取有代表性的风干土壤样品，剔除杂质，粉碎过 1 mm 筛，混合均匀后备用。
铝盒称重	每组准备 3 个清洗干净的铝盒，用油性笔给盒身和对应盒盖记上标记，将铝盒带盖放入(105±2)℃的烘箱中进行干燥 2 h，然后带盖在干燥器中冷却至室温，用感量 0.001 g 天平称重，记空铝盒重 W_1。
加风干土样	称取 10～15 g 风干土样，将其均匀地平铺到铝盒中，盖好称重，记铝盒加湿土重 W_2。
烘干	将铝盒盖打开，放在盒底下，置于已预热的(105±2)℃烘箱中烘 6 h，稍冷却后，拿出铝盒，迅速盖上盖子，放入干燥器中冷却至室温称重，记录重量，然后再放入烘箱烘 2 h 后冷却至室温称重，直至达到恒重为止，记录铝盒加干土重 W_3，精确至 0.001 g。 注：恒重指在干燥过程中，以 4 h 的时间间隔对冷却的样品的两次连续称量之间的差值不超过最后测定重量的 0.1%时所取重量。

续表2-2-2

工作环节	操作要点及要求
结果计算	土壤质量含水量$=\frac{W_3-W_2}{W_3-W_1}\times100\%$ 土壤含水量取三个平行测定结果的算术平均数。
注意事项：①如用此方法测定新鲜土壤样品含水量，称取土样要达 30～40 g，精确至 0.01 g 即可。②一般情况下，新鲜土壤的干燥时间为 16 h 至 24 h，但对于某些特殊类型的土壤样品将需要更长的干燥时间。③每次称重都要带上盒盖一起称，同时注意盒身与盒盖要对应。④实验过程中要注意操作安全，严格按照实验室操作规程进行操作。	

3.时域反射法测定田间土壤含水量

以美国 SPECTRUM 土壤三参数测定仪 TDR150(图 2-2-1)为例。

表 2-2-3　时域反射法测定土壤含水量操作步骤

工作环节	操作要点及要求
仪器简介	该仪器运用时域反射(TDR)原理快速且精确地测量土壤水分，测量结果以容积含水量表达；可通过选配不同长度的测量探针来测量不同深度的土壤体积含水量，探针有 3.8 cm、7.5 cm、12 cm 和 20 cm 四种可选；测量数据可通过 U 盘传输，不用电脑连接。
仪器准备	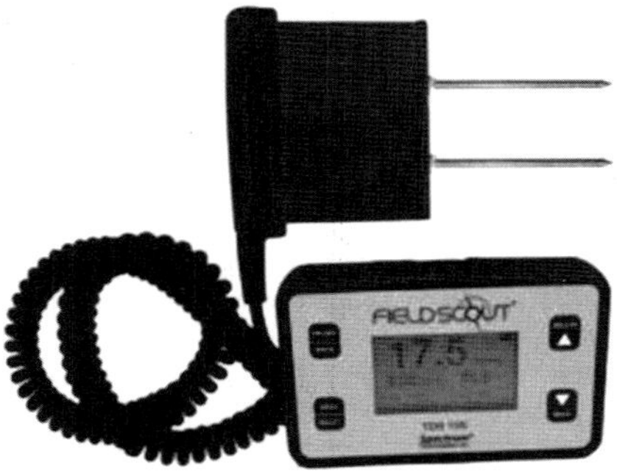 **图 2-2-1　TDR150 土壤水分测定仪** (1)每组准备 1 台 TDR150 土壤水分测定仪，装好电池，装上 7.5 cm 探针。按“ON”键开机，仪器界面显示如图 2-2-2 所示。 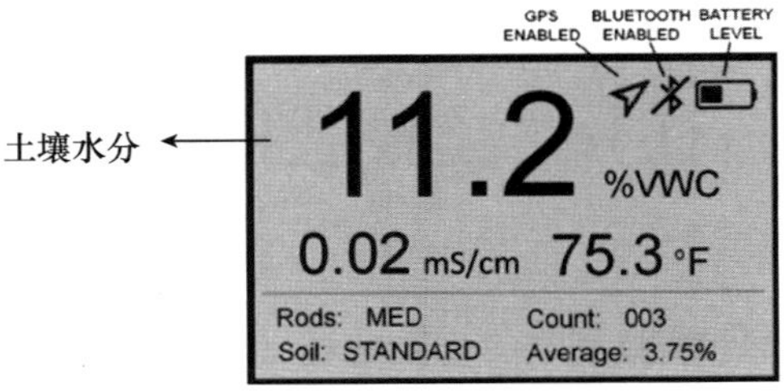 **图 2-2-2　仪器显示界面** (2)进入设置界面，选择探针长度 7.5 cm，选择标准型土壤。

名人名言

连结土壤的力量是水，而使人类社会生活走上和谐与安康的，是互相体谅的心。

(松下幸之助)

续表2-2-3

工作环节	操作要点及要求
开始测量	(1)选取有代表性的测定位置,将探针垂直完全插入土壤,然后按"▽/READ"键,即可显示读数。 (2)拔出探针,用干纸巾或干布擦拭干净,即可进行下一个点的测定。 只是实时显示数据,不留备份可以不插U盘;如果需要查看保存数据,测量之前插上U盘,测量完毕后打开设置界面,点击Save to USB,数据即保存到U盘中,将U盘插到电脑上找到带有"a.csv"数据就是测量的数据。

注意事项:①此方法测定出来的土壤含水量是容积含水量,切忌与质量含水量混淆。②使用过程中注意土壤中的石头、硬物对探针的损毁,不可强行插入,可使用配套预打孔工具打孔使用。③测量时要将探针完全插入土壤,否则读数将会降低;另外探针不能在土壤中摆动,否则也会导致读数降低。④测完一个点,进行下一个点测定前,要将探针擦拭干净。⑤关机后仪器内的数据就会丢失,切记关机前保存数据。(参考"土壤三参数测定仪 TDR150"使用说明书)

五、作业与活动

1.学生作业

撰写烘干法测定风干土含水量实训报告。

随堂测试:土壤自然含水量的测定

表 2-2-4　土壤含水量测定数据记录表

样品编号	空铝盒重(W_1)/g	铝盒加湿土重(W_2)/g	铝盒加干土重(W_3)/g	水分含量/g	干土重/g	质量含水量/%	平均值

2.课外活动

找一处农田,分别用酒精燃烧法和土壤含水量测定仪法测定土壤自然含水量,并通过换算比较两种方法测定结果的准确性。

任务二　测定土壤田间持水量

PPT课件:土壤田间持水量的测定

一、任务要求

能够理解环刀法和围框淹灌法测定土壤田间持水量的原理;能够熟练准确地测定土壤的田间持水量。

二、相关知识

田间持水量是毛管悬着水达到最大量时的含水量，也是土壤能稳定保持的最高土壤含水量。它反映了土壤保水能力的大小，常用作灌溉上限和计算灌水定额的指标。田间持水量的测定方法有环刀法和围框淹灌法。

环刀法测定土壤田间持水量的原理是：将浸泡饱和的原状土置于风干土上，使风干土吸去原状土中的重力水后，再用烘干法测定其含水量，即为田间持水量。

围框淹灌法测定田间持水量的原理是：选择有代表性的地块，通过灌水使土壤充分饱和，在无蒸发的条件下，自然渗漏排除重力水，一定时间内土壤水分达到平衡时，毛管悬着水达到最大值，这时的土壤含水量即为土壤田间持水量。

环刀法适宜实验室测定田间持水量，适用于任何土壤；围框淹灌法适用于野外测定田间持水量，不适用于地下水位浅、排水性差的地块及渗透性差的土壤。

三、任务准备

按 2～3 人一组，将全班同学分为若干组，每组准备以下材料和用具：环刀、铝盒、孔径 1 mm 的标准筛、记号笔、天平、干燥器、烘箱、铁锹、水桶、塑料布，1 m×1 m 木框等。

学习视频：土壤田间持水量的测定

四、实施步骤

1.环刀法测定田间持水量

表 2-2-5　环刀法测定土壤田间持水量操作步骤

工作环节	操作要点及要求
浸泡原状土	每组在测试地块选取三个有代表性的采样点，用环刀采集原状土壤样品，同时在同一土层上取些散状土，带回室内。将环刀有孔盖一面向下、无孔盖一面向上放入平底容器中，缓慢加水，使水面达到比环刀上缘低 1～2 mm 处，浸泡 24 h。
准备风干土	将取回的散状土风干、磨碎、通过 1 mm 的筛后，装入无孔底盖的环刀中，轻拍、压实，保持土壤表面平整并高出环刀边缘 1～2 mm，并在上面覆盖一张略大于环刀口外径的滤纸，置于水平台上。
排出重力水	将装有经水分充分饱和的原状土样环刀从浸泡容器中取出，移去底部有孔的盖子，把此环刀放在盖有滤纸的装有风干试样的环刀上，将两个环刀边缘对接整齐并用 2 kg 左右重物压实，使其接触紧密。

续表2-2-5

工作环节	操作要点及要求
测定含水量	经过8 h水分下渗过程后，取上层环刀中的原状土15～20 g，放入已清洗烘干称重(W_1)的铝盒中，盖上铝盒盖子称重，记录重量W_2。然后将铝盒盖打开，放在盒底下，置于已预热的(105±2)℃烘箱中烘干至恒重(约12 h)，取出后放入干燥器内冷却至室温，称重，记重量W_3。
结果计算	土壤质量含水量$=\frac{W_3-W_2}{W_3-W_1}\times 100\%$ 土壤田间持水量取三个平行测定结果的算术平均数。
注意事项：①取样时要避开石块、作物根系或杂物；②排出重力水时，两个环刀之间一定要对接整齐并使其接触紧密；③实验过程中要注意操作安全，严格按照实验规程进行操作。	

2.围框淹灌仪器法测定土壤田间持水量

表2-2-6　围框淹灌仪器法测定土壤田间持水量操作步骤

工作环节	操作要点及要求
地块选择	选择代表性强、空旷平坦的地块，平整地面，避免灌水或降水积聚于低洼处而影响水分均匀下渗。
土壤墒情自动监测设备安装	安装土壤墒情自动监测设备时应尽量少扰动土壤，传感器应与土壤紧密接触，压紧压实。安装完成后对设备数据采集、存储和发送等功能进行测试，确保设备运行正常。墒情数据采集方法按照NY/T 3180的规定执行。
筑埂	以土壤墒情自动监测设备埋设探头的位置为中心，四周筑起一道正方形(2 m×2 m)土埂，埂高约30 cm，埂底宽约30 cm。以传感器埋设位置为中心放入正方形木框，木框入土深度约20 cm，放入木框时注意不要损坏数据传输线。框内为测试区，框外为保护区(图2-2-3)。若无木框，可再筑一内埂替代，埂内面积仍为1 m^2。 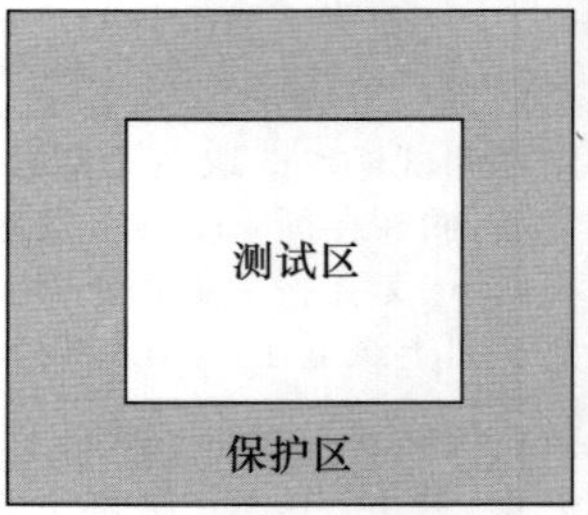 **图2-2-3　测试区示意图**
确定灌水量	灌水量要确保测试区1 m深土体达到过饱和，可按照以下公式计算： $Q=2\times(\theta_2-\theta_1)\times 4/100$ 式中：Q—灌水量(m^3)；θ_1—灌水前土壤含水量(%，用质量分数表示)；θ_2—田间持水量(%，为质量分数，一般沙土和沙壤土取22%，轻壤土和中壤土取28%，重壤土和黏土取35%)。 灌水量也可采用经验值，一般沙土1.4 m^3，壤土和黏土1.8 m^3。

拓展资料：NY/T 3180—2018土壤墒情监测数据采集规范

拓展知识：围框淹灌仪器法测定土壤田间持水量试验研究

续表2-2-6

工作环节	操作要点及要求
灌水	灌水前在测试区和保护区地面铺放一薄层干草、秸秆或其他垫料，避免灌水时冲击土壤，破坏表土结构。灌水时先灌保护区，迅速建立 5 cm 厚的水层，然后向测试区灌水，同样建立 5 cm 厚的水层。保护区灌 3/4 的水量，测试区灌 1/4 的水量，直至用完计算的总灌水量。
覆盖	灌水结束后，在测试区和保护区再覆盖一层干草或秸秆，在草层或秸秆上面覆盖塑料薄膜，避免土壤水分蒸发或雨水渗入，一直保持到田间持水量测定结束。
测定	保持土壤墒情自动监测设备正常工作，每小时测定一次 1 m 内各层土壤体积含水量。
计算田间持水量	从灌水前一天开始提取连续数据，将同层次土壤含水量数据进行 4 h数据的滑动平均。在退水过程中，当同一层次滑动平均土壤含水量的变化曲线达到拐点，即当前时间点和前第 4 个时间点变化幅度不超过 0.4%（$\lvert\theta'_{t.i}-\theta'_{t-4.i}\rvert\leqslant 0.4\%$）时，当前时间点和前 3 个时间点所测土层 4 h 平均土壤含水量即为该层土壤的田间持水量 田间持水量（$\theta'_{t.j}$）=（$\theta_{t.i}+\theta_{t-1.i}+\theta_{t-z.i}+\theta_{t-3.i}$）/4 式中：$\theta'_{t.j}$—当前时间点和前 3 个时间点所测土层 4 h 平均土壤含水量，为百分含量（%），用体积分数表示，保留小数点后 1 位；$\theta_{t.i}$—当前时间点所测土层土壤含水量，为百分含量（%），用体积分数表示，保留小数点后 1 位；t—当前时间点。
注意事项：①灌水后，塑料薄膜要用重物将四周压紧，以防风吹开；②要经常查看土壤墒情监测设备是否工作正常。	

拓展知识：土壤相对含水量一般是指土壤含水量占田间持水量的百分数。表示土壤水的相对含量。计算公式如下：

旱地土壤相对含水量=土壤含水量/田间持水量×100%

水田土壤相对含水量=土壤含水量/全蓄水量×100%

五、作业与活动

1.学生作业

撰写环刀法测定土壤田间持水量实训报告。

2.课外活动

分别用环刀法和围框淹灌仪器法测定实训基地土壤田间持水量，并通过换算，比较两种测定方法结果的差异度。

随堂测试：土壤田间持水量的测定

任务三　调控土壤水分

一、任务要求

能够灵活运用土壤水分调控的措施；能够制定当地土壤水分调控方案。

二、相关知识

土壤水分调节是农业生产的重要措施，其不仅影响着作物正常的水分供应，还影响着土壤中气、热等因素。土壤水分的调节应本着收支平衡的原则，对蒸发量大而降水少的地区，必须用灌溉补充；降水多而蒸发量少的地区要注意排水；径流大于渗透的地方，要防止水土流失。常见的土壤水分调节措施有如下几种。

1.农田基本建设

农田基本建设是在农用地上所采取的以改土、治水为目的，施行山、水、田、林、路综合治理的措施，包括改造地表条件、平整土地、兴修水利、改良土壤、培肥地力等。在丘陵山区以修筑梯田、保持水土为主；在平原地区以平整土地、兴修水利为主；在低洼地区以排灌、平地改土、排涝盐为主。在改良土壤方面，可因地制宜采取客土调剂、精耕细作、增施有机肥等措施。

2.合理灌排

(1)合理灌溉　灌溉是增加土壤水分的根本措施，尤其是干旱的季节或少雨地区。根据田间水分状况确定灌溉定额，精准灌溉；根据作物不同生育时期，合理灌溉。除了考虑灌溉时间、灌水量外，还要根据当地条件及作物类型，选择合理的灌溉方式。目前应用的灌溉方式有淹灌、滴灌、沟灌、喷灌等。

(2)排除积水　农田排水包括排除地面积水、降低地下水位和排除表层土壤内滞水三类。地下水位高、水分过多的地区，应开沟排水，降低地下水位；或可相对提高地面，选择一些耐涝植物。建立合理的排灌系统，是合理排灌的前提。南方早稻秧田实行“日排夜灌”措施，在调节水分同时可以提高土温，促进秧苗健壮生长；盛夏酷暑时实行“日灌夜排”措施，有利于降温，可避免水稻早衰。烂泥田、冷浸田开深沟排水后，可明显提高土温，促进水稻生长。

3.适时耕作保墒

耕作改善了土壤的松紧度、孔隙度及水分状况，不仅可以蓄水保墒，还可以改善土壤的通气性和温热状况，是常用的土壤保墒措施。主要耕作方式有：

(1)耕翻　合理耕翻可以创造疏松深厚的耕作层，提高土壤的蓄水能力，减少地面蒸发。一般来说，秋耕比春耕好，秋耕宜早。耕作深度以 20 cm 为宜。

(2)耙耱　耙地和耱地的作用是破碎坷垃，平整地面，切断毛管联系。耙耱后虽然表土层水分稍低，但因减少了水分蒸发，土壤整体含水量得到保持。

(3)中耕松土　对旱地作物进行中耕，可切断土壤表层毛细管，抑制土壤水分蒸腾，增强抗旱能力。下雨前及时进行深中耕，以土蓄水，加大土壤吸收水分能力；雨后松表土提高土壤保墒能力。

(4)镇压　在湿润条件下镇压，可加强土壤毛管作用，促进水分蒸发；在干旱情况下镇压，则有提墒和保墒的效果。一般在秋耕后土壤过于疏松时进行镇压。当土壤含水量低于毛管断裂含水量时，采用镇压措施效果较好。

4.施用有机肥及轮作

有机质含量高的肥沃土壤，其稳定性、吸水性、保水性、供水能力高于

PPT 课件：土壤水分的调控

学习视频：土壤水分的调控

名人名言

上策：徙冀州之民当水冲者。决黎阳遮害亭，放河使北入海。

中策：多穿漕渠于冀州地，使民得以溉田，分杀水怒。

下策：缮完故堤，增卑倍薄。

（贾让《治河三策》）

瘠薄的土壤，具有调节水分的作用，因此，“以肥调水”是抗旱保墒的重要措施。按照不同作物的供水需求，巧妙地利用不同茬口的土壤水分条件，对提高产量、减轻旱害有重要意义。

5.地面覆盖

覆盖是农业生产上良好的保温保水措施，所有覆盖措施均有利于减少水分蒸发，提高表层土壤水分含量。常用的覆盖措施有：地膜覆盖，秸秆覆盖等。

6.保墒增温剂的施用

保墒增温剂是利用石蜡氧化物提取脂肪酸后的残渣，经皂化反应制成的黑色高碳（C_{16}～C_{18}）醇乳化剂。经稀释后喷洒在土壤表面形成薄膜，可减少土壤水分蒸发，同时也有增温、压碱、防风蚀和水蚀的作用。

三、任务准备

按2～3人一组，将全班同学分为若干组，每组准备以下材料和用具：记录本，铁锹，皮尺，土壤水分含量测定设备等。

四、实施步骤

表 2-2-7　土壤水分调控步骤

工作环节	操作要点及要求
土壤水分状况调查	对生产基地土壤类型及土壤水分情况进行调查。测定土壤的自然含水量和田间持水量，详细掌握基地土壤水分现状。
农田水利设施调查	对基地农田的排灌渠系、路网及防护林带进行调查，包括排灌渠系的田间设置、沟渠的深度、防护林带的长度及方位等，绘制基地农田水利设施分布图。
地下水位调查	通过向当地水文监测机构咨询或查阅当地水文地质普查报告，获得农田基地地下水位及其变化情况资料。
农田周边地形观察	对农田基地周边地形进行观察，注意观察基地是否处于低洼地带，周边是否有湖泊水库，基地周边灌排设施情况等。
农田的作物生长情况调查	对基地农田作物的种植情况进行调查，包括基地种植作物的种类，种植方式，作物所处的生长时期，作物的生长情况，如是否有萎蔫情况发生，是否有黄化烂根情况发生等。
综合评价农田的水分状况及排灌情况	对农田基地水分测定结果进行评价，包括土壤的持水性能，土壤的相对含水量等；对农田地下水位进行评价，包括地下水分是否过高，是否影响到作物根系生长等；对农田基地的排灌设施进行评价，包括排灌渠系设计是否合理，渠道深度是否到位。
制定农田水分调控方案	制定基地农田水分调控方案，主要包括以下内容：根据农田作物生长情况、作物所处的生长时期、作物的种植方式、农田土壤的实际水分含量、田间持水量等，确定灌水量、灌水时间及灌水方式；根据基地土壤水分含量、地下水位、排灌条件、周边地形等，提出基地农田水利设施改进方案。

注意事项：各地方水利条件、天气条件、地形条件、植被情况等各不相同，同时土壤水分也处在不断运动变化中，在制定农田水分调控方案时，要充分把握当地实际情况。

名言警句

加强农村水利工作，促进城乡协调发展。

兴修农田水利，造福一方群众。

（农田水利建设宣传语）

拓展视频：李克强：扎实推进农田水利和高标准农田建设

随堂测试：土壤水分的调控

五、作业与活动

1.学生作业

撰写实训基地土壤水分调控方案。

2.课外活动

调查家乡农田土壤水分调控措施有哪些？形成调查报告。

【小结与思考】

◆小结

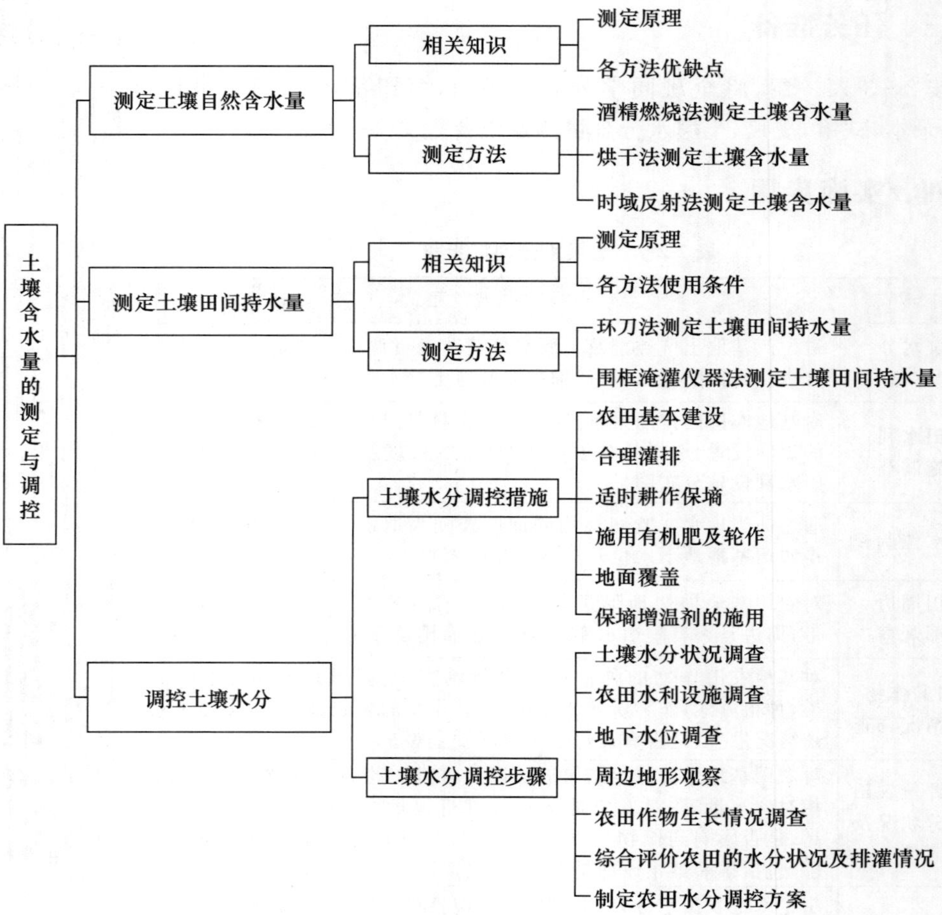

◆思考

1.为什么要测定土壤田间持水量？测定田间持水量对水分调节有什么作用？
2.生产上采取哪些方法提高土壤的保水能力？
3.判断需要灌溉的最主要土壤水分指标是什么？

项目三
土壤物理性状测定与调控

【项目描述】

农类专业学生在实施测土施肥技术项目过程中，在采集土壤样品时发现不同的土壤采集的难易程度不同，有的土壤很板结，有的很紧实，有的太松散，导致作物生长状况不佳。农业企业和种植大户们要求提供土壤改良的方案。

【项目分析】

上述这些现象均属于土壤的物理性状，而物理性状会制约土壤肥力水平，进而影响植物生长。所以，需要采取科学手段测定、分析土壤主要的物理性状，才能提出有针对性的改良措施。

【项目目标】

素质目标：养成科学严谨的态度，树立科学合理利用土地和经营农业的观念。

知识目标：能复述土壤质地、土壤结构、土壤孔隙性、土壤力学的相关知识；能总结土壤质地、土壤结构、土壤孔隙性、土壤耕性的调控措施。

能力目标：能正确测定土壤质地、孔隙度、土壤团聚体，会观察土壤结构、耕性；能根据观测结果，正确描述土壤质地、孔隙度、结构、耕性；能针对土壤的物理性状，提出综合性调控措施并能实施调控。

【任务导航】

1.测定土壤质地	2.改善土壤质地	3.观察土壤结构
4.分析土壤团聚体	5.改良土壤结构	6.测定土壤孔隙度
7.调节土壤孔隙性	8.观察与判断土壤耕性	9.改良土壤耕性

任务一　测定土壤质地

修为提示

土壤是一切生命的开端。曾几何时，土壤变成了低端的代名词："土里土气""视金钱如粪土"……但现在，人们流行起了"吃土"：吃土货、尝土味，甚至有不法分子干起了贩卖国家黑土资源的勾当。可是，人们真的了解土壤吗？土壤圈是整个生态圈的重要组成部分，任何人破坏土壤就是破坏环境。所以我们在挖掘土壤剖面后要将土层按原来的位置依次回填，保持原状，让土壤保持原来的生态功能很重要。

一、任务要求

了解土壤质地的概念、分类；能够熟练应用简易比重计法和手测法判断"测土配方施肥"项目地块的土壤质地类型，对土壤质地进行认定，为耕作、播种、灌溉等提供依据。

二、相关知识

1.概念

土壤质地是指土壤中各粒级占土壤重量的百分比组合，又称土壤机械组成。土壤质地是土壤稳定的自然属性之一，它对土壤水、肥、气、热的保持和运行，微生物的活动，作物的生长发育都有重要影响，是评价土壤肥力和植物生长适宜性的重要依据。不同的土壤质地往往具有明显不同的农业生产性状，了解土壤的质地类型，对农业生产具有指导价值。

2.分类

土壤质地分类是根据土壤中的粒级组成对土壤颗粒组成状况进行的类别划分。土壤质地分类制主要有国际制、卡庆斯基制、美国制和中国制。国内常用的有国际制和卡庆斯基制。这些分类方法虽然各有差异，但大体上将土壤划分为沙质土、壤质土和黏质土三类。

（1）国际制　国际制主要是根据土壤黏粒含量将质地分为四类：即黏粒含量0～15%为沙土类、壤土类，黏粒含量15%～25%为黏壤土类，黏粒含量大于25%为黏土类；再根据粉沙粒含量和沙粒含量，进一步细分为12级，凡粉粒含量大于45%的，在质地名称前冠"粉沙质"；根据沙粒含量，凡沙粒含量大于55%的，在质地名称前冠"沙质"。国际制的质地分类标准如图2-3-1所示。

（2）卡庆斯基制　卡庆斯基制是按物理性沙粒（>0.01 mm）和物理性黏粒（<0.01 mm）的质量分数，将土壤划分为沙土类、壤土类和黏土类3大类型，再根据沙粒（沙质）、粗粉粒（粗粉质）、中细粉粒（粉质）、黏粒（黏质）含量，进一步细分质地为9级，确定质地详细名称，格式为"第二优势粒级＋第一优势粒级＋质地名称"，如表2-3-1所示。卡庆斯基制的质地分组中考虑到土壤类型不同，对草原土壤及红黄壤、灰化土类和碱化及强碱化土壤有不同质地分组标准。

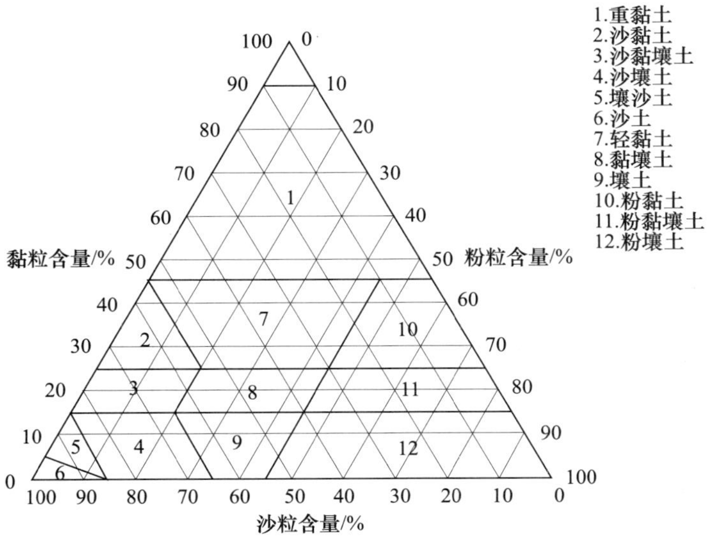

图 2-3-1 国际制的质地分类标准

表 2-3-1 卡庆斯基制质地分级制

质地名称		物理性黏粒(＜0.01 mm)含量/%			物理性沙粒(＞0.01 mm)含量/%		
		灰化土类	草原土及红黄壤类	柱状碱土及强碱化土类	灰化土类	草原土及红黄壤类	柱状碱土及强碱化土类
沙土	松沙土	0～5	0～5	0～5	100～95	100～95	100～95
	紧沙土	5～10	5～10	5～10	95～90	95～90	95～90
壤土	沙壤土	10～20	10～20	10～15	90～80	90～80	90～85
	轻壤土	20～30	20～30	15～20	80～70	80～70	85～80
	中壤土	30～40	30～45	20～30	70～60	70～55	80～70
	重壤土	40～50	45～60	30～40	60～50	55～40	70～60
黏土	轻黏土	50～65	60～75	40～50	50～35	40～25	60～50
	中黏土	65～60	75～85	50～65	35～20	25～15	50～35
	重黏土	＞80	＞85	＞65	＜20	＜15	＜35

(引自《土壤肥料》,第 4 版,宋志伟、王阳,2015)

拓展知识:基于 GIS 的土壤质地自动分类系统

拓展知识:一种土壤质地类型自动识别系统

3.测定方法

(1)比重计法　其原理是土样经物理化学方法分散为单粒后,在一定的容积中制成悬浊液,使分散的土粒在悬浊液中自由沉降。依据司托克斯定律,随着沉降时间的增加,土壤沉降使上部土壤悬浊液的密度发生变化,将土壤比重计放入土壤悬浊液中,在不同时间测定其比重,并计算出各粒级土粒的百分数。甲种比重计(鲍氏比重计)的读数即代表每升土壤悬浊液中土粒悬浮的克数,单位为 g/L。此方法比较简单、省时,但精度较低。

(2)吸管法　吸管法也是根据司托克斯定律,将土壤分散成悬浊液,在特定的时刻吸取一定量的悬液,烘干称重,然后计算土壤颗粒的相对含量。吸管法比较烦琐,但精度较高。

(3)激光粒度仪法　其原理是利用一定波长的激光照射土壤分散液，激光遇到土壤颗粒产生衍射和散射，衍射和散射光能的空间（角度）分布与粒径有关，各粒级的多少决定着对应各特定角度处获得的光能的大小，各特定角度光能在总光能量中的比例，反映各粒级的分布丰度。该方法测定速度快，但仪器价格高。

(4)手测法　如果野外需要快速确定土壤质地的类型，可采用手测法（经验法）。手测法主要依据土壤塑性的强弱来确定。

三、任务准备

本次任务为采用比重计法和手测法测定土壤质地。按2～3人一组，将全班同学分为若干组，每组准备以下材料和用具：沉降筒（1 000 mL）、特制搅拌棒、甲种比重计、温度计（100℃）、带橡皮头玻棒、烧杯（50 mL）、感量天平、角匙、称样纸、500 mL三角瓶、电热板、滴管、表面皿、秒表、待测土壤样品。

试剂配制：

(1)0.5 mol/L氢氧化钠溶液　称取20 g化学纯NaOH，用蒸馏水溶解后，再定容至1 L，摇匀备用。

(2)0.25 mol/L草酸钠溶液　称取33.5 g化学纯$Na_2C_2O_4$，用蒸馏水加热溶解后，再定容至1 L，摇匀备用。

(3)0.5 mol/L六偏磷酸钠溶液　称取51 g六偏磷酸钠，用蒸馏水加热溶解后，再定容至1 L，摇匀备用。

(4)2% Na_2CO_3溶液　称取20 g化学纯Na_2CO_3，用蒸馏水溶解后，再定容至1 L，摇匀备用。

(5)软水的制备　将200 mL 2% Na_2CO_3溶液加入1 500 mL自来水中，静置一夜，上清液即为软水，若自来水的硬度较大，可适当增加2% Na_2CO_3溶液的用量。

四、实施步骤

1.比重计法

表2-3-2　比重计法测定土壤质地

工作环节	操作要点及要求
称样	称取通过1 mm筛孔的风干土样50 g（精确到0.01 g），置于500 mL三角瓶中。
分散样品	根据土壤酸碱性质，分别选用下列分散剂：石灰性土选用0.5 mol/L六偏磷酸钠60 mL；中性土选用0.25 mol/L草酸钠20 mL；酸性土选用0.5 mol/L氢氧化钠40 mL，再加入软水约250 mL，加塞强烈振荡30 min，使土粒分散成单粒状态以便制成悬浮液。 注意：①除用振荡法外，还可以通过煮沸、研磨等方法分散样品，但一定要分散彻底。②同时做空白对照。即除了不加土样，其余步骤处理与土样完全一致，用以测定分散剂校正值。

PPT课件：测定土壤质地

续表2-3-2

工作环节	操作要点及要求
制备悬液	将分散后的土壤悬液用软水少量多次无损洗入 1 000mL 沉降筒中，调至刻度，即为 5%的悬液，放置于平稳的桌面上。
测量悬液温度	将温度计插入沉降筒中的待测悬浮液，记录温度及对照比重计的温度校正值。温度不同会影响沉降速度，可对照表 2-3-3 查找温度校正值，计算出实测数值。
自由沉降	用搅拌棒上下搅拌土壤悬液 1 min(下至底部，上至液面，起落约 30 次)，搅拌结束后立即计时，让土粒在沉降筒中自由沉降。
测悬液比重	根据悬液温度，查表 2-3-4，查到各待测土粒级别在当时温度下所需要的沉降时间，提前 30 min 将比重计插入悬液中，时间一到就读数。然后小心取出比重计，用清水洗净放在一旁备用，让悬液继续自由沉降，等待测定下一粒级。以此方法，在相应的时间逐一测定每一粒级土粒的比重值。将测定结果记录于副栏各级土粒含量记录表中。
计算结果	(1)校正比重计读数 比重计校正后读数＝比重计原读数－(空白校正值＋温度校正值) (2)将风干土重换算成烘干土重 烘干土重(g)＝风干土重(g)×(1－含水量) (3)计算土粒含量 ①黏粒(＜0.001 mm)%＝＜0.001 mm 粒级比重计校正后读数(g)×100/烘干土重(g) ②细粉粒(0.001～0.005 mm)%＝[＜0.005 mm 粒级比重计校正后读数(g)－＜0.001 mm 粒级比重计校正后读数(g)]×100/烘干土重(g) ③中粉粒(0.005～0.01 mm)%＝[＜0.01 mm 粒级比重计校正后读数(g)－＜0.005 mm 粒级比重计校正后读数(g)]×100/烘干土重(g) ④粗粉粒(0.01～0.05 mm)%＝[＜0.05 mm 粒级比重计校正后读数(g)－＜0.01 mm 粒级比重计校正后读数(g)]×100/烘干土重(g)
确定土壤质地名称	计算＜0.01 mm 或＞0.01 mm 土粒含量，依据表 2-3-1，确定土壤质地名称，并注明采用的分类制。＜0.01 mm 土粒含量(%)＝①＋②＋③，或＞0.01 mm 土粒含量(%)＝100%－＜0.01 mm 土粒含量
注意事项：①有机质含量多的土壤，在加入分散剂之前，应缓缓加入 5%过氧化氢，分解有机质，消除影响；②上下搅拌悬液时，用力和速度要均匀，搅拌棒不能提离液面，以免带入气泡影响沉降；③沉降开始后应该保持静置，避免阳光直射，最好选择在环境温度较为稳定的时间进行。	

(参考《土壤肥料》，第 4 版，宋志伟、王阳，2015)

拓展知识：用于土壤机械组成测定的自动搅拌装置系统设计

参考资料：各级土粒含量记录表

表 2-3-3　土壤比重计温度校正值

温度/℃	校正值	温度/℃	校正值	温度/℃	校正值	温度/℃	校正值
6.0	－2.2	16.0	－1.0	22.0	0.6	28.0	＋2.9
8.0	－2.1	16.5	－0.9	22.5	＋0.8	28.5	＋3.1
10.0	－2.0	17.0	－0.8	23.0	＋0.9	29.0	＋3.3
11.0	－1.9	17.5	－0.7	23.5	＋1.1	29.5	＋3.5
11.5	－1.8	18.0	－0.5	24.0	＋1.3	30.0	＋3.7

续表 2-3-3

温度/℃	校正值	温度/℃	校正值	温度/℃	校正值	温度/℃	校正值
12.5	−1.7	18.5	−0.4	24.5	+1.5	30.5	+3.8
13.0	−1.6	19.0	−0.3	25.0	+1.7	31.0	+4.0
13.5	−1.5	1.5	−0.1	25.5	+1.9	31.5	+4.2
14.0	−1.4	20.0	0.0	26.0	+2.1	32.0	+4.6
14.5	−1.3	20.5	+0.2	26.5	+2.3	32.5	+4.9
15.0	−1.2	21.0	+0.3	27.0	+2.5	33.0	+5.2
15.5	−1.1	21.5	+0.5	27.5	+2.7	33.5	+5.5

(引自《土壤学实训教程》,任红梅、郝立冬、魏雅冬、张淑花,2019)

表 2-3-4　小于某粒径土粒沉降时间表(比重计法)

温度/℃	<0.05 mm	<0.01 mm	<0.005 mm	<0.001 mm
6	1 min 25 s	40 min	2 h 50 min	48 h
7	1 min 23 s	38 min	2 h 45 min	48 h
8	1 min 20 s	37 min	2 h 40 min	48 h
9	1 min 18 s	36 min	2 h 30 min	48 h
10	1 min 18 s	35 min	2 h 25 min	48 h
11	1 min 15 s	34 min	2 h 25 min	48 h
12	1 min 12 s	33 min	2 h 20 min	48 h
13	1 min 10 s	32 min	2 h 15 min	48 h
14	1 min 10 s	31 min	2 h 15 min	48 h
15	1 min 8 s	30 min	2 h 15 min	48 h
16	1 min 6 s	29 min	2 h 5 min	48 h
17	1 min 5 s	28 min	2 h	48 h
18	1 min 2 s	27 min 30 s	1 h 55 min	48 h
19	1 min	27 min	1 h 55 min	48 h
20	58 s	26 min	1 h 50 min	48 h
21	56 s	26 min	1 h 50 min	48 h
22	55 s	25 min	1 h 50 min	48 h
23	54 s	24 min 30 s	1 h 45 min	48 h
24	54 s	24 min	1 h 45 min	48 h
25	53 s	23 min 30 s	1 h 40 min	48 h
26	51 s	23 min	1 h 35 min	48 h
27	50 s	22 min	1 h 30 min	48 h
28	48 s	21 min 30 s	1 h 30 min	48 h
29	46 s	21 min	1 h 30 min	48 h
30	45 s	20 min	1 h 28 min	48 h
31	45 s	19 min 30 s	1 h 25 min	48 h
32	45 s	19 min	1 h 25 min	48 h
33	44 s	19 min	1 h 20 min	48 h
34	44 s	18 min 30 s	1 h 20 min	48 h
35	42 s	18 min	1 h 20 min	48 h

(引自《土壤学实训教程》,任红梅、郝立冬、魏雅冬、张淑花,2019)

学习视频:土壤质地的测定与调节

2.手测法

手测法的原理是：根据土壤各粒级具有不同的可塑性和黏结性来估测。沙粒粗糙，无黏结性和可塑性；粉粒光滑如粉，黏结性和可塑性微弱；黏粒细腻，表现较强的黏结性和可塑性。不同质地的土壤，各粒级含量不同，表现出粗细程度与黏结性和可塑性的差异。手测法又分干测法和湿测法 2 种。手测法是以手指对土壤的感觉为主，结合视觉和听觉来确定土壤质地名称，方便易行，熟悉后也较为准确，适合于田间土壤质地的鉴别。干测法和湿测法互为补充，一般以湿测法为主。

干测法的操作规程是：取玉米粒大小的干土块，放在拇指与食指间碾压，使之破碎，并在指间摩擦，根据指压用力的大小和摩擦时的感觉来判断（表 2-3-5）。

湿测法的操作规程是：取一小块土，放在手心中捏碎，加入少许水（以土粒充分浸润为度，不宜过多过少），用手指揉搓土块，根据土块能否搓成球、条以及弯曲时断裂等情况加以判断（表 2-3-6）。

表 2-3-5　干测法测定土壤质地判断标准

指压用力的大小和摩擦时的感觉	土壤质地
一碰即碎为沙土；几乎由沙粒组成，感觉粗糙，摩擦时沙沙作响。	沙土
干土块用力挤压即碎，手捻有粗糙感。根据粗糙感情况进行判断：	
①用小力即碎，粗糙感强；	沙壤土
②稍用力挤压，手捻有粗糙感；	轻壤土
③用较大力挤碎，为粗细不一的粉末，粗细感觉大致相同；	中壤土
④用大力挤压才能破碎，手捻感觉更细，略有粗糙感。	重壤土
干土块很硬，用力不能压碎，手捻有滑腻感，细而均匀。	黏土

表 2-3-6　湿测法测定土壤质地判断标准

搓成球、条以及弯曲时断裂等情况	土壤质地
不能搓成球状，用手可捏成团，但一松即散。	沙土
①能搓成不光滑的小球，但不能搓成条；	轻壤土
②可搓成直径 3 mm 的土条，但提起易断裂；	中壤土
③可搓成直径 3 mm 的土条，弯成环时会断裂；	重壤土
④可搓成直径 2 mm 的土条，片面光滑，有点反光，能弯成环状，压扁时有裂缝。	沙壤土
可搓成直径 2 mm 的土条，片面光滑，有强反光，能弯成环状，压扁时无裂缝。	黏土

选择所提供的土壤分析样品，根据表 2-3-5 干测法和表 2-3-6 湿测法的判断标准，进行土壤质地鉴定，将结果填入副栏记录表中。

参考资料：手测法测定土壤质地记录表

五、作业与活动

1.学生作业

(1)列举土壤分类制的种类。

(2)说明比重计法测定土壤质地的原理。

(3)阐述手测法测定土壤质地的判断标准。

2.课外活动

全班分成若干个项目小组，利用业余时间，选取家乡有代表性的土壤，分别用比重计法和手测法对土壤质地进行测定并确定质地名称，讨论二者测定结果的差异。

随堂测试：测定土壤质地

任务二　改善土壤质地

一、任务要求

了解不同质地土壤的肥力特征、生产性状、层次性以及植物对质地的适应性；能够正确评价土壤质地，为耕作、播种、灌溉等提供依据；能够对不良土壤质地提出改善措施，撰写改善方案并组织实施。

名言警句
整治一方地，
造福万家人。
(土地宣传标语)

二、相关知识

1.不同质地土壤的肥力特征

(1)沙土类　沙粒含量大于80%，颗粒粗。通气透水性强，耕性好；不保水肥，养分不足；温度变化快，土温不稳；施肥见效快，但肥效短。

(2)壤土类　俗称二合土，沙粒与黏粒含量比例适中。通气透水，养分充足，保水保肥，土温暖，耕性好；水、肥、气、热状况比较协调，是理想的土壤质地。

(3)黏土类　黏粒含量大于60%，颗粒细。通气透水性差，保水保肥力强；黏性强，耕性差，可塑性强；土性偏冷，温差变化小；施肥见效慢，但肥效长。

2.不同质地土壤的生产性状

(1)沙土类　土性燥，作物出苗快，作物早熟；粒间孔隙大，通透性强，容易干旱；养分含量低，不保肥、不耐肥、肥效快、“发小苗不发老苗”；土粒不易团聚，易耕作。土壤温度变幅大，常称“热性土”，在炎热夏季易导致幼苗灼烧，肥料浓度过高易烧苗。适合种植薯类、花生、谷子、瓜类等生育期短，要求土壤疏松的作物。作物前期生长快，后期易脱肥，肥水管理应少量多次。

(2)壤土类　肥力特征介于沙土和黏土之间，兼有两者的优点，却没有两者的缺点。是较理想的质地类型。因此能适合大多数作物。

(3)黏土类　土粒细,粒间孔隙小,透水通气性差,抗旱耐涝性差;养分消耗慢,保肥力强,肥效长,"发老苗不发小苗";耕性不良。土温变化幅度小,早春土温不易升高,故称为"冷性土"。适合种植稻、麦、棉花等生育期长、对养分需求量大的作物,肥水管理应前促后控。

3.土壤质地的层次性

土壤质地的层次性是指土壤质地在土壤剖面呈现有规律性的变化,即上、下土层之间的土壤质地出现差异。产生土壤质地层次性的主要原因有:成土母质本身的层次性;土壤形成时黏粒的淋溶和沉积;人类耕作活动的影响等。土壤质地层次性的类型主要有四种:通体均一型(通体沙、通体壤、通体黏),上轻下重型(沙盖黏、蒙金土),上重下轻型(黏盖沙),中间夹层型(沙夹黏、黏夹沙)。

由于土壤剖面的质地排列影响土壤中水分的运行和调节,并由此而引起其他肥力因素的变化,从而对土壤肥力及作物生长有影响。"上轻下重型"托水托肥,利于作物生长;"上重下轻型"容易漏水漏肥,对作物生长不利;"中间夹层型"不利于植物根系生长,不利于养分的转化。

4.植物对土壤质地的适应性

不同的植物对土壤质地有一定的适应性,大部分农作物对质地的适应范围较广,但部分园艺作物,特别是部分花卉作物对质地的适应性较窄。但一般来讲,壤土适合大多数植物生长。对于不适合植物生长的土壤质地以及土壤质地层次,可以通过一些措施进行改善。

三、任务准备

按 2～3 人一组,将全班同学分为若干组,通过查阅与土壤相关的书籍、杂志、网站等信息,走访当地农业农村局,当地种植能手,按步骤完成不同类型不良质地土壤的改善任务。

四、实施步骤

表 2-3-7　改善土壤质地的措施方法

工作环节	操作要点及要求
调查了解状况	了解当地土壤质地类型和植物种植状况,测定土壤质地,获得土壤质地状况资料。
科学合理利用	不同植物对土壤质地有一定的适应性,农作物适应范围较广,花卉适应范围较窄,果树适应范围有南北差异。总的来说,块茎类、瓜类等生育期短、要求土壤疏松的作物适宜较粗质地,蔬菜类适宜壤质土。因此,要根据质地状况,选择适宜种植的植物种类。
增施有机肥改土	可以在沙土、黏土中增施有机肥,均能够达到改善土壤结构的目的。在沙土中增施有机肥,能促进沙粒团聚,使分散的沙质土黏结成团聚体;在黏土中增施有机肥,能降低黏粒的黏结性,使结构紧实的黏质土碎裂成大小和松紧适中的土壤结构。

政策法规

中华人民共和国环境保护法(自 2015 年 1 月 1 日起施行)(节选)

第三十二条　国家加强对大气、水、土壤等的保护,建立和完善相应的调查、监测、评估和修复制度。

第三十三条　各级人民政府应当加强对农业环境的保护,促进农业环境保护新技术的使用,加强对农业污染源的监测预警,统筹有关部门采取措施,防治土壤污染和土地沙化、盐渍化、贫瘠化、石漠化、地面沉降以及防治植被破坏、水土流失、水体富营养化、水源枯竭、种源灭绝等生态失调现象,推广植物病虫害的综合防治。

县级、乡级人民政府应当提高农村环境保护公共服务水平,推动农村环境综合整治。

典型案例:改良丘陵地形有一招,万亩种植基地恢复生机

续表2-3-7

工作环节	操作要点及要求
合理客土调剂	沙土改善:往沙土地中加入黏土、胶泥土、河泥、塘泥等;沿江沿河的沙土地,可以在丰水期将富含黏粒的河水引入,引洪漫淤,逐年调剂。 黏土改善:往黏土地中加入沙土、河沙等;沿江沿河的黏土地,在丰水期将畦口开低,将河水引入,引洪漫沙,逐年调剂。改良后的土壤质地应达到三泥七沙或四泥六沙的质地范围。
翻耕消除夹层	对于"上沙下黏""上黏下沙"的夹层障碍土壤,可以通过多次深翻耕,将上下层的黏粒和沙粒土壤充分混合,可以起到改善土壤质地的目的。
种植绿肥培土	在过沙过黏的不良质地土壤上,种植豆科绿肥,增加有机质含量和氮素水平,促进形成土壤团粒结构,增肥改土。
加强农艺措施	对于大面积过沙的土壤,重点是营造防护林,防风固沙;对于大面积过黏的土壤,有水源的可以种植水稻或水旱轮作;同时加强农艺措施,沙土植物的水肥管理要早、要勤。
制定改善方案	根据调查状况,针对当地土壤质地状况,制定一份合理利用和改善土壤质地的实施方案。要求内容简洁、事实确凿、论据充足、建议合理。

PPT课件:改善土壤质地

五、作业与活动

1.学生作业

(1)论述不同质地土壤的肥力特征及生产性状。

(2)简述土壤质地的层次性。

随堂测试:改善土壤质地

2.课外活动

全班分成若干个项目小组,利用业余时间,调查家乡不同作物种植区的土壤质地类型,适种作物种类,了解当地农户改良土壤质地的经验做法,撰写一份调查报告。

任务三　观察土壤结构

一、任务要求

理解土壤结构体和土壤结构性的概念;能说出团粒结构与土壤肥力的关系;会用简单工具观察和判断土壤结构体。

二、相关知识

(一)土壤结构体

土壤结构包含土壤结构体和土壤结构性两个方面的含义。土壤结构体是指土壤颗粒(单粒)团聚形成的具有不同形状和大小的土团和土块。土壤结构性是指土壤结构体的类型、数量、稳定性以及土壤的孔隙状况。两者既有联系又有区别,结构体是指局部和个体,结构性是指总体特征。不同的结构体组合起来所呈现出的土壤综合性状就是土壤的结构性。通常情况下,土壤结构是指土壤结构性。

土壤结构体按照大小、形状以及发育程度可以分为 6 类,具体见图 2-3-2。

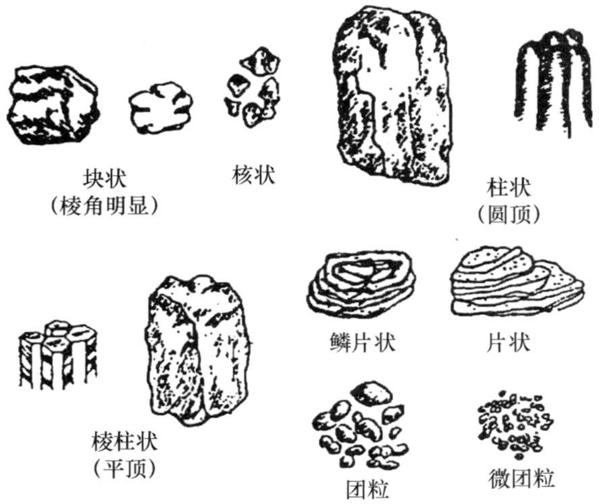

图 2-3-2　土壤结构体的主要类型

1.团粒结构

团粒结构是指外形近似球形、疏松多孔、由有机质胶结团聚形成的,直径在 0.25～10 mm 的土壤结构体(俗称“蚂蚁蛋”“米糁子”“蚯蚓粪”等),团粒结构的内部是近似球形且直径小于 0.25 mm 的微团粒。团粒之间排列疏松,孔隙大为通气孔隙,团粒内部为毛管孔隙和无效孔隙,团粒之间接触面积较小(图 2-3-3)。团粒结构常出现在有机质含量较高、质地适中的土壤中,其土壤肥力高,是农业生产中最理想的结构体。

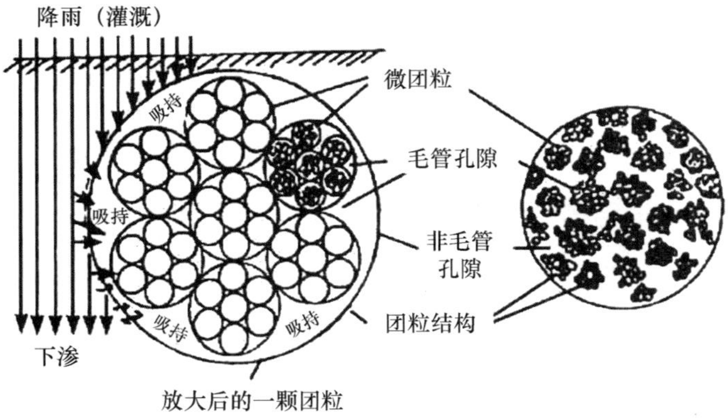

图 2-3-3　土壤团粒结构示意图

政策法规

经国务院同意,农业农村部等 7 部门联合印发《国家黑土地保护工程实施方案(2021—2025 年)》,明确黑土地保护原则、目标和内容,提出“十四五”期间将完成 1 亿亩黑土地保护任务,黑土耕地质量明显提升,土壤有机质含量平均提高 10%以上。

PPT 课件:观察土壤结构

2.块状结构

结构体沿长、宽、高三轴平衡发育，即水平轴和垂直轴相近，界面平滑或弯曲，彼此能吻合，棱面不明显，形状不规则，界面与棱角不明显，结构体内部较紧实的一种土壤结构，俗称“坷垃”。具有这种结构的土壤，往往湿时黏韧，干时坚硬，适耕性差，宜耕期短。块状结构大多是耕作质量差的一种表现。

3.核状结构

外形与块状结构体相似，但体积相对较小，棱角、边、面比较明显，形状较规则，内部紧实坚硬，泡水后不易碎散，俗称“蒜瓣土”，多出现在黏土而缺乏有机质的心土层和底土层中，或由氢氧化铁胶结土粒后形成。

4.柱状结构

结构体呈立柱状，纵轴大于横轴，侧面、横断面不规则，比较紧实，孔隙少，俗称“立土”。柱状结构是碱化土壤的标示特征，常在干旱半干旱地区的底土出现，如多出现在水田土壤、典型碱土、黄土母质的下层。

5.棱柱状结构

外形与柱状结构体很相似，棱角尖锐明显，横断面略呈三角形，结构体表面覆盖有胶膜物质。质地黏重土壤受干湿交替频繁，在其底土中经常出现此土壤结构。由于土壤的湿胀干缩作用，在土壤过干时易出现土体垂直开裂，漏水漏肥；过湿时易出现土粒膨胀黏闭，通气不良。

名言警句

地卑荒野大，
天远暮江迟。
（唐·杜甫）

6.片状结构

结构体呈扁平状，其厚度可小于 1 cm，也可大于 5 cm，成层排列，呈片状或板状，俗称“卧土”。这种结构体往往由于流水或者机械挤压作用造成，常出现于森林土壤的灰化层、碱化土壤的表层、耕作土壤的犁底层；此外，在遇雨或灌溉后，地表出现的结皮、结壳的“板结”现象，也属于片状结构。“板结”现象使播种后种子难以萌发、破土、出苗，水稻田的犁底层也为片状结构，其存在有利于托水托肥，但出现部位不能过浅、过厚，也不能过于紧实黏重，否则土壤通气透水性差，不利于植物的生长发育。

（二）土壤结构与土壤肥力

1.团粒结构与土壤肥力

团粒结构是良好的土壤结构体，其特点是多孔性与水稳性，具体表现在团粒结构丰富的土壤，其总孔隙度适宜，大小适中，持水孔隙与通气孔隙并存，数量和比例适当，土壤中的固相、液相、气相处于相互协调的状态。因此，团粒结构丰富是土壤肥沃的标志之一。其主要原因是团粒结构能使土壤具备以下性能：

(1)创造良好的土壤孔隙性。团粒之间排列疏松，通气孔隙适量，团粒内部有多级大量的大小孔隙。这种孔隙状况能为土壤水、肥、气、热的协调创造良好条件。

(2)形成良好的土壤水、热性质。团粒结构土壤中大小孔隙兼备，团粒间有非毛管孔隙，使土壤既能保水，又能透水，并形成良好的土壤空气和热量状况。因此，团粒结构能协调土壤水分和空气的矛盾，土温稳定。

(3)保肥供肥性能良好。在团粒结构中，在团粒的表面(大孔隙)和空气接触，有好气性微生物活动，有机质迅速分解，供应有效养分；在团粒内部(毛管孔隙)，贮存毛管水而通气不良，只有嫌气微生物活动，有利于养分贮藏。因而土壤微生物活动强烈，生物活性强，土壤养分供应较多，所以有效肥力较高。因此，团粒结构能协调土壤养分的消耗和累积的矛盾，保肥供肥性能良好。

(4)具有良好的耕层结构，耕性好。团粒结构的特性使土质疏松，具有良好的耕层结构，能改良土壤的耕性，宜耕期长，耕作质量好，为植物根系的生长伸长创造良好条件。

拓展知识：如何让板结的土壤疏松透气

2.其他结构与土壤肥力

块状、核状、片状、柱状、棱状的土壤结构都是不良的结构体，总体表现均为孔隙状况不良，大小孔隙比例不协调，影响水气运动，造成土壤水气状况不良，保水保肥能力差。块状结构孔隙过大，大孔隙远多于小孔隙，不利于保水，容易漏风跑墒，出苗难；土块内部紧实，影响根系幼苗扎根。核状结构内部紧实，大孔隙少，小孔隙多，透气性不良，土性不好。片状结构主要存在于土壤表层和犁底层，在表层会影响土壤耕作、幼苗出土，会造成断垄，并且影响土壤气体交换和水分运动，在犁底层会影响植物根系深扎入土，限制营养范围，尤其是深根性植物，不利于植物生长。柱状和棱状结构，其内部更为坚硬，孔隙多细小，通气孔隙少，透气性差，根系难生长，干旱时易垂直纵向皲裂，造成跑水跑肥。

三、任务准备

土壤结构影响土壤孔隙性，从而影响土壤水、气、肥、热状况和土壤耕性。因此，鉴定土壤结构是观察土壤剖面的一个重要项目，也是分析土壤肥力的一项指标。本次实验为野外观察土壤结构体。按 2～3 人一组，将全班同学分为若干组，准备以下仪器和用具：铁锹、放大镜。

四、实施步骤

表 2-3-8　观察和判断土壤结构操作规程

工作环节	操作要点及要求
采集土壤结构体	在野外观察土壤结构时，通过土壤耕作或者土壤剖面挖掘等措施，在不同的土层挖出一大块土体，收集待测地土壤结构体样本，耕层土壤一般分 2 层采集。
判断结构体类型	顺着土体结构之间的裂隙，用手轻轻掰开，或轻轻摔于地上，使结构体自然散开，然后观察结构体的形状、大小，对照表 2-3-9，确定结构体类型。
判断结构体形态及孔隙性	用放大镜观察结构体面，判断有无黏粒或铁锰淀积形成的胶膜，并观察结构体的聚集形态和孔隙状况。
观察并判断结构体的力稳性和水稳性	用手指轻压结构体，看其散开后的内部形状或压碎的难易，也可将结构体浸泡于水中，观察其散碎的难易和散碎的时间，以了解结构体的水稳性。

政策法规："十四五"全国农业绿色发展规划（节选）

表 2-3-9　土壤结构类型及大小的区分标准

类型	形状	结构单位	大小/直径
结构体沿长、宽、高三轴平衡发育	块状：棱角不明显，形状不规则；界面与棱角不明显，表面不平整。	大块状结构 小块状结构 碎块状结构	>100 mm 100～50 mm 50～10 mm
	团状：棱面不明显，形状不规则，略呈圆形，表面不平。	大团块结构 团块状结构 小团块结构	50～30 mm 30～10 mm <10 mm
	核状：形状大致规则，表面较平整，有时呈圆形。	大核状结构 核状结构 小核状结构	>10 mm 10～7 mm 7～5 mm
	粒状：形状大致规则，有时呈圆形。表面平滑，大小均匀。	大粒状结构 粒状结构 小粒状结构	5～3 mm 3～1 mm <1 mm
结构体沿垂直轴发育	柱状：形状规则，明显的光滑垂直侧面，横断面形状不规则。	大柱状结构 柱状结构 小柱状结构	横断面直径 >50 mm 50～30 mm <30 mm
	棱柱状：表面平整光滑，棱角尖锐，横断面略呈三角形。	大棱状结构 棱状结构 小棱状结构	>50 mm 50～30 mm <30 mm
结构体沿水平轴发育	片状：有水平发育的节理平面。	板状结构 片状结构	厚度>3 mm <3 mm
	鳞片状：结构体小，局部有弯曲的节理平面。	鳞片状结构	
	透镜状：结构上、下部均为球面。	透镜状结构	

名家故事：熊毅：相伴泥土一辈子

五、作业与活动

1.学生作业

(1)简述土壤结构体和土壤结构性的概念及其关系。

(2)简述土壤团粒结构与土壤肥力的关系。

2.课外活动

全班分成若干个项目小组,利用业余时间,调查了解家乡不同结构类型土壤的特性,分析其形成条件,撰写一份调查报告。

随堂测试:观察土壤结构

任务四　分析土壤团聚体组成

一、任务要求

了解土壤团聚体的概念及其重要意义,掌握土壤水稳性大团聚体、土壤微团聚体的测定方法,会对测定结果进行分析,对土壤结构做进一步深入认定,结合土壤质地,对所分析的土壤进行农业利用价值评价。

二、相关知识

1.土壤团聚体

土壤团聚体是指土壤所含的大小不同、形状不一、有不同孔隙度和机械稳定性及水稳性的团聚体的总和。它是由胶体的凝聚、胶结和黏结而相互联结的土壤原生颗粒组成的。

2.土壤大团聚体

土壤中直径 0.25～10 mm 的团聚体称为土壤大团聚体。而由钙、镁、有机质、菌丝等物质胶结起来的土粒,在水中振荡、浸泡、冲洗而不易崩解,仍维持其原来结构的大团聚体,则称为土壤水稳性大团聚体。

3.土壤微团聚体

直径小于 0.25 mm 的团聚体称为土壤微团聚体。

PPT 课件:分析土壤团聚体组成

4.测定和分析土壤团聚体的意义

土壤的结构状况可以反映土壤水、肥、气、热的供应和协调能力,是土壤肥力的鉴定指标之一,对土壤的生产性能有重要影响,具有一定的指导生产的意义。土壤结构的稳定性可分为水稳性、力稳性和生物稳定性,土壤结构状况通常通过测定土壤团聚体来确定。测定土壤水稳性大团聚体,不仅可以了解土壤肥力状况,还可以了解土壤抗侵蚀能力;测定土壤微团聚体,对于了解土壤的通气性、透水性、黏结性和胀缩性有很大帮助。尤其对于黏质土壤和水田,微团聚体比大团聚体更重要,微团聚体可以判断土壤的潜在生产力，对评价土壤的农业利用价值有重要意义。

三、任务准备

按 2～3 人一组，将全班同学分为若干组，按测定项目准备仪器和用具。

1.测定土壤水稳性大团聚体仪器及用具

天平（感量 0.01 g），电热恒温干燥箱，1 000mL 沉降筒，水桶（直径 33 cm、高 43 cm），孔径为 10 mm、7 mm、5 mm、3 mm、1 mm、0.5 mm、0.25 mm 的土壤筛组（直径 20 cm、高 5 cm）和孔径为 5 mm、3 mm、2 mm、1 mm、0.5 mm、0.25 mm 的土壤筛组（直径 20 cm、高 5 cm）各一套，2 mm 土壤筛，附有固定筛子的铁夹子，大号铝盒（直径 5.5 cm），干燥器。

政策法规："十四五"全国农业绿色发展规划（节选）

2.测定土壤微团聚体仪器及用具

电热板、电热恒温干燥箱、往返式振荡机（振荡频率为 40～220 次/min）、天平（感量 0.000 1g，0.01 g 两种）、大漏斗（直径 12 cm）、大号铝盒（直径 5.5 cm）、0.25 mm 孔径标准筛、250 mL 振荡瓶、1 000 mL 沉降筒（直径约 6 cm，高约 45 cm）、土壤颗粒分析吸管装置。

四、实施步骤

1.测定和分析土壤水稳性大团聚体

对风干样品进行干筛后确定一定机械稳定下的团粒分布，然后将干筛法得到的团粒分布按相应比例混合并在水中进行湿筛，用以确定水稳性大团聚体的数量及分布（表 2-3-10）。

拓展知识：农田耕层土壤结构特征及其影响因素分析

表 2-3-10 测定和分析土壤水稳性大团聚体操作规程

工作环节	操作要点及要求
采集样品	（1）采样时掌握好土壤湿度，不宜过干或过湿，应在土不粘锹、经接触不变形时采取； （2）在采样时从下至上分层采取（注意：不要使土块受挤压，以保持原来结构状态）； （3）剥去土块外面直接与土锹接触而变形的土壤，均匀地取内部未变形的土壤约 2 kg，置于封闭的木盒或白铁盒内，运回室内备用。
制备样品	（1）带回的土壤沿自然结构面轻轻剥成 10～12 mm 直径的小土块，弃去粗根和小石块等杂物（注意：剥样时应沿土壤的自然结构而轻轻剥开，避免受机械压力而变形），然后将样品放置室内通风处风干； （2）取上述风干土一部分，压碎，过 2 mm 筛，混合均匀后，供测土壤水分用。
测定土壤水分（干基）含量	称取 10 g 土壤，按 NY/T 52—1987 规定的方法测定土壤含水量，即使用烘干法进行测定。

续表2-3-10

工作环节	操作要点及要求
干筛	(1)用感量天平称取风干土样 500 g 左右(m,精确到 0.01 g),装入孔径从上至下顺序依次为 10 mm,7 mm,5 mm,3 mm,2 mm,1 mm,0.5 mm,0.25 mm 的筛组(包含筛盖和筛底)的最上层。 (2)装好土壤样品后,往返匀速筛动筛组至样品过筛完全。从上向下依次取下筛子,在分开每个筛子时要用手掌在筛壁上敲打几下,震落其中塞住孔眼的团聚体,但不可用手碾压,以免改变土壤粒度。 (3)分别收集>10 mm,10～7 mm,7～5 mm,5～3 mm,3～2 mm,2～1 mm,1～0.5 mm,0.5～0.25 mm 和底盒中<0.25 mm 的各级土粒,称重(m_i),并计算各级干筛团聚体的百分含量(精确到小数点后一位)。
干筛各级土粒含量结果计算	结果计算: 某粒级范围土粒含量=某粒级范围土粒重量 m_i/风干土样 $m\times100\%$
湿筛	(1)根据干筛法求得的各级团聚体的百分含量,把干筛分取的风干土壤样品按比例配成 50.00 g。例如:5～3 mm 粒级占总土粒的 15%,则该粒级土粒应该配 50×15%=7.5 g,3～2 mm 粒级占总土粒的 8%,则该粒级土粒应该配 50×8%=4 g。(注意:为了防止在湿筛时堵塞筛孔,不把<0.25 mm 的团聚体倒入准备湿筛的样品内,但在计算取样数量和其他计算中都需计算这一数值。) (2)将按比例配好的样品倒入 1 000 mL 沉降筒,沿筒壁缓慢灌水,使水由下部逐渐湿润至表层,并达到饱和状态为止。 (3)将样品在水中浸泡 10 min 后,沿沉降筒壁灌水至标线,塞住筒口,然后把沉降筒颠倒过来,直至筒中土样完全沉到筒口处。然后再把沉降筒倒转过来,至土样全部沉到底部,如此反复倒转 10 次,使样品充分分散。 (4)用白铁(或其他金属)薄板将一套孔径从上至下依次为 5 mm,3 mm,2 mm,1 mm,0.5 mm,0.25 mm 的筛子夹住,放入盛有水的水桶中,水面应高出筛组上缘 10 cm。 (5)将沉降筒倒转过来,筒口置于最上层筛子上,待土样全部沉到筒口处,拔去塞子,在筛子上缓慢平移沉降筒,使土样均匀地分布在整个筛面上,缓慢取出沉降筒。 (6)将筛组缓慢提起、迅速沉下(注意:提起时勿使样品露出水面,沉下时勿使水面漫过筛组顶部),重复 10 次。取出上部三个筛子(5 mm,3 mm,2 mm),再将下部三个筛子(1 mm,0.5 mm,0.25 mm)重复上述操作 5 次,以洗净下部 3 个筛子中的水稳性团聚体表面的附着物。 (7)将筛组分开,将各级筛子上的样品分别转移到已知恒重的铝盒中。 (8)将铝盒置于电热恒温干燥箱,在 60～70℃ 烘至近干,然后在 105～110℃ 下干燥约 6 h,取出铝盒,在干燥器中冷却至室温称重,重复操作,直至恒重。
湿筛各级土粒含量结果计算	土壤水稳性大团聚体数值以百分含量(%)表示,按下列公式计算: 各级水稳性大团聚体含量=各级水稳性大团聚体烘干重(g)/烘干样品重(g)×100% 土壤水稳性大团聚体总和(%)=各级水稳性大团聚体烘干重(g)之和 各级水稳性大团聚体占水稳性大团聚体总和的百分含量=各级水稳性大团聚体烘干重(g)/土壤水稳性大团聚体总和(g)×100%

名言警句

为什么我的眼里常含泪水?因为我对这土地爱得深沉。

(艾青)

参考资料:测定和分析土壤水稳性大团聚体数据记录表

续表2-3-10

工作环节	操作要点及要求
湿筛各级土粒含量结果计算	土壤水稳性大团聚体含量=土壤水稳性大团聚体总和(g)/烘干样品重(g)×100% 请将测定结果填写入副栏记录表中

注意事项:如土壤质地较轻,经干筛和湿筛后,各粒级中有石块、石砾、植物残体和沙粒,应将石块、石砾和植物残体挑出。若这一层筛中全部为单个沙粒,这些沙粒也应弃去,但结合在大团聚体中的沙粒与细砾不应挑出,应包括在大团聚体中。计算时,土样的质量应扣除全部被挑出的石块、石砾、植物残体和沙粒的质量,再换算出各粒级团聚体的质量分数。同时做 2 个平行测验,其结果的绝对差值应小于 3%。

2.测定和分析土壤微团聚体

根据斯托克斯定律,按照不同直径微团聚体的沉降时间,将悬液分级,用吸管分别吸取各粒级悬液后烘干称重。在分析过程中用振荡方式分散样品,而不加入化学分散剂(表 2-3-11)。

表 2-3-11　测定和分析土壤微团聚体操作规程

工作环节	操作要点及要求
采集样品	同表 2-3-10,测定和分析土壤水稳性大团聚体操作规程。
制备样品	同表 2-3-10,测定和分析土壤水稳性大团聚体操作规程。
测定土壤水分(干基)含量	同表 2-3-10,测定和分析土壤水稳性大团聚体操作规程。
样品分散处理	(1)用精密天平称取通过 1 mm 筛的风干土壤样品 10 g(精确到 0.000 1g),倒入 250 mL 振荡瓶中,加蒸馏水 150 mL,静置浸泡 24 h。 (2)将盛有样品的振荡瓶在往返式振荡机上振荡 2 h(振荡频率为 160～180 次/min)。
分取<0.25 mm 粒径土粒	在 1 000mL 沉降筒上放一大漏斗,将 0.25 mm 孔径洗筛置于漏斗上,将振荡后的土液均匀倒在筛上,用蒸馏水淋洗土样,使<0.25 mm 粒径土粒全部洗入沉降筒中,定量至 1 000mL。
称重>0.25 mm 粒径土粒	将筛内未洗入沉降筒的土粒转移至已知恒重的铝盒中,将带土铝盒置于电热恒温干燥箱中,在 60～70℃烘至近干,然后在 105～110℃温度下烘至恒重,取出后放入干燥器中冷却至室温,称重(精确到 0.000 1g)。
自由沉降	用塞子塞紧沉降筒口,上下颠倒 1 min,各约 30 次,使悬液均匀分布,然后静置于桌面上,使土壤颗粒自由沉降。
测定悬液温度确定吸液时间	测定沉降筒中悬液温度,查表 2-3-4,找出各级微团聚体的吸液时间。
分取各微粒级土粒	再按不同粒级相应的沉降时间,用 25 mL 吸管或颗粒分析吸管分别吸取<0.05 mm,<0.01 mm,<0.005 mm 及<0.001 mm 粒级悬液,分别移入已知恒重的 50 mL 烧杯中,用蒸馏水冲洗吸管,使附于管壁的悬液全部移入 50 mL 烧杯中。

参考资料:测定和分析土壤微团聚体数据记录表

续表2-3-11

工作环节	操作要点及要求
称重	将装有悬液的烧杯置于电热板上蒸干后，放入烘箱(105～110℃)中烘至恒重，取出后放入干燥器内冷却至室温，称重(精确到0.000 1 g)。
结果计算	(1)小于某粒径微团聚体含量的计算 小于某粒径微团聚体含量＝25 mL吸液中小于某粒径微团聚体重量(g)×40(即分取倍数)/烘干土样(g)×100% (2)大于0.25 mm粒径团聚体含量的计算 大于0.25 mm粒径团聚体含量＝洗筛中团聚体重量(g)/烘干土样(g)×100% (3)小于1 mm粒径的各级团聚体百分数的计算 计算方法同土壤质地测定结果计算方法，请将测定结果填写入副栏记录表中。

注意事项：①如果土样为盐渍化土，则用分析样品的水浸提液代替蒸馏水作为沉淀颗粒的介质。其制备方法是，称取小于1 mm样品40 g，加蒸馏水1 000mL，摇动10 min，静置24 h，上部的清液即为所需的水浸提取液。②过筛时，切不可用橡皮头玻棒搅拌或擦洗，以免破坏土壤微团聚体结构。③同时做两个平行测验，其测定结果的绝对差值：黏粒级(＜0.001 mm)≤1%；粉沙粒级(≥0.001 mm)≤2%。

五、作业与活动

1.学生作业

(1)阐述测定土壤团聚体的意义。

(2)讲述测定土壤团聚体的步骤。

2.课外活动

全班分成若干个小组，讨论在分析土壤的微团聚体时，为什么分散处理不加化学分散剂而采用振荡方式。

随堂测试：分析土壤团聚体组成

任务五　改良土壤结构

一、任务要求

了解土壤结构形成过程，能够提出土壤结构改良措施，掌握土壤结构改良方法，会运用这些方法培育土壤团粒结构。

二、相关知识

土壤结构的形成分为两个阶段：即土粒的团聚过程和结构的成形过程，无论哪个阶段，都包括了物理、化学、生物过程。

1.土粒的团聚过程

土粒的团聚过程是指单个土粒聚集在一起形成复粒，复粒又进一步

名言警句

要较多地懂得农业，还要懂得土壤学。

（毛泽东）

团聚成土块、土团或微团聚体的过程。这一过程是在一定的作用机制下进行的，主要机制有：

（1）土壤胶体的凝聚作用　分散在土壤溶液中的胶体颗粒在电解质的作用下相互凝聚，形成粒径约 0.05 mm 的复粒。

（2）胶结物质的胶结作用　土壤颗粒或微团聚体通过土壤中的胶结物质（如黏土矿物、含水氧化物、有机胶体等），使它们相互团聚在一起，形成大团聚体。

（3）生物活动的外力作用　通过人类耕作活动如农机具的挤压、作物根系伸长生长；通过土壤生物如微生物及其菌丝体的生长缠绕、土壤动物的破碎、搅拌和混合等作用，都能使土粒或微团聚体聚集成更大的团聚体。

2.结构的成形过程

团聚体又在不同外力的长期作用下形成相应类型的土壤结构体。主要的外力有：

（1）冻融交替作用　冻融交替作用是土壤形成过程中地质大循环的主要因素之一，在从岩石到母质过程中起重要作用，与此同时在土壤形成后也不会消失，它参与土壤的进一步深入熟化过程。土壤水结冰，再由冰化成水的过程中，沿土块孔隙产生压力，土体破碎，导致大土块变成松散细碎的结构体。

PPT 课件：改良土壤结构

（2）干湿交替作用　土壤含水量发生变化时，团聚体内部的液相、气相状况发生变化，或孔隙受到挤压，沿土块缝隙破裂形成小土块，或微团聚体收缩凝聚，变成更大的土块。

（3）生物作用　主要指植物根系在土块中的穿插、挤压、土壤动物的挖掘（如蛇、鼠、蚯蚓）等，使大土块的块状结构破碎成小的土壤结构体。

（4）人类活动的作用　农业生产上的翻耕措施，目的就是疏松土壤，通过犁、耙、锄等农艺措施破碎紧实土块，破除原有结构形成小的土壤结构体。

团粒结构是良好的土壤结构体，是土壤水、肥、气、热的“良好调节器”。人类的土壤改良活动往往是根据影响土壤结构形成的因素，紧紧围绕如何促进团粒结构的形成来创造条件而开展的。

拓展知识：冻融循环作用对土壤结构变化的影响研究

三、任务准备

按 2～3 人一组，将全班同学分为若干组，通过查阅相关土壤肥料书箱、杂志、网站，走访当地有经验的种植户和种植企业，总结当地改良不良结构体、培育团粒结构的经验做法。

四、实施步骤

表 2-3-12　改良土壤结构方法和措施要求

工作环节	操作要点及要求
土壤结构状况调查	通过土壤耕作、土壤剖面挖掘等措施，必要时进行土壤团聚体测定，调查了解当地土壤不良结构体状况，明确存在哪些不良结构体。
增施有机肥	有机质是良好的土壤胶结剂，是团粒结构形成不可缺少的物质。增施有机肥料，可以提高土壤有机质含量，进一步增强土壤胶结能力，促进水稳性团粒结构的形成。但应注意施用腐熟的有机肥，根据当地土壤肥力和植物种类确定施用量。
调节酸碱度	对于酸性、碱性土壤，分别用石灰、石膏进行调节，能增加钙离子含量，促进形成团粒结构。但应该注意根据土壤酸碱度和植物种类确定施用量，对于强酸强碱土壤，应全层施入，与土壤充分混匀。
合理耕作	结合土壤墒情和植物生长情况适时深耕、镇压、中耕等，破除土壤板结，破碎块状与核状结构，进一步疏松土壤，增厚耕作层，增加非水稳性团粒结构。
合理轮作	适时采取粮—肥、粮—草、粮—休、粮—豆、水—旱轮作，即用地植物与养地植物轮作，至少每 3～4 年轮作一次，避免长期连作，用养结合，使土壤养分达到平衡。
科学水分管理	有条件的地区应采用合理的灌溉方法，如沟灌、喷灌、滴灌，避免大水漫灌，灌后及时疏松表土，防止板结。休闲期晒垡、冻垡。
施用土壤改良剂	选用适宜的土壤改良剂，在土壤含水量为田间持水量的 70%～90%时，喷施或干粉撒施，犁耙均匀即可。施用量一般为耕层土重的 0.01%～0.1%，创造的团粒结构能保持 2～3 年。土壤改良剂一般分两种类型：一种是从植物残体、泥炭、褐煤或腐殖质中提取的腐殖酸，制成天然的土壤结构改良剂，是良好的土壤胶结剂，其生产成本高，价格昂贵，难以广泛应用。另一种是人工合成的结构改良剂，如常用的有水解聚丙烯腈钠盐和乙酸乙烯酯，它们具有较强的黏结力，能使分散的土粒团聚在一起形成稳定的团粒，水稳性、力稳性和生物稳定性均较高，团粒孔隙适宜。
总结土壤结构改良经验	撰写土壤结构改良调查报告，内容简洁、依据充分、建议合理、措施得当。

五、作业与活动

1.学生作业

简述土壤结构形成的阶段及其影响因素有哪些？

2.课外活动

全班分成若干个项目小组，利用业余时间查阅相关资料，结合当地农户创造土壤团粒结构的经验做法，选取当地有代表性的不良结构土壤，有针对性地提出改良措施，撰写一份土壤结构改良方案。

典型案例：辣椒种在山上，第一步就是改良土

拓展阅读：新型土壤结构改良剂——液体生态地膜

随堂测试：改良土壤结构

任务六　测定土壤孔隙度

一、任务要求

理解什么是土壤密度和土壤容重，了解土壤容重的测定原理，掌握土壤容重的测定方法，并能计算出土壤孔隙度。

学习视频：土壤容重的测定

二、相关知识

1.土壤密度

土壤密度（soil particle density），又称土壤比重，是指单位体积土粒（不包含粒间孔隙）的烘干土重量，单位是 g/cm^3。土壤密度的大小与土壤的化学、矿物质组成和有机质含量有关。因此，土壤的固相组成不同，其密度值也不同。一般土壤的密度多在 2.6～2.8 g/cm^3 范围内，有机质含量高的土壤密度较低，可以用它和土壤容重的数据计算出土壤总孔隙度。由于土壤有机质含量并不高，所以一般情况下，计算时通常采用平均密度值 2.65 g/cm^3。

2.土壤容重

土壤容重（soil bulk density），也称“土壤假比重”，是指在田间自然状态下，单位体积土壤（包含粒间孔隙）的烘干土重量，单位是 g/cm^3。土壤容重的大小随着土壤三相的变化而变化，土壤孔隙越多，容重越小，反之亦然。一般含矿物质多而结构差的土壤（如沙土），土壤容重在 1.4～1.7 之间；含有机质多而结构好的土壤（如农业土壤），在 1.1～1.4 之间。土壤容重可作为土壤熟化程度指标之一，熟化程度较高的土壤，容重常较小。土壤容重与土壤密度的区别如图 2-3-4。

名言警句

让我和草木为友，和土壤相亲，我便已觉得心满意足。我的灵魂很舒服地在泥土里蠕动，觉得很快乐。

（林语堂）

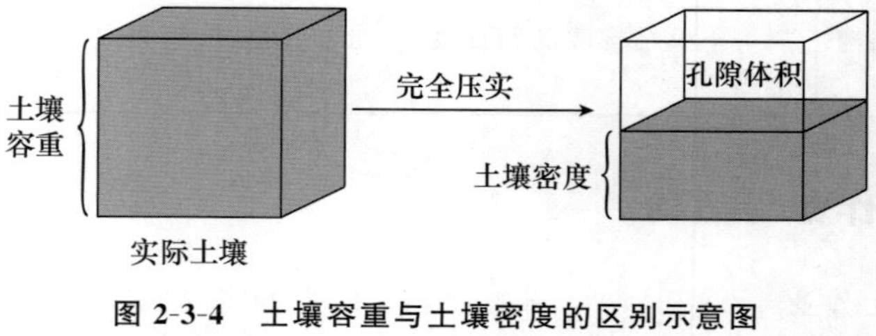

图 2-3-4　土壤容重与土壤密度的区别示意图

3.土壤孔隙度

土壤孔隙度是指自然状态下，单位体积土壤中孔隙体积占土壤总体积的百分数，它是衡量土壤孔隙的数量指标，包括了土壤液相容积和气相容积。

总孔隙度＝1－固相率＝液相率＋气相率。

4.土壤容重的作用

土壤容重是一个十分重要的基本数据，在农业生产上经常使用，主要体现在以下几个方面。

(1)计算一定面积耕层土壤的质量　计算公式为:

$$M=D\times S\times H$$

式中 M——一定面积耕层土壤的重量(g 或 t),D—容重(g/cm^3 或 t/m^3),S—耕层面积(m^2),H—耕层深度(m)。

(2)计算土壤组分储量　根据一定面积土壤质量可以计算土壤中水分、养分、盐分、有机质等组分重量。例如,测得土壤速效钾含量为 12 g/kg,则一定面积、一定深度耕层土壤的速效钾储量计算公式为:

$$M_0=D\times S\times H\times 12\div 1\ 000$$

(3)计算排/灌水的定额　根据实际测得土壤含水量的 W_1,要求灌水后达到 W_2,则一定面积、一定深度耕层土壤的灌水量计算公式为:

$$M_w= D\times S\times H\times (W_2-W_1)$$

(4)计算土壤孔隙度　土壤孔隙度是判断土壤松紧程度的指标。相同质地的土壤,其容重过小表明土壤处于疏松状态,容重过大表明土壤处于紧实状态。土壤孔隙度一般不直接测定,而是由土壤密度和土壤容重计算得出,计算公式为:

$$土壤孔隙度(P_1)=[1-(土壤容重/土壤密度)]\times 100\%$$

5.影响土壤容重的因素

影响土壤容重的因素有土壤质地、结构、有机质含量、紧实度等,主要通过影响孔隙而影响容重。

PPT 课件:测定土壤孔隙度

三、任务准备

土壤容重的测定方法有环刀法、水银排出法、蜡封法、温度-密度仪法等。本实验任务采用传统的环刀法。按 2～3 人一组,将全班同学分为若干组,每组准备以下材料和用具:钢制环刀(图 2-3-5)(100 cm^3 或 200 cm^3),天平(感量 0.01 g,0.001 g)、恒温干燥箱、干燥器、削土刀、锤子、小铁铲、铝盒、酒精、草纸、剪刀、滤纸等。

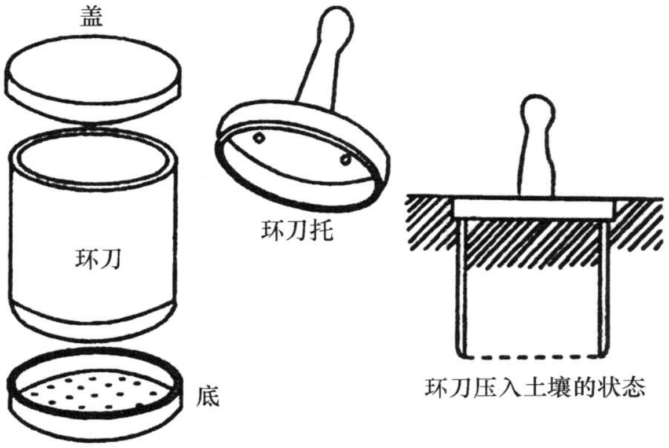

图 2-3-5　环刀示意图

(引自《土壤学实训教程》,任红梅、郝立冬、魏雅冬、张淑花,2019)

四、实施步骤

采用重量法原理，即用一定容积（100 cm^3 或 200 cm^3）的环刀，先称取其重量，然后到田间采挖结构未被破坏的原状土，使土壤充满其中，烘干后称重，通过前后差值换算出环刀内的烘干土重，先计算出容重值，再利用公式计算出土壤孔隙度（表 2-3-13）。

拓展知识：国内土壤容重测定方法综述

表 2-3-13　测定土壤容重、计算土壤孔隙度的操作规程

工作环节	操作要点及要求
取样前称重	检查环刀是否配套，一组环刀包括环刀、上下盖和环刀托。用草纸将环刀擦干净，根据采样需要，称取数个环刀（加上下盖）的重量，分别编号、记录 G_i；同时称取数个干净的铝盒重量，分别编号、记录 W_1；然后带上取样工具到田间取样。
选点	按照表 2-1-1 土壤样品采集操作要点及要求中的“合理布点”选取有代表性的取样地点。 （1）测定耕层土壤容重时：用铁铲将取样点地表约 1 cm 厚带杂质的土壤去除，铲平地表。 （2）测定不同层次土壤容重时：先在选点处挖掘土壤剖面，按剖面层次，自上而下分层采样。
取土	（1）耕层土壤取样：将环刀刃口向下垂直于地面，把环刀托套在环刀非刃口的一端上，用锤子助力环刀托推动环刀压入土中，直至环刀托盖表面与地表平行即可，此时环刀筒内已充满土，也没有挤压土壤。操作锤子用力要均匀，使环刀平稳切入土中，避免土壤受到环刀强烈振动、挤压、侧压而导致结构破坏。取三个重复，采样深度要保持一致。 （2）测定不同层次土壤取样：将环刀刃口垂直于土壤层次剖面，其他操作同耕层土壤取样。按剖面层次，自上而下分层采样。每个层次三个重复，采样深度要保持一致。
取样后称重	用铁铲将环刀周围的土壤小心挖去，从环刀下方切断，并使其下方留有一些多余的土壤。用削土刀将环刀两端多余的土壤小心削平，使土面与刀口平齐，并擦干净环刀外面的土壤，立即两端加盖并称重（M_i），对应编号分别记录。如果不能立即称重，需带回实验室，则应该两端加盖后，做好遮挡以防水分蒸发影响称重。
测定土壤含水量	（1）在取样时，在同层取样处，用已知重量的铝盒取 20 g 左右土样，对应编号分别记录重量（W_2），用酒精燃烧法测定土壤自然含水量，最后称铝盒＋干土重（W_3）。 （2）或回到实验室，将已称重的带土环刀内的土取出放于托盘上，快速混匀，称取 20 g 左右的土放在已知重量的铝盒中，对应编号记录重量（W_2），用酒精燃烧法测定土壤自然含水量，最后称铝盒＋干土重（W_3）。 （3）或将已称重的带土环刀带孔的一端朝上，放在托盘上，放入 105℃左右的电烘箱内烘 6～8 h，直至恒重 M_x。 （要求：测定不少于三次重复，允许平行绝对误差＜0.03 g/cm^3，取算术平均值。）

续表2-3-13

工作环节	操作要点及要求
计算土壤容重	按上面测定土壤含水量中(1)(2)方法测定土壤自然含水量时，土壤容重计算公式： $$土壤容重\ d(g/cm^3)=\frac{(M_i-G_i)\times 100}{V(100+W)}$$ 式中：M_i—环刀＋湿土重(g)；G_i—空环刀重(g)；V—环刀容积(cm^3)；W—土壤含水量(%)。 按上面测定土壤含水量中(3)方法测定土壤自然含水量时，土壤容重计算公式为： $$土壤容重\ d(g/cm^3)=\frac{(M_x-G_i)}{V}$$ 式中：M_x—环刀＋烘干土重(g)；G_i—空环刀重(g)；V—环刀容积(cm^3)。
计算土壤孔隙度	土壤孔隙度计算公式： 土壤孔隙度 P_1(%)=[1－(土壤容重/土壤密度)]×100% (式中，土壤密度采用 2.65 g/cm^3) 土壤毛管孔隙度 P_2(%)=土壤田间持水量×土壤容重 土壤非毛管孔隙度 $P_3(\%)=P_1-P_2$
计算土壤三相比	土壤三相比计算公式： 气相：液相：固相＝(总孔隙度－含水率)：含水率：(1－总孔隙度)
判断土壤松紧状况	将以上实验数据及结果记入副栏记录表，根据数据做出判断。 旱地土壤容重、孔隙度和松紧状况的判断标准： 土壤容重＜1.00 g/cm^3，则孔隙度＞60%，土壤极松； 土壤容重 1.0～1.14 g/cm^3，则孔隙度 60%～55%，土壤疏松； 土壤容重 1.14～1.26 g/cm^3，则孔隙度 55%～52%，土壤适度； 土壤容重 1.26～1.30 g/cm^3，则孔隙度 52%～50%，土壤稍紧； 土壤容重＞1.30 g/cm^3，则孔隙度＜50%，土壤紧密。

参考资料：测定土壤孔隙度记录表

五、作业与活动

1.学生作业

(1)简述土壤容重和土壤密度的区别。

(2)简述土壤容重的作用有哪些？

2.课外活动

全班分成若干个项目小组，利用业余时间调查家乡主要种植作物地块的土壤容重和土壤孔隙度，结合观察了解作物生长状况，判断当前土壤孔隙度对作物生长的适宜性如何，是否需要改良？

随堂测试：测定土壤孔隙度

任务七　调节土壤孔隙性

一、任务要求

了解土壤孔隙的数量、类型，理解调节土壤孔隙性的原则，掌握调节土壤孔隙性的方法措施，会调节当地不同类型土壤的孔隙性。

二、相关知识

土壤孔隙性质（简称土壤孔隙性）是指土壤孔隙总量、大小及其比例分布的性质，它对土壤肥力有重要影响。

1.土壤孔隙的数量

土壤孔隙的数量常以土壤孔隙度来表示。土壤孔隙度一般不直接测定，而是由土壤密度和容重计算得出。土壤孔隙度的变幅一般在30%～60%，适宜于植物生长发育的耕作层土壤孔隙度为50%～56%。

2.土壤孔隙类型

由于土壤孔隙的大小、形状各异，通常用当量孔径来区分土壤孔隙类型。当量孔径是指与一定的土壤水吸力相当的孔径。土壤水吸力与当量孔径间的关系是：$d=3/s$（式中：d—当量孔径；s—土壤水吸力），水吸力与当量孔径呈负相关关系。

根据土壤孔隙的通透性和持水能力，可将其分为3种类型，如表2-3-14所示。

学习视频：土壤孔隙度的计算与调节

表2-3-14　土壤孔隙类型及性质

孔隙类型	当量孔径/mm	土壤水吸力/kPa	主要作用
通气孔隙	>0.02	<15	起通气透水作用，平时常被空气占据，下雨时为重力水的排水通道，通常是原生动物、真菌、植物根系的栖息地。
毛管孔隙	0.02～0.002	15～150	在毛管力的作用下，水分可以移动，可以被植物吸收利用，是土壤水的主要储存形式，起到保水蓄水的作用，植物的根毛和细菌可在里面生活。
无效孔隙（非活性孔隙）	<0.002	>150	孔径极细，水分被土壤颗粒牢牢吸附，多为吸湿水或膜状水，移动困难，不能被植物吸收利用，根系和空气不能进入。

PPT课件：调节土壤孔隙性

3.土壤孔隙性的重要性

相同质地的土壤，其容重过小表明孔隙度极松，容重过大表明孔隙度极紧。土壤过松过紧，对植物的生长发育都是不利的，过松则通气透水性强，容易漏风跑墒；过紧则通气透水性差，阻碍根系伸长生长，严重的会产生毒害作用。

4.影响土壤孔隙性的因素

土壤的矿物组成和含量、土壤有机质含量、土壤质地、土壤结构、土壤松紧度以及人类活动，都会影响土壤的孔隙性。

5.调节土壤孔隙性应遵循的原则

土壤孔隙类型比例原则：适宜于植物生长发育的耕作层土壤总孔隙度为50%～56%，通气孔隙在10%以上，达到15%～20%更佳，毛管孔隙∶非毛管孔隙＝2∶1，尽量降低无效孔隙。

土体内部孔隙分布原则：同一土体内，孔隙的垂直分布应为“上虚下实”。“上虚”是指耕作土壤的耕层要疏松一些，利于通气透水、种子种苗破土出苗，促进微生物活动，提高矿质养分转化能力，提高土壤养分供给能力；“下实”是要求下层土壤稍紧实一些，有利于保水保肥和稳扎根系，尤其利于水田托水托肥。“上虚”与“下实”只是相对而言的，“下实”不是坚实，也要保持一定数量的通气孔隙，有利于多雨季节增强排水功能，有利于改善下层土壤的通气状况和微生物活动，有利于根系伸长生长，扩大营养范围，这对于深根性植物尤为重要。

政策法规：“十四五”全国农业绿色发展规划(节选)

三、任务准备

按2～3人一组，将全班同学分为若干组，通过查阅相关土壤肥料书籍、杂志、网站，走访当地有经验的种植户和种植企业，总结当地调节和改善土壤孔隙性的经验做法，按表2-3-15完成土壤孔隙性调节任务。

四、实施步骤

表2-3-15　调节土壤孔隙性的方法和措施要求

工作环节	操作要点及要求
调查当地土壤孔隙状况	按照表2-3-13的方法，选择当地有代表性的植物类型和土壤类型，测定土壤容重和计算土壤孔隙度，判断土壤孔隙状况。
减少土壤压实	土壤压实是指在农事操作田间作业过程中，因农机具压力、人畜力的踩踏等造成的土壤由松变紧的现象。要保持良好的土壤孔隙度，应做到：一是在宜耕期进行田间作业；二是尽量实行农机联合作业，减少作业次数；三是根据情况可选择免耕或少耕，采用地膜覆盖等农业措施，减少中耕除草次数。
增施有机肥	增施有机物料，可改善土壤结构，进而改善土壤孔隙度，提高土壤通气透水性能。

拓展知识：有机肥配施对中国农田土壤容重的影响分析

续表2-3-15

工作环节	操作要点及要求
合理轮作	实行粮肥轮作，土壤得到休养生息，绿肥翻压入土，提高土壤有机质含量，可以改善土壤孔隙度；水旱轮作，改变土壤的水热状况，破除土壤不良结构，可以改善土壤孔隙度。
合理耕作	过紧的土壤，采用深耕结合施用有机肥，配合中耕等措施，提高土壤的总孔隙度；过松的土壤，采用镇压等措施，压紧土壤，减少大孔隙数量，增加毛管孔隙数量。通过合理耕作，使过紧过松的土壤孔隙度达到合理范围。
工程措施	采用工程措施改造夹层障碍土土壤，能够改善土壤质地，进而改善土壤孔隙度。
总结土壤孔隙度调节经验	根据第一步的调查结果，给当地提出有针对性地土壤孔隙度调节方案，并撰写一份调查报告。要求做到事实确凿，论据充分，建议合理。

五、作业与活动

1.学生作业

（1）简述土壤孔隙类型。

（2）阐述改良土壤孔隙度应遵循的原则。

2.课外活动

全班分成若干个项目小组，利用课余时间调查家乡主要种植作物地块的容重、土壤孔隙度，结合作物生长状况，判断当前土壤孔隙度对作物生长的适宜性，并撰写一份改良方案。

随堂测试：调节土壤孔隙性

任务八　观察与判断土壤耕性

一、任务要求

了解土壤力学性质、特点及其与耕性的关系，能根据观察到的性状正确判断土壤耕性优劣。

二、相关知识

（一）土壤耕性

土壤耕性是指土壤耕作时和耕作后表现出来的特性，它是土壤物理机械性的综合表现。土壤耕性的优劣可从以下标准来判断。

名言警句

珍惜和保护土壤资源是我们义不容辞的责任

（赵其国）

1.耕作难易程度

即耕作阻力的大小。一般沙质土和结构良好的壤质土耕作阻力小，易于耕作；而结构不良的黏质土则因黏结性和黏着性强，耕作阻力大，耕作困难。在耕作时人们常说的“土轻”“口松”“绵软”是土壤易于耕作的表现，而“土重”“口紧”“僵硬”则表示土壤耕作困难。

2.耕作质量优劣

是指耕作后所表现出来的土壤状况。耕作后土垡松散易耙碎，土壤疏松多孔，通气透水状况良好，有利于植物生长发育的称为耕作质量好。黏结性和可塑性强的土壤，需要掌握在非可塑性水分范围内耕作，否则耕作质量差。

3.宜耕期长短

是指适宜耕作的时间长短。土壤含水量低于可塑下限或高于可塑上限时为宜耕期，前者为干耕，后者为湿耕。一般来说宜耕期长的土壤，耕性好，宜耕期短的土壤，耕性不良。

PPT 课件:土壤耕性观察与改良

（二）土壤力学性质

土壤力学性质又称土壤物理机械性，包括黏结性、黏着性、可塑性和胀缩性，以及其他外力作用而使土壤发生变形的性质。土壤力学性质与土壤耕性密切相关。

1.土壤黏结性

土壤黏结性是指土粒与土粒之间由于分子引力而相互黏结在一起的性质。土壤黏结力主要包括范德华力、库伦力、氢键、化学键、水膜表面张力。土壤总含有水分，在土粒外面总是吸附着一层水分子，土粒与土粒的黏结作用实际上是通过它们的水膜和水化离子起作用，它是土粒—水膜—土粒之间的黏结作用。

影响土壤黏结性的因素主要有土壤含水量、土壤比表面和土壤有机质（图 2-3-6）。

拓展知识:土壤是最珍贵的自然资源

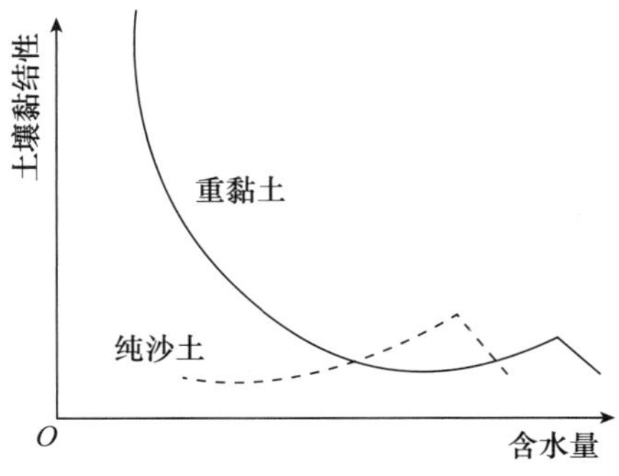

图 2-3-6　土壤黏结性与土壤含水量

（引自《土壤肥料》，第 4 版，宋志伟、王阳，2015）

土壤含水量的多少对土壤黏结性的影响很大，在适度的含水量时土壤黏结性最强。完全干燥和分散的土壤，没有黏结性，随着含水量增加，在水分子引力的作用下，黏结性增强，当水膜分布均匀并且在所有土粒的接触点上出现水弯月面时，黏结力达到最大值；当水分继续增加时，水膜层增厚，土粒距离增大，引力变小，黏结性渐弱。

土壤比表面与土壤质地有关，土壤质地越黏重，黏粒含量越高，比表面越大，其黏结性越强，反之黏结性越弱(沙地)。

土壤有机质可以提高沙土的黏结性，降低黏土的黏结性。土壤黏结性越强，耕作阻力越大，耕作质量越差。

2.土壤黏着性

土壤黏着性是指土粒黏附在外物(农具)上的性能(图 2-3-7)。黏着性实际上是指土粒—水—外物相互吸引的性能。土壤质地、土壤有机质对土壤黏着性的影响与对土壤黏结性的影响相同。土壤黏着性越强，附着在农具上的能力就越强，则耕作阻力越大，耕作质量越差。

名言警句

土壤"吃"了什么，人类就吃了什么。因此必须重视土壤健康，包括肥料的使用、土壤中各类化学元素的含量、微生物的组成等。

(朱永官)

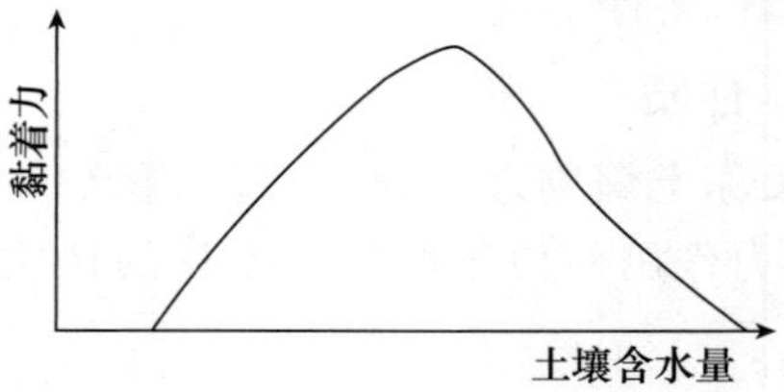

图 2-3-7　土壤黏着性与土壤含水量

(引自《土壤肥料》，第 4 版，宋志伟、王阳，2015)

3.土壤可塑性

土壤可塑性是指土壤在一定的含水量范围内可以被外力造型，并且在外力消失或干燥后仍能保持这种造型的性能。干燥的或完全没有黏结性的土壤没有塑性(如沙土)。土壤刚表现出塑性时的含水量为下塑限，土壤塑性消失并开始形成流体流动时的含水量为上塑限，二者之差为塑性指数。

土壤塑性的强弱与土壤比表面、土壤质地、黏土矿物类型、交换性阳离子、有机质含量、土壤结构、土壤溶液组成等有关。土壤黏粒含量越高，土壤质地越黏重，可塑性越强；2∶1 型蒙脱类矿物的塑性最强，氧化物铁铝胶粒几乎无塑性。塑性强的土壤，其耕性往往不好。

4.土壤胀缩性

土壤胀缩性是指土壤的体积随着土壤含水量的增加而发生膨胀或者随着土壤含水量的蒸发而收缩的性能。土壤质地、黏土矿物、有机质含量、交换性阳离子种类、土壤结构等是影响土壤胀缩性的主要因素，因此胀缩性强的土壤往往黏重而贫瘠。

拓展知识："十四五"全国农业绿色发展规划(节选)

三、任务准备

按 2～3 人一组，将全班同学分为若干组，选择一处田块，准备以下材料及用具：犁、耙、锄头等，对田块进行犁、耙操作，观察和判断土壤耕性优劣。

四、实施步骤

表 2-3-16　观察和判断土壤耕性的操作规程和要求

工作环节	操作要点及要求
选取田块	根据种植规划,提前一周选取一处准备播种或移栽种植的田块。
试犁判断耕作阻力	在选取的田块上进行试犁,根据土壤质地、土壤墒情综合判断土壤耕作阻力,确定耕作难易程度。阻力小,易耕作为耕性好。
评判耕作质量	根据试犁时土垡松散情况、土块大小、耙碎情况等评判耕作质量。耕作质量好的表现为:土垡松散易耙碎,不成土块,土壤疏松,孔隙状况良好。
判断宜耕期长短	一是观察地表干湿状况。地表外白里湿,黑白相间,半干半湿状态时为宜耕期。二是试犁时观察“犁花”情况。土垡能被抛散而不黏附在农具上,出现“犁花”时为宜耕期。三是手探表土湿度。扒开二指表土,取一把土能握紧成团,从 1 m 高处落下能散碎成小土块,此时为宜耕期。 土壤能维持这种宜耕状态的时间越长,其耕性越好。土壤含水量影响到土壤力学性质,从而影响土壤耕性,特别是宜耕期长短。土壤质地与耕性关系非常密切,一般情况下,不同土壤质地的宜耕期,沙土较长、壤土次之、黏土最短。
综合评价土壤耕性优劣	根据上述操作和观察情况,综合评价该地块土壤的耕性优劣,做到评判依据充分,判断合理。

五、作业与活动

1.学生作业

(1)简述土壤耕性优劣的判断标准。

(2)论述土壤力学性质与土壤耕性的关系。

2.课外活动

全班分成若干个项目小组,选取不同土壤质地的田块,在不同土壤含水量条件下进行试犁操作,感受土壤耕性情况,分析土壤质地与土壤含水量对土壤耕性的影响,总结得出不同质地土壤的经验宜耕期。

随堂测试:观察与判断土壤耕性

任务九　改良土壤耕性

一、任务要求

了解土壤耕作的方式,能根据当地土壤类型和植物种植情况,结合土壤耕性判断情况,提出土壤耕性改良的方案,并能组织实施。

农事谚语

纵有良田千万顷,收成多少在于耕。

二、相关知识

土壤耕作是通过机械的物理作用，调节土壤松紧度、土壤表面状态和耕层内部土壤的位置，创造适宜作物生长的水、肥、气、热状况的技术措施。土壤耕作是农业生产的重要环节，它消耗大量的人力、物力、资金。所以，农业生产上的进步，首先反映在土壤耕作的手段上。

根据土壤耕作的强度不同，可将土壤耕作方式分为常规耕作、少耕及免耕三种方式。常规耕作又分为初级耕作和次级耕作两类。初级耕作包括翻耕、深松耕、旋耕，次级耕作包括耙地、耱地、中耕、镇压、起垄、作畦。初级耕作又叫基本耕作措施，是指入土深、作用强烈、能显著改变耕层物理性状、后效较长的土壤耕作措施，一般在种植作物播种之前进行。次级耕作也称表土耕作，是配合基本耕作措施使用的入土较浅、作用强度较小，旨在破碎土块、平整土地、消灭杂草的一类土壤耕作措施。

拓展知识：农业机械化深翻技术原理和规范

1.常规耕作

(1)翻耕　翻耕是目前国际上使用最广的土壤耕作措施，又分为干耕和湿耕。干耕是在土壤含水量接近塑性下限湿润时用铧犁将土壤耕翻。湿耕是在土壤水分饱和或有水层的条件下用铧犁将土壤耕翻。翻耕的优点是作用深度较大(20～25 cm)，可以打破板结、黏重的状态，使土壤松碎，改善土壤孔隙状况，通气透水，有利于土壤养分转化和积累；有利于翻埋有机肥和秸秆残茬、杂草、病菌，为后茬作物生长创造良好的土壤条件。缺点是容易漏风跑墒，雨季造成水土流失，土壤有机质消耗加快，同时耗能高，成本高。

(2)深松耕　深松耕是在不改变土层的情况下，只是对深层土壤进行处理，提高土壤的保水保肥能力。深松耕的优点是作用深度大(30～35 cm，最深可达 50 cm)，能打破犁底层，不乱土层，减少跑墒和因耕作造成的土壤侵蚀；可间隔深松，分散在不同时期进行，不必集中作业，做到耕种结合和耕管结合，能耗少，成本低。缺点是不能翻埋有机肥、秸秆残茬和杂草、病菌。

(3)旋耕　旋耕是利用犁片的转动松碎土壤，同时切碎残茬、秸秆和杂草。优点是既能松土又能碎土，地面平整，集犁、耙、平于一体，作业效率高，成本低。缺点是作用深度浅，一般在 10～15 cm。长期只采用旋耕方式耕作土壤，易导致犁底层增厚，耕作层浅薄，不利于作物生长。农业生产上，旋耕往往配合翻耕进行。

翻耕、深松耕、旋耕各有优缺点，在农业生产上应配合采用三种方式耕作有限耕地，提高耕地生产能力。

2.少耕及免耕

少耕是减少不必要的耕作次数，减少对土壤结构破坏，降低生产成本的土壤耕作方法。又分为保留翻地环节的少耕和免去翻地环节的少耕。

免耕是指基本上不对土壤进行耕翻，而直接播种种植作物的一种土壤利用方式。少耕和免耕合称少免耕，也称为保护性耕作，是近年来国内外发展较快的一种土壤耕作方式，也是农业农村部倡导的耕地可持续发展的耕作方式。

少免耕的优点是减少水分蒸发和保持水土，保持土壤结构，减少土壤受水侵蚀，表土有机质含量增加，减少机械能耗投入，节约成本，农耗时间少，这对南方多熟制地区尤为重要。缺点是多年少免耕后土壤会变紧实，养分富集于上层表土，下层土壤贫化，植物出现早发早衰现象；影响肥料、植物残茬的翻埋，肥料、有机质与土壤的融合度低，肥料利用率低；杂草及病虫害增多。

但是总体来说，少免耕是未来土壤耕作的一个重要发展方向，特别在降低农业生产成本、水土保持、增肥地力等方面，少免耕具有其他耕作方式不可替代的优点。在农业生产上，应结合常规耕作轮流实施，探索配套技术措施，为作物生长提供良好的土壤环境条件，在高产稳产上有突破。

三、任务准备

按 2～3 人一组，将全班同学分为若干组，通过查阅相关土壤肥料书籍、报刊、网站，走访当地有经验的种植大户和农业企业，总结当地改良土壤耕性的经验做法，按表 2-3-17 完成土壤耕性改良任务。

四、实施步骤

表 2-3-17　改良土壤耕性的操作规程

工作环节	操作要点及要求
选择宜耕期耕作	按照表 2-3-16 判断宜耕期的方法，通过观察地表干湿状况、试犁情况、手探表土湿度等方式来判断土壤是否在宜耕期范围内，选择在宜耕期进行耕作，保持土壤良好结构。
增施有机肥料	增施有机肥料或种植绿肥翻埋，以提高土壤有机质含量，降低黏质土的黏结性、黏着性，提高沙质土的黏结性、黏着性。在种植季节注意施用腐熟的有机肥，把握好绿肥翻埋时间，播种前 30～45 d 翻埋。
改良土壤质地	通过掺沙掺黏，客土调剂，改良土壤质地达到三泥七沙或四泥六沙的壤土质地范围，从根本上改善土壤孔隙状况，从而改善耕性。
改良土壤结构	通过合理轮作、合理耕作、合理灌溉、晒垡冻垡等农艺措施，必要时可施用土壤结构调理剂，培育团粒结构；调节土壤酸碱度，恢复土壤自我更新能力。

五、作业与活动

1.学生作业

(1)简述土壤耕作方式有哪些。

(2)论述土壤常规耕作和少免耕的优缺点，如何配合使用才能保持土

拓展知识：耕作方式与有机肥配施对土壤物理性质的影响

名言警句

要像保护大熊猫一样保护耕地。

（习近平）

农事谚语

一年犁出病，十年没收成。

随堂测试：改良土壤耕性

壤良好的耕性。

2.课外活动

全班分成若干个项目小组，利用课余时间查阅相关资料，针对家乡表现出不良耕性的不同质地的土壤，提出耕性改良方案，并组织实施。

【小结与思考】

◆小结

- 土壤物理性状测定与调控
  - 测定土壤质地
    - 比重计法——流程：称样→分散样品→制备悬液→测量悬液温度→自由沉降→测悬液比重→计算结果→确定土壤质地名称
    - 手测法——干侧法、湿测法
  - 改善土壤质地——科学合理利用、增施有机肥改土、合理客土调剂、翻耕消除夹层、种植绿肥培土、加强农艺措施
  - 观察土壤结构——流程：采集土壤结构体→判断结构体类型→判断结构体形态及孔隙性→观察并判断结构体的力稳性和水稳性
  - 分析土壤团聚体组成——流程：采集样品→制备样品→测定土壤水分（干基）含量→干筛→干筛各级土粒含量结果计算→湿筛→湿筛各级土粒含量结果计算
  - 改良土壤结构——增施有机肥、调节酸碱度、合理耕作、合理轮作、科学水分管理、施用土壤改良剂
  - 测定土壤孔隙度——流程：取样前称重→选点→取土→取样后称重→测定土壤含水量→计算土壤容重→计算土壤孔隙度、判断土壤松紧状况
  - 调节土壤孔隙性——减少土壤压实、增施有机肥、合理轮作、合理耕作、工程措施
  - 观察与判断土壤耕性——流程：选取田块→试犁判断耕作阻力→评判耕作质量→判断宜耕期长短→综合评价土壤耕性优劣
  - 改良土壤耕性——选择宜耕期耕作、增施有机肥料、改良土壤质地、改良土壤结构

◆思考

1.土壤质地、结构、容重、耕性之间存在怎样的联系？

2.土壤质地、结构、容重、耕性综合表现出的物理性状对植物生长发育有什么影响？

项目四
土壤化学性状测定及调控

【项目描述】

农学专业学生接受的测土施肥任务，已测定了土壤水分状况、土壤的物理性状，并整理了相应的调控方案，接下来还需要测定对象土壤哪些指标？尤其是与植物养分吸收关系比较密切的指标。

【项目分析】

影响土壤养分供应和植物生长的因素，除土壤物理性状外，一些化学性状也会有较大影响。其中土壤对植物养分的保持性能、土壤酸碱状况等对植物影响较明显。接下来的工作就需要测定和调节土壤的主要化学性状。

【项目目标】

素质目标：增强规范意识、质量意识和“三农”意识；确立科学严谨、求真务实、执着探索的科学精神。

知识目标：能说明土壤化学性状与土壤养分供应及植物生长的关系；能评价化学性状的优劣及总结调节土壤化学性状的措施。

能力目标：能正确规范测定土壤化学性状；会合理调节土壤化学性状。

【任务导航】

根据项目分析及目标，需完成下列任务：

1.测定土壤阳离子交换量

2.调节土壤吸收性能

3.测定土壤酸碱性

4.调节土壤酸碱性

任务一　测定土壤阳离子交换量

修为提示

科学测定土壤性状是合理施用肥料和改良土壤生产性能，促进农业生产的先决条件。

土壤化学性状对土壤生产性能有着重要影响，测定及调控时要科学、严谨并兼顾具体情况和地方特色，做到认真不敷衍、科学但不教条。

PPT 课件：土壤阳离子交换量的测定

一、任务要求

清楚测定土壤阳离子交换量的目的和意义，能说明土壤胶体与阳离子交换量的关系，能较为熟练准确地测定土壤阳离子交换量。

二、相关知识

（一）土壤阳离子交换量的概念

土壤阳离子交换量(soil cation exchange capacity)，简称 CEC，是指在 pH＝7 时土壤胶体所能吸附各种阳离子的总量。其数值以每千克烘干土壤吸附的全部交换性阳离子的厘摩尔数来表示，即 cmol/kg。

（二）土壤胶体概述

土壤之所以能吸持和保存植物养分，主要是因土壤具有离子交换吸收作用，而土壤的离子交换吸收作用又是因土壤胶体的存在而产生的。土壤胶体是指 1～1 000nm 之间(长、宽、高三个方向上至少有一个方向在此范围内)的土壤颗粒。

1.胶体的构造

土壤胶体是由微粒核、决定电位离子层和补偿电位离子层所组成(图 2-4-1、图 2-4-2)。

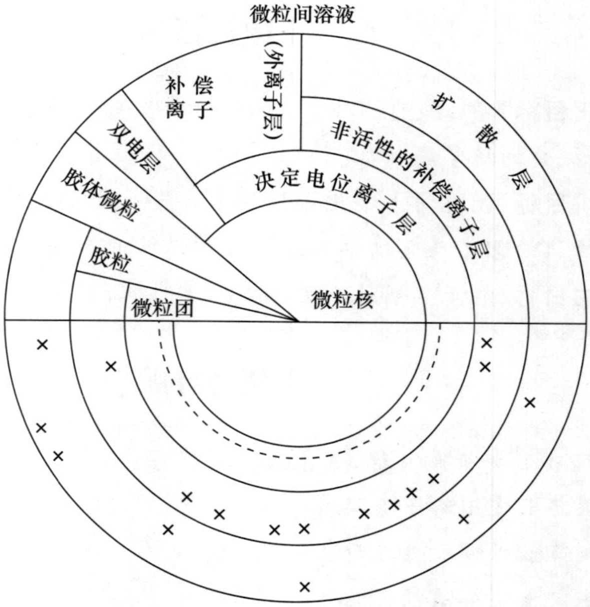

图 2-4-1　土壤胶体构造示意

(引自《土壤肥料》，金为民、宋志伟，2009)

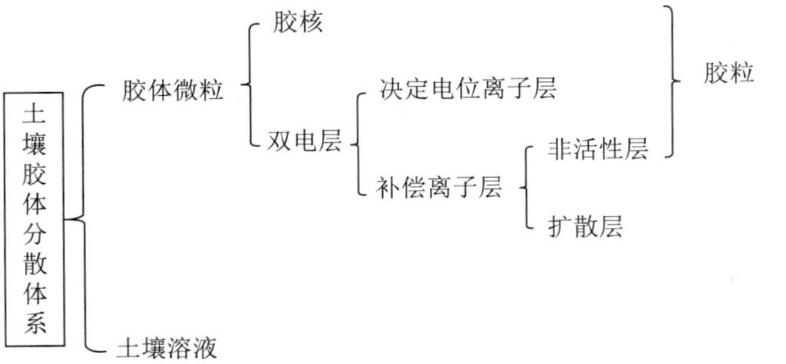

图 2-4-2　土壤胶体结构关系

(1)微粒核　也称胶核,是胶体微粒核的物质组成部分,由各种有机、无机物质组成。在土壤中是根据微粒核的物质种类对土壤胶体进行分类的。

(2)决定电位离子层　位于胶体微粒核表面的电荷层,它所带的电荷性质决定了胶体的类型。即带负电荷,则该种胶体为负电荷的胶体;反之,为正电荷的胶体。一般来讲,绝大部分土壤都是负电荷胶体,只有在pH 较低时,由于胶体微粒的表面基团解离才可能有部分胶体带上正电荷。

(3)补偿电位离子层　由于胶粒表面带有电荷,必须要吸附带相反电荷的质点以平衡其电荷,形成补偿离子层。在胶体溶液中,带相反电荷的质点通常是各种离子。如果胶粒带的是负电荷,则吸附阳离子;如带正电荷,则吸附阴离子。

根据微粒核内部电荷层吸附的紧密程度,又可分为两个亚层:非活性补偿离子层,是指紧贴着决定电位离子层的补偿离子层,由于两者间的距离较近,电荷引力较大,所吸电荷离子的移动性较小,因此称为非活性补偿电位离子层。扩散层,即非活性补偿离子层的外层。该层因距决定电位离子层较远,电荷引力较小,所吸附的离子运动性较强,故称扩散层,该层所吸附的离子能与土壤溶液中的阴、阳离子发生交换反应。胶体微粒核表面的决定电位离子层和补偿电位离子层合称为双电层,因为它是由两层带相反电荷的结构组成的。

2.土壤胶体的种类

根据胶体微粒核组成物质的不同,将土壤胶体分成无机胶体、有机胶体和有机-无机复合胶体三大类。

(1)无机胶体　指组成微粒核的物质主要是无机物质。通常可分成结晶质和非结晶质两类,前者主要是指次生层状铝硅酸盐黏土矿物;后者主要是指土壤中硅、铁、铝的氧化物及含水氧化物。

(2)有机胶体　指胶体微粒核的组成物质主要为土壤有机物质,其主要成分是土壤腐殖质,土壤有机质含量越多,产生带负电荷的有机胶体的数量则越多,土壤吸附阳离子的能力则越强,土壤的保肥性越好。

学习视频　土壤胶体

PPT课件:土样胶体

(3)有机-无机复合胶体　微粒核的组成物质是土壤有机质与土壤矿物质的结合体。一般来讲,土壤有机质并不单独存在于土壤中,而是与土壤矿物质,特别是黏土矿物通过一定的机理结合在一起,形成有机-无机复合胶体。

3.土壤胶体的特性

土壤胶体除了具有与其化学组成相对应的一般性质外,还有如下特性。

(1)巨大的比表面和表面能　由于土壤胶体颗粒细小,有巨大的比表面,所以会产生巨大的表面能,对分子和离子产生较大的吸引力。胶体数量越多,比表面越大,表面能也越大,吸附能力也越强,所以质地越是黏重的土壤,其保肥能力越强。

(2)带电性　因同晶置换、断键和表面分子的解离等,使得土壤中胶粒带电。根据土壤胶体电荷产生的原因,可将土壤胶体电荷分为永久电荷和可变电荷两种。永久电荷是由于黏粒矿物晶格内部离子的同晶置换所产生的电荷。电荷形成后,不随土壤环境(如 pH、电解质浓度等)的变化而变化。可变电荷是随介质 pH 的变化而变化的电荷,可变电荷的产生是由于土壤固相表面从介质中吸附离子或向介质中释出离子所引起的,不同 pH 时,该电荷可以是负电荷,也可以是正电荷,并且电荷的数量也相应地发生变化。

(3)凝聚性和分散性　与其他胶体一样,土壤胶体也有两种状态,一种是所谓的溶胶,即胶体颗粒均匀地分布在分散剂中;另一种状态为凝胶态,即胶体颗粒相互团聚在一起而呈絮状沉淀。胶体从溶胶变成凝胶的过程称为胶体的凝聚,而从凝胶变成溶胶的过程则称为胶体的分散作用。胶体的凝聚和分散作用主要取决于胶体微粒表面的电荷状况的变化。有多种因素影响电荷的变化,例如电解质、加热、分散质的浓度等。由于绝大部分土壤胶体是带负电荷的,因此凝聚土壤胶体的电解质应是阳离子。一般来讲,对土壤胶体的凝聚能力是一价阳离子<二价阳离子<三价阳离子。土壤溶液中最常见的阳离子凝聚力的排列顺序如下:

$$Fe^{3+} > Al^{3+} > Ca^{2+} > Mg^{2+} > H^{+} > NH_4^{+} > K^{+} > Na^{+}$$

相关术语

阳离子交换作用:土壤溶液中的阳离子与土壤胶体表面吸附的阳离子互换位置。

交换性阳离子:被土壤胶体表面所吸附,能被土壤溶液中的阳离子所交换的阳离子。

阳离子吸附:土壤溶液中的阳离子转移到土壤胶体表面,为土壤胶体所吸附。

阳离子解吸:土壤胶体表面吸附的阳离子转移到土壤溶液中。

(三)土壤阳离子交换量测定的意义

阳离子交换量基本上代表了土壤可能保持的养分数量,即保肥性的高低。土壤阳离子交换量的大小,可作为评价土壤保肥能力的指标,阳离子交换量越大,则土壤的保肥性越强;反之,则相反。阳离子交换量也是土壤缓冲性能的主要来源,是改良土壤和合理施肥的重要依据。

(四)土壤阳离子交换量测定的方法原理

1.EDTA-乙酸铵盐交换法(适用于酸性、中性和石灰性土壤)

用 0.005 mol/L 的 EDTA 与 1mol/L 乙酸铵的混合液作为交换提取剂,在适宜的 pH 条件下(酸性、中性土壤用 pH 7.0,石灰性土壤用 pH 8.5),与土壤吸收性复合体的 Ca^{2+}、Mg^{2+}、Al^{3+} 等交换，在瞬间形成解离度很小而稳定性大的络合物，且不会破坏土壤胶体，由于 NH_4^+ 的存在，交换性 H^+、K^+、Na^+ 也能交换完全，形成铵质土。通过使用 95%乙醇洗去过剩铵盐，以蒸馏法蒸馏，用标准酸溶液滴定氨量，即可计算出土壤阳离子交换量。

2.乙酸铵交换法（适用于酸性和中性土壤）

用 1 mol/L 的乙酸铵溶液（pH＝7.0）反复处理土壤，使土壤胶体中吸附的阳离子与提取剂的 NH_4^+ 进行当量交换，使土壤成为 NH_4^+ 饱和土，再用 95%乙醇洗去多余的乙酸铵，洗入消煮管中，在定氮仪上蒸馏，用硼酸溶液吸收蒸馏出的氨，再以标准盐酸溶液进行滴定。最后以 NH_4^+ 的量推算土壤 CEC。

三、任务准备

全班分成若干个项目小组，以小组为单位准备。

1.设备器具

电动离心机（转速 3 000～4 000r/min）、离心管（100 mL）、定氮仪、消化管（与定氮仪配套）、锥形瓶、滴定管、天平等。

2.提前配制好如下试剂

（1）1 mol/L 的乙酸铵溶液（pH＝7.0）　称取 77.09 g 化学纯乙酸铵（CH_3COONH_4 溶解，并用 1∶1 氨水或稀乙酸调节溶液 pH 至 7.0，然后稀释定容至 1 L。

（2）95%乙醇溶液（工业用，必须无 NH_4^+）。

（3）0.005 mol/L 的 EDTA 与 1 mol/L 乙酸铵的混合液：称取 77.09 g 化学纯乙酸铵及 1.461 g EDTA（乙二胺四乙酸），加水溶解后洗入 1 L 容量瓶中，再加蒸馏水至 900 mL 左右，以 1∶1 氨水或稀乙酸调节 pH 至 7.0 或 8.5，定容至刻度，备用。其中中性和酸性土壤使用 pH＝7.0 的混合液提取，石灰性土壤用 pH＝8.5 的混合液提取。

（4）甲基红—溴甲酚绿混合指示剂　称取 0.066 g 甲基红和 0.099 g 溴甲酚绿，置于玛瑙研钵中研磨，加入少量 95%乙醇，继续研磨至完全溶解无残渣，用 95%乙醇定容至 100 mL。

（5）20 g/L 硼酸指示剂溶液　称取 20 g 化学纯硼酸，溶于 900 mL 水中。加入 20 mL 甲基红-溴甲酚绿混合指示剂，以稀碱或稀酸调成酒红色（紫红色），此时该溶液的 pH 为 4.5。

（6）0.05 mol/L 盐酸标准溶液　将 4.5 mL 浓盐酸加入 1 L 水中，并以 0.05 mol/L 1/2 硼砂（$Na_2B_4O_7 \cdot 10H_2O$）标准溶液（称取 2.382 5g 硼砂溶于水中定容至 250 mL）进行标定（标定方法可参见副栏链接）。

（7）pH＝10 缓冲液　称取 67.5 g 化学纯氯化铵（NH_4Cl）溶于无 CO_2 的水中，加入 570 mL 化学纯浓氨水（ρ＝0.9 g/mL，含氨 25%），稀释定容

名言警句

科学的种子，是为了人民的收获而生长的。

（门捷列夫）

拓展知识：盐酸标准溶液的标定

至 1 L，贮于塑料瓶中，并注意密封，防止吸入 CO_2，浓氨水选用新开瓶的。

(8)酸性铬蓝 K-萘酚绿指示剂(K-B 指示剂)　称取 0.5 g 酸性铬蓝 K 和 1.0 g 萘酚绿 B，与 100 g 氯化钠(105℃烘干)一同充分研磨，并贮存于棕色瓶中，以防光解。

(9)固体氧化镁　将化学纯氧化镁(MgO)置于坩埚或镍蒸发皿中，高温(500～600℃)灼烧 0.5 h，冷却后贮藏于密闭的玻璃器皿内。

(10)纳氏试剂　称取 134 g 分析纯氢氧化钾(KOH)溶于 460 mL 水中。另称 20 g 分析纯碘化钾(KI)溶于 50 mL 水中，加入大约 3 g 分析纯碘化汞(HgI_2)至饱和状态，然后将两溶液混合即成。

拓展知识

土壤阳离子交换量测定方法

目前，国内外用来测定土壤阳离子交换量的主要方法有：乙酸铵(CH_3COONH_4)法、氯化铵(NH_4Cl)交换法、乙二胺四乙酸(EDTA)-铵盐速测法，氯化钾(KCl)法、氟化铵(NH_4F)交换-差量法、氯化钡($BaCl_2$)交换-电感耦合等离子体发射光谱(ICP-OES)法、乙酸钙[$Ca(CH_3COO)_2$]离心交换法等。

小提示

土样蒸馏时使用氧化镁而不使用氢氧化钠，因后者碱性强，能水解土壤中部分有机氮素成铵态氮，致使结果偏高。

四、实施步骤

表 2-4-1　蒸馏法测定土壤阳离子交换量操作要点及要求

工作环节	操作要点及要求
EDTA-乙酸铵盐交换法测定土壤阳离子交换量	(1)称样　称取通过 0.25 mm 筛孔的风干土样 2.00 g，有机质含量低的土壤可适当增大称取质量至 5.00 g，置于 100 mL 离心管中。 (2)土样前处理　加入少量 EDTA-乙酸铵混合液，用橡皮头玻璃棒搅拌样品，使成均匀泥浆状，再加混合液充分搅匀，并用 EDTA-乙酸铵混合液洗净玻璃棒，洗液收于离心管中，使总体积达 80 mL 左右。 (3)离心浸提　将离心管成对地放在粗天平两盘上，加入 EDTA-乙酸混合液使之平衡，再对称地放入离心机中，以 3 000 r/min 转速离心 3～5 min，待离心机平稳停止后取出离心管，弃去管中上清液，再以 95%乙醇洗去过量铵盐。如此反复 3～4 次，洗至无铵离子为止。如酸性、中性土壤需要测定交换性盐基组成时，则将离心后的清液收集于 100 mL 容量瓶中，用混合液提取剂定容至刻度，作为交换性钾、钠、钙、镁的待测液。 (4)样品转移　向管内加入少量水，用橡皮头玻璃棒将铵离子饱和土搅拌成糊状，并无损洗入硬质消化管中，总体积控制在 80～100 mL。向消化管内加入 2 mL 液体石蜡和 1 g 氧化镁，将消化管置于定氮仪上。 (5)蒸馏滴定　向盛有 25 mL 20 g/L 硼酸吸收液的三角瓶内加入 2 滴甲基红-溴甲酚绿指示剂，将三角瓶置于冷凝器的承接管下，管口插入硼酸溶液中，开始蒸馏。蒸馏约 8 min 后，检查蒸馏是否完全。检查时可取下三角瓶，在冷凝器的承接管下端取 1 滴馏出液于白色瓷板上，加纳氏试剂 1 滴，如无黄色，表示蒸馏已完全，否则应继续蒸馏，直至蒸馏完全为止。将三角瓶取下，用少量蒸馏水冲洗承接管的末端，洗液收入三角瓶内，以盐酸标准溶液滴定，同时做空白试验(具体操作按定氮仪使用说明书规定)。
乙酸铵交换法测定土壤阳离子交换量	(1)称样　称取通过 1 mm 筛孔的风干土样 2.00 g，土壤质地较轻可增大称取质量至 5.00 g，置于 100 mL 离心管中。 (2)土样前处理　加入少量 1 mol/L 乙酸铵溶液，用橡皮头玻璃棒搅拌样品，使成均匀泥浆状，再加 1 mol/L 乙酸铵溶液充分搅匀，并用 1 mol/L 乙酸铵溶液洗净玻璃棒，洗液收于离心管中，使总体积达 60 mL 左右。

续表2-4-1

工作环节	操作要点及要求
乙酸铵交换法测定土壤阳离子交换量	(3)离心浸提　将离心管成对地放在粗天平两盘上，加入1 mol/L乙酸铵溶液使之平衡，再对称地放入离心机中，以3 000 r/min转速离心3～5 min，待离心机平稳停止后取出离心管，弃去管中上清液(若需测定交换性盐基，则将此上清液倒入容量瓶中保留)，如此反复(加乙酸铵、离心、弃去上清液)3～5次，直至浸出液中无钙离子反应为止(检测 Ca^{2+} 用K-B试剂：取5 mL浸出液于小烧杯中，加1 mLpH=10缓冲液，再加少许K-B指示剂，如浸出液呈紫红色，表示有 Ca^{2+}；浸出液呈蓝色，表示无 Ca^{2+})。 然后，使用95%乙醇溶液代替1 mol/L乙酸铵溶液，继续重复离心操作(加乙醇、离心、弃去上清液)，反复3～4次，直至无铵根离子反应为止(用纳氏试剂检查 NH_4^+：取1 mL左右浸出液于白色比色板中，加入少许纳氏试剂，如出现黄色，表明有 NH_4^+)。 (4)样品转移　检测无 NH_4^+ 后，向管内加入少量水，用橡皮头玻璃棒将铵离子饱和土搅拌成糊状，并无损洗入硬质消化管中，总体积控制在50～80 mL。向消化管内加入2 mL液体石蜡和1 g氧化镁，将消化管置于蒸馏装置上。 (5)蒸馏滴定　向盛有25 mL 20 g/L硼酸吸收液的三角瓶内加入2滴甲基红-溴甲酚绿指示剂，将三角瓶置于冷凝器的承接管下，管口插入硼酸溶液中，开始蒸馏。蒸馏约8 min后，检查蒸馏是否完全。检查时可取下三角瓶，在冷凝器的承接管下端取1滴馏出液于白色瓷板上，加纳氏试剂1滴，如无黄色，表示蒸馏已完全，否则应继续蒸馏，直至蒸馏完全为止。将三角瓶取下，用少量蒸馏水冲洗承接管的末端，洗液收入三角瓶内，以盐酸标准溶液滴定，同时做空白试验(具体操作按定氮仪使用说明书规定)。
结果计算	土壤阳离子交换量(cmol/kg)= $\frac{cx(v-v_0)}{m\times 10}\times 1\ 000$ 式中：c—盐酸标准溶液的浓度(mol/L)；V—盐酸标准溶液的体积(mL)；V_0—空白实验盐酸标准溶液的体积(mL)；m—烘干土质量(g)；10—将mmol换算成cmol的倍数；1 000—换算成每千克中的cmol。
注意事项：若无离心机也可改用淋洗法；使用EDTA－乙酸铵盐交换法时，如遇 Na^+ 较多(盐渍化程度高的土壤)时，应浸提离心处理2～3次，避免交换不完全。	

五、作业与活动

1.作业

(1)土壤胶体的特性有哪些？

(2)试比较EDTA-乙酸铵盐交换法和乙酸铵交换法的适用范围及优缺点。

2.课外活动

分别采用EDTA-乙酸铵盐交换法和乙酸铵交换法测定同一土样的阳离子交换量，比较其测定结果的差异。

名言警句

在任何情况下，都应该使我们的推理受到实验的检验，除了通过实验和观察的自然道路去寻求真理之外，别无他途。

(法国，安托万-洛朗·德·拉瓦锡)

小提示

乙酸铵交换法对于酸性土壤阳离子交换量测定结果会稍偏高，因为pH=7.0的缓冲盐体系使土壤pH有所提高，进而会使土壤胶体上的负电荷增多，导致吸附的阳离子数量也增多。

随堂测试：土壤阳离子交换量测定

任务二　调节土壤吸收性能

一、任务要求

弄清土壤吸收性能的类型及其与土壤保肥能力的关系；根据当地土壤类型和植物种植情况，结合土壤阳离子交换量测定结果，提出土壤吸收性能调节方案。

二、相关知识

PPT课件：土壤吸收性能的评估与调节

学习视频：土壤吸收性能评估与调节

1.土壤吸收性能及类型

吸收性能是指土壤吸收或阻留固体、液体、气体以及溶于液体中的物质的能力。土壤吸收性能是土壤的重要性质之一，反映了土壤的保肥能力。吸收能力越强，其保肥能力也强；反之，保肥力则弱。按照土壤吸收性能产生的机制，分为以下五种类型：

（1）机械吸收　对进入土壤中的固态养分物质机械阻留而保存其中的作用，称为机械吸收。如有机残体、粪便残渣、饼肥、骨粉、磷矿粉以及其他的颗粒状肥料等。阻留在土层中的物质可被土壤转化利用，起到保肥的作用，其保留的养分在一定条件下可以转化为能被植物吸收利用的养分。

（2）物理吸收　靠土粒表面分子引力吸附分子态养分的作用，称为物理吸收。因土壤具有巨大的表面积和表面能，能够对进入土壤中的分子态养分如人粪尿中的氨气分子（NH_3）及大气中二氧化碳分子（CO_2）等产生吸附而起到保存养分的作用。质地越是黏重的土壤，物理吸收作用越明显；反之则弱。物理吸收保蓄的养分能被植物直接吸收利用。

（3）化学吸收　水溶性养分在土壤溶液中与其他物质发生化学反应生成难溶性化合物而保存在土壤中，称为化学吸收，也称为化学固定。通过化学吸收保留的养分一般对当季作物无效，但可缓慢释放出来供以后的作物吸收利用。如可溶性的磷酸一钙与石灰性土壤中的碳酸钙反应，生成难溶性的磷酸钙盐或与酸性土壤中的铁、铝离子生成磷酸铁或磷酸铝沉淀就是化学吸收的典型例子。

（4）离子交换吸收　指土壤溶液中的阳离子或阴离子与土壤胶粒表面扩散层中的阳离子或阴离子进行离子交换而使离子态养分保存在土壤中的吸附作用，称为离子交换吸收，又称物理化学吸收作用。因土壤胶粒主要带有负电荷，故绝大部分土壤发生阳离子交换吸收作用。离子交换吸收的养分均是速效性养分，是土壤保肥供肥最重要的方式。

（5）生物吸收　指各种生物将土壤中的速效性养分吸收保留在其体内的吸收作用，称为生物吸收。生物吸收的养分可以通过其残体重新回到土壤中,且经土壤微生物的转化可被作物吸收利用。所以这部分养分是缓效性的。不同的土壤,由于生物量的不同,通过生物吸收保留的养分数量不等。一般来讲,温暖潮湿地区的土壤,生物吸收量较大,而寒冷干燥地区的土壤保留的养分少。

2.土壤阳离子交换吸收作用

阳离子交换吸收作用是土壤的主要保肥机理,对供给作物养分起着重要的作用。阳离子交换作用就是各种阳离子在土壤胶体颗粒表面和土壤溶液之间不断地进行吸收和解吸的动态过程。

(1)阳离子交换的特点　阳离子交换的特点有两个:

首先,阳离子交换是一种可逆反应。也就是阳离子的吸附过程和解吸过程同时进行,一般能迅速达成动态平衡。当溶液中的离子被土壤胶体吸附到它的表面上和溶液达成平衡后,如果溶液的浓度和组成发生改变,则胶体上的交换性离子就要和溶液中的离子产生逆向交换,把已被胶体表面吸附的离子重新解吸交换到土壤溶液中,并建立新的平衡。土壤中常见的交换性阳离子有 Fe^{3+}、Al^{3+}、H^+、Ca^{2+}、Mg^{2+}、NH_4^+、K^+、Na^+ 等。如下例,土壤胶体原来吸附着的 Ca^{2+},当施入氮肥后,NH_4^+ 被胶体吸附进入土壤胶粒的扩散层,而 Ca^{2+} 被解吸置换进入土壤溶液,逐渐达到新平衡。

$$\boxed{\text{土壤胶体}}\cdot Ca^{2+} + 2NH_4Cl \rightleftharpoons \boxed{\text{土壤胶体}}\cdot 2NH_4^+ + CaCl_2$$

其次,阳离子等电荷交换(或等当量交换)。即以相等单价电荷摩尔(+)相互交换,如 1mol Na^+ 离子可以交换 1 mol 的 K^+ 离子或 NH_4^+ 离子,或交换 1/2 mol 的 Ca^{2+} 离子或 Mg^{2+} 离子,或 1/3 mol 的 Al^{3+} 离子等。换句话说,胶粒上吸附一个正电荷,必须等量地解吸一个正电荷,如果由于施用铵态氮肥使胶体扩散层中吸附了 1 mol 的 NH_4^+ 离子,则必须从胶粒扩散层中解吸 0.5 mol 的 Ca^{2+} 离子。

拓展视频:土壤水溶性盐总量的测定

(2)阳离子交换能力　阳离子交换能力是指在溶液中浓度相同的各种阳离子被吸附到胶体扩散层中的比例。这个比例越大,而残留在溶液中的浓度越低,则此阳离子的交换能力越强;反之则弱。土壤中主要阳离子交换能力的顺序为:

$$Fe^{3+} > Al^{3+} > H^+ > Ca^{2+} > Mg^{2+} > NH_4^+ > K^+ > Na^+$$

影响阳离子交换能力的因素主要是离子表面的电荷密度。电荷密度越大,则交换能力越强;反之,交换能力弱。影响离子表面电荷密度的因素主要是离子的价数、离子半径及水化半径。对于不同价的阳离子,价数越高,电荷密度越大;对于同价离子,离子半径和水化半径越小,电荷密度越大,交换能力越强;反之,交换能力则弱。对于 H^+,由于其半径及水化半径均较小,故其交换能力大于二价阳离子。

拓展知识:土壤阴离子交换作用

3.土壤阴离子交换作用

阴离子交换作用的原理与阳离子一样,但只发生在带正电荷的胶体中。目前对阴离子交换作用的机理了解不多，且阴离子交换量远小于阳离子交换量。只有在极少数富含铁铝氧化物及其含水氧化物的土壤中，可能发生阴离子交换作用。因为这些土壤的性质能使其 pH 接近或小于等电点，而产生带正电荷的土壤胶体。

根据阴离子在土壤中及土壤胶体颗粒表面的吸附特点，可分为三种类型：

(1)易被土壤吸附的阴离子　如磷酸根离子($H_2PO_4^-$、HPO_4^{2-}、PO_4^{3-})以及部分有机酸根(如草酸根、柠檬酸根等)阴离子。通常这些酸根离子是与阳离子反应生成不溶性化合物而沉淀在土粒表面，并不是真正的离子交换作用。

(2)很少被吸收甚至不吸收的阴离子　如 Cl^-、NO_3^-、NO_2^- 等，它们基本不被土壤胶体吸收，与土壤中大部分阳离子作用生成的盐也易溶于水而随水淋失，所以硝态氮肥一般不在水田施用，否则易造成氮素损失。

(3)介于上述两者之间的阴离子　如 SO_4^{2-}、CO_3^{2-} 及部分有机酸离子。这部分阴离子通常与部分阳离子生成可溶性化合物，而与另一些阳离子生成难溶性化合物。

农事谚语

土放三年成粪，粪放三年成土。

三、任务准备

全班分成若干个项目小组，以小组为单位准备：①土样阳离子交换量测定值；②查阅有关土壤肥料书籍、杂志、网站，走访当地有经验的农户和专家，总结当地土壤吸收性调节的经验。

四、实施步骤

表 2-4-2　土壤吸收性能调节的操作要点及要求

工作环节	操作要点及要求
改良土壤质地	通过采用客土(黏掺沙，沙掺黏)、增施有机肥等方法逐步改良土壤质地，进而增强土壤的吸收性能。一般土壤质地达到三泥七沙或四泥六沙的壤土质地范围为佳。
调节土壤阳离子组成	酸性土壤通过施用石灰或草木灰，以 Ca^{2+} 代换胶体上的 H^+；碱性土壤施用石膏，用 Ca^{2+} 交换 Na^+，均可增加离子交换功能。要注意施用石灰或石膏时，要根据土壤酸碱性和种植植物类型确定合理用量，并尽量与土壤充分混合。
增施有机肥	通过增施有机肥料、秸秆还田、种植绿肥等，提高土壤有机质含量，改善土壤性状以提高土壤保肥性能和供肥性能。除秸秆和绿肥外的有机肥一定要腐熟后施用，施用量应根据土壤肥力高低和种植的植物进行综合确定。
合理施用化肥	在施用有机肥的基础上，合理施用一些速效化肥，可以起到“以无机促有机(有机胶体)”的作用，改善土壤供肥性能。化肥施用要适量，谨防过多施用。
合理耕作	适当的翻耕可改善土壤通气性和蓄水能力，促进微生物活动，加速有机物质及养分转化，增加有效养分含量。中耕、镇压、垄作等要依据种植植物情况适时进行。

续表2-4-2

工作环节	操作要点及要求
合理灌排	施肥结合灌水,可充分发挥肥效;及时排除多余水分,以透气增温,促进养分转化和保持。
总结当地土壤吸收性能调节经验	根据上述调节措施及情况,总结当地土壤吸收性能调节经验,并撰写一份调查报告。报告内容要实事求是、论据充分确凿,建议合理可行。

五、作业与活动

1.作业

(1)一般土壤吸收性能有哪几种?哪一种是保肥供肥的主要方式?

(2)如何调节土壤的吸收性能?

2.课外活动

通过资料查阅或实地调查,总结当地土壤吸收性能调节经验,并撰写一份调查报告。

随堂测试:土壤吸收性能的调节

任务三　测定土壤酸碱性

PPT课件:土壤酸碱性与缓冲性

一、任务要求

能复述土壤酸碱性指标的表示方法,并说明土壤酸碱的成因;能熟练测定土壤酸碱性。

二、相关知识

土壤酸碱性是土壤酸性和碱性的统称。土壤酸碱性的强弱,常以酸碱度来衡量,土壤酸碱度又常用土壤溶液的pH来表示。土壤的pH表示土壤溶液中H^+浓度的负对数值,$pH=-\log(H^+)$。土壤酸碱性是土壤重要的化学性质,它不但直接作用于土壤的养分转化和供应,还直接作用于作物的生长发育及土壤有毒物质的转化分解。pH是反映土壤酸碱性状况的指标,若pH>7,一般称之为碱性,其值越大,碱性越强;若pH<7,则为酸性,该值越小,酸性越强。我国土壤的pH一般在4~9,多数土壤的pH在4.5~8.5,极少有低于4或高于10的。在地理分布上有“南酸北碱”的规律性,即由南向北,pH逐渐增大。

1.土壤酸性

土壤酸性与土壤溶液中H^+的数量有关,更多的是与土壤胶体上吸附的H^+、Al^{3+}数量有密切关系。土壤中酸性主要来源于胶体上吸附的H^+、Al^{3+}、CO_2溶于水形成的碳酸、有机质分解产生的有机酸、氧化作用产生的少量无机酸以及施肥带入的酸性物质等。土壤酸度反映土壤中的H^+数量，根据H^+在土壤中存在的状态，土壤酸度可分为两种基本类型：

PPT课件：土壤酸碱性测定

(1)活性酸度　活性酸是指土壤溶液中游离的H^+所直接反映出来的酸度，又称有效酸度，通常用pH表示，它是土壤酸碱性的强度指标。土壤的酸碱度分级是指活性酸度(表2-4-3)。

表2-4-3　土壤酸碱度的分级

土壤pH	＜4.5	4.5～5.5	5.5～6.5	6.5～7.5	7.5～8.5	8.5～9.5	＞9.5
酸碱度级别	强酸性	酸性	微酸性	中性	微碱性	碱性	强碱性

(2)潜性酸度　潜性酸度是指土壤胶体吸附的致酸离子(H^+、Al^{3+})被交换到土壤溶液后引起的土壤酸度。通常用每千克烘干土中H^+、Al^{3+}的厘摩尔数表示，单位为cmol(+)/kg。它是土壤酸性的容量指标。根据测定潜性酸度时所用浸提液的不同，将潜性酸度又分为交换性酸度和水解性酸度。用过量的中性盐溶液浸提土壤而使胶粒吸附的H^+、Al^{3+}进入土壤溶液后所表现的酸度称为交换性酸度；而用弱酸强碱的盐类溶液浸提土壤而使胶粒吸附的H^+、Al^{3+}进入土壤溶液所产生的酸度称为水解性酸度。二者常被用作改良酸性土壤时计算石灰施用量的参考依据。潜性酸与活性酸处于动态平衡之中，可以相互转化。

2.土壤碱性

土壤碱性主要来源于土壤中交换性钠的水解所产生的OH^-以及弱酸强碱盐类物质如Na_2CO_3、$NaHCO_3$的水解。

土壤碱性除用pH表示外，还可用总碱度和碱化度两个指标表示。我国北方多数土壤pH为7.5～8.5，而含有碳酸钠、碳酸氢钠的土壤，pH常在8.5以上。

学习视频：土壤酸碱性测定与调节

总碱度是指土壤溶液中碳酸根和重碳酸根离子的总浓度，常用中和滴定法测定，单位为cmol(+)/L。

通常把土壤中交换性钠离子的数量占交换性阳离子数量的百分比，称为土壤碱化度。一般碱化度在5%～10%时为轻度碱化土壤；10%～15%时为中度碱化土壤；15%～20%时为强度碱化土壤；大于20%时为碱土。

3.土壤酸碱性测定的方法

大致可分为电位法和比色法两大类。

(1)电位法测定原理　用水或中性盐溶液提取土壤中水溶性H^+或交换性H^+、Al^{3+}，再用指示电极(玻璃电极)和另一参比电极(甘汞电极)测定出该浸出液的电位差。因参比电极的电位是固定的，故电位差的大小取决于试液中的H^+活度。在酸度计上可直接读出pH。本方法适用于各类土壤pH的测定。

(2)混合指示剂法测定原理　利用混合指示剂在不同 pH 溶液中,可显示不同颜色的特性,根据其显示颜色与标准酸碱比色卡进行比色,即可确定土壤溶液的 pH。

三、任务准备

全班分成若干个项目小组,以小组为单位准备。

(1)每组准备好以下材料与用具:酸度计(附甘汞电极、玻璃电极或复合电极)、高型烧杯(50 mL)、量筒(25 mL)、天平(感量 0.01 g)、洗瓶、磁力搅拌器、白瓷比色板、玛瑙研钵等。

(2)提前配制好如下试剂:

①pH 4.01 标准缓冲液　称取经 105℃烘干 2～3 h 的苯二甲酸氢钾($C_8H_5KO_4$,分析纯)10.21 g,用蒸馏水溶解稀释定容至 1 000 mL,即为 pH 4.01、浓度 0.05 mol/L 的苯二甲酸氢钾溶液。

②pH 6.87 标准缓冲液　称取经 120℃烘干的磷酸二氢钾(KH_2PO_4,分析纯)3.39 g 和无水磷酸氢二钠(Na_2HPO_4,分析纯)3.53 g,溶于蒸馏水中,定容至 1 000 mL。

③pH 9.18 标准缓冲液　称取硼砂($Na_2B_4O_7$,分析纯)3.80 g,溶于无二氧化碳的蒸馏水中,定容至 1 000 mL,此溶液的 pH 容易变化,应注意保存。

④1 mol/L 氯化钾溶液　称取化学纯氯化钾(KCl)74.6 g,溶于 400 mL蒸馏水中,用 10%氢氧化钾和盐酸调节 pH 至 5.5～6.0,然后稀释至 1 000 mL。

⑤pH 4～8 混合指示剂　分别称取溴甲酚绿、溴甲酚紫及甲酚红各 0.25 g,于玛瑙研钵中加 15 mL 0.1 mol/L 的氢氧化钠及 5 mL 蒸馏水,共同研匀,再加蒸馏水稀释至 1 000 mL,此指示剂的 pH 变色范围如表 2-4-4 所示。

拓展知识:土壤酸碱性简易识别及调节

拓展知识:电位法测定土壤 pH 的影响因素及解决办法

表 2-4-4　pH 4～8 混合指示剂显色情况

pH	4.0	4.5	5.0	5.5	6.0	6.5	7.0	8.0
颜色	黄色	绿黄色	黄绿色	草绿色	灰绿色	灰蓝色	蓝紫色	紫色

⑥pH 4～11 混合指示剂　称取 0.2 g 甲基红、0.4 g 溴百里酚蓝、0.8 g 酚酞,在玛瑙钵中混合研匀,溶于 400 mL 95%的酒精中,加蒸馏水 580 mL,再用 0.1 mol/L 氢氧化钠调至 pH 7(草绿色),用 pH 计或标准 pH 溶液校正,最后定容至 1 000 mL,其变色范围如表 2-4-5 所示。

表 2-4-5　pH 4～11 混合指示剂显色情况

pH	4.0	5.0	6.0	7.0	8.0	9.0	10.0	11.0
颜色	红色	橙黄色	稍带绿	草绿色	绿色	暗蓝色	紫蓝色	紫色

四、实施步骤

1.电位法测定土壤 pH

小提示

甘汞电极一般需要灌注氯化钾饱和溶液，以保持溶液的饱和状态。若电极内无氯化钾结晶，应从侧面投入一些氯化钾晶体。甘汞电极不用时，可放在 1 mol/L 氯化钾饱和溶液或纸盒中保存。

表 2-4-6 电位法测定土壤 pH 操作要点及要求

工作环节	操作要点及要求
土壤水浸提液制备	称取通过 1 mm 筛孔的风干土样 25.0 g 于 50 mL 烧杯中，用量筒加入无 CO_2 的蒸馏水 25 mL，在磁力搅拌器上剧烈搅拌 1～2 min，或用玻璃棒搅拌 30 min，使土体充分分散，再放置 30 min，待用。
土壤氯化钾浸提液制备	称取通过 1 mm 筛孔的风干土样 25.0 g 于 50 mL 烧杯中，用量筒加入 1 mol/L 氯化钾溶液 25 mL，在磁力搅拌器上剧烈搅拌 1～2 min，或用玻璃棒搅拌 30 min，使土体充分分散，再放置 30 min，待用。
仪器校准	将电极安装好后，开启电源，调整零点和温度补偿点，将挡板拨至 pH 档，用标准缓冲液检查 pH 计。先将电极插进 pH 4.01 标准缓冲液中，用定位调节指针至缓冲液的 pH，然后再用 pH 6.87、pH 9.18 的标准缓冲液调节，允许 pH 的偏差在 0.02 之内。
测定	将 pH 玻璃电极的球泡插到测定样品的下部悬浊液中并轻轻摇动，以除去玻璃表面的水膜，使电极电位达到平衡，随后将甘汞电极插入上部清液中，按下读数开关进行 pH 测定，数分钟后读数。

注意事项：每测定一个样品后，要用滴管吸取蒸馏水将电极表面的土粒冲洗干净，并用滤纸将水吸干，再进行第二样品的测定，测定几个样品后，再用 pH 标准液校正一次。

2.混合指示剂法测定土壤 pH

表 2-4-7 混合指示剂法测定土壤 pH 操作要点及要求

工作环节	操作要点及要求
清洁比色板	用待测土壤擦拭白瓷比色板 3 次。
试样制备	取黄豆大小待测土壤样品，置于清洁白瓷比色板穴中，加指示剂 3～5 滴，以能全部湿润样品而稍有剩余为宜，水平振动 1 min，静置片刻。
测定	待稍澄清后，倾斜瓷板，将溶液色度与标准比色卡比色，确定 pH。

注意事项：①也可用宽 2～3 cm，长 6～8 cm 的白色石蜡浸纸代替白瓷板；②在测试过程中比色板应稍远离口鼻，以免呼吸时产生的二氧化碳影响测试结果。

五、作业与活动

1.作业

（1）我国土壤酸碱性分布总体规律是怎样的？

（2）简述电位法和混合指示剂法测定土壤酸碱性的优缺点。

2.课外活动

用混合指示剂法到附近农村或农场测定其土壤 pH，并判断其对种植作物的适宜性。

随堂测试：土壤酸碱性测定

任务四　调节土壤酸碱性

一、任务要求

明确土壤酸碱性调节的措施；能根据当地土壤类型和植物种植情况，结合土壤酸碱状况，提出土壤酸碱性调节的方案。

二、相关知识

土壤酸碱性与土壤肥力及植物生长有密切关系：一是影响土壤肥力(图 2-4-3)。土壤中氮、磷、钾、钙、镁等养分有效性受土壤酸碱性变化的影响很大。微生物对土壤酸碱性也有一定的适应范围。土壤酸碱性对土壤理化性质也有影响。二是影响植物的生长发育。不同植物对土壤酸碱性都有一定的适应范围，如茶树适合在酸性土壤上生长，棉花、苜蓿则耐碱性较强，但一般植物在弱酸、弱碱和中性土壤上(pH 6.0～8.0)都能正常生长(表 2-4-8)。

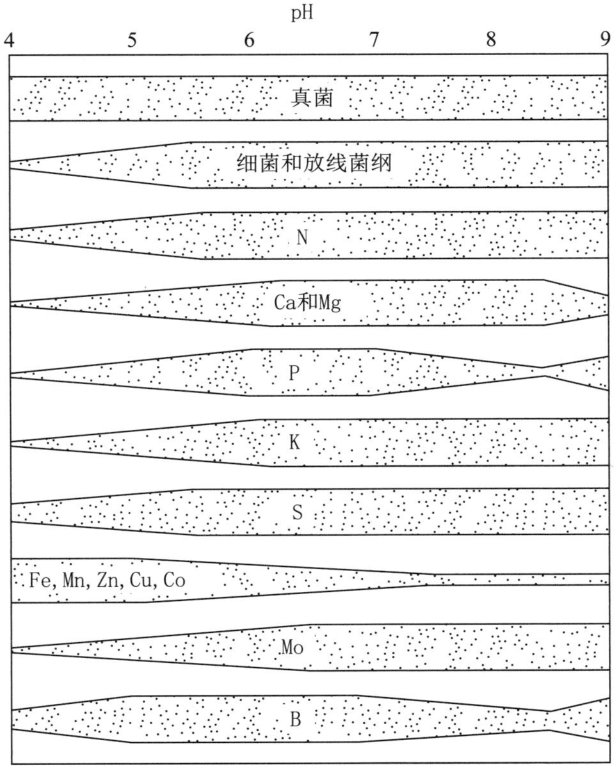

图 2-4-3　土壤 pH 与养分有效性的关系

(引自《土壤肥料》，金为民、宋志伟，2009)

PPT 课件：土壤酸碱性的调节

农事谚语

山高土又黄，
天然好茶场。

表 2-4-8 常见植物最适宜的 pH 范围

名称	pH	名称	pH
水稻	6.0～7.0	烟草	5.0～6.0
小麦	6.0～7.0	豌豆	6.0～8.0
大麦	6.0～7.0	甘蓝	6.0～7.0
棉花	6.0～7.0	胡萝卜	5.3～6.0
大豆	6.0～7.0	番茄	6.0～7.0
玉米	6.0～7.0	西瓜	6.0～7.0
花生	5.0～6.0	南瓜	6.0～8.0
甘薯	5.0～6.0	苹果	6.0～8.0
马铃薯	4.8～5.5	茶	5.0～5.5
甘蔗	6.0～7.0	栗	5.0～6.0
甜菜	6.0～8.0	薄荷	7.0～8.0

总之，土壤的酸性或碱性过大，都会在一定程度上对土壤养分和植物生长造成不利影响，需要加以调节。

三、任务准备

全班分成若干个项目小组，以小组为单位准备：

(1)石灰或草木灰、石膏或硫酸亚铁；

(2)查阅有关土壤肥料书籍、杂志、网站，走访当地有经验的农户和专家，总结当地土壤酸碱性调节的经验。

正能量微语

当你还不能对自己说今天学到了什么东西时，你就不要去睡觉。

(利希顿堡)

四、实施步骤

调节土壤 pH 有多种方法，如增施有机肥、更换土壤、加入化学物质等，生产上以施用化学物质较为方便实用(表 2-4-9)。

小提示

石灰是农业生产上常用物质，施用石灰"两忌"：

一忌石灰与腐熟的粪尿肥混合施用；

二忌石灰施用过量。

表 2-4-9 土壤酸碱性调节的操作要点及要求

工作环节	操作要点及要求
土壤酸碱性测定	根据当地实际情况，合理选取样点，测定土壤的 pH。
酸性土壤改良	(1)增施有机质肥。调节土壤酸碱度最根本的措施，是设法提高土壤的缓冲性能(维持土壤酸碱反应相对稳定的能力)。而土壤的缓冲性，与土壤中腐殖质的含量密切相关，故应重视多积农家土杂肥，多种绿肥(或豆科作物)。 (2)施用石灰，多数是生石灰。施入土壤中发生中和反应和阳离子交换反应。生石灰碱性很强，因此不能和植物种子或幼苗的根系接触，否则易灼烧致死；石灰使用量经验做法是：一般土壤 pH 4～5，石灰用量为 750～2 250 kg/m^2；土壤 pH 5～6，石灰用

续表2-4-9

工作环节	操作要点及要求
酸性土壤改良	量为375～750 kg/m²。在我国南方部分强酸性土壤上，施用石灰是一项常用的生产措施。 (3)使用其他天然碱性物质。在沿海地区可以用含钙质的贝壳灰改良；我国四川、浙江等地也有钙质紫色页岩粉改良酸性土的经验；另外，草木灰既是钾肥又是碱性肥料，可用来改良酸性土。 (4)使用碱性和生理碱性肥料。如增施钙镁磷肥、碳酸氢铵等。
碱性土壤改良	(1)增施有机质肥。一是能提高土壤的缓冲性能；二是改善土壤物理性状，提高土壤通透性，促进土壤脱盐和抑制土壤返盐；三是有机质分解产生的有机酸能一定程度中和土壤碱度。 (2)施用石膏等酸性物质及其酸盐。石膏用得较多，重碱地施用石膏应采取全层施用法；花碱地，其碱斑面积在15%以下，可将石膏直接施在碱斑上。灰碱地宜在春、秋季平整土地后，耕作时将石膏均匀施在犁垡上，通过耙地，使之与土混匀，再行播种。还可用硫黄粉、冰醋酸、明矾、硫酸亚铁等物质来改良土壤碱性。 (3)使用酸性和生理酸性肥料。增施硫酸铵、过磷酸钙、硫酸钾等酸性和生理酸性肥料，可提高土壤酸度，中和土壤碱度。
总结当地土壤酸碱性调节经验	根据上述调控情况，总结当地土壤酸碱性调节经验，并撰写一份调查报告。报告内容要简洁、论据充分确凿，建议合理可行。

拓展知识：酸性土壤与酸化土壤

五、作业与活动

1.学生作业

为什么增施有机肥既能调节土壤酸性又能调节土壤碱性呢？

2.课外活动

通过资料查阅或实地调查，总结当地土壤酸碱性调节经验，并撰写一份调查报告。

随堂测试：土壤酸碱性调节

【小结与思考】

◆小结

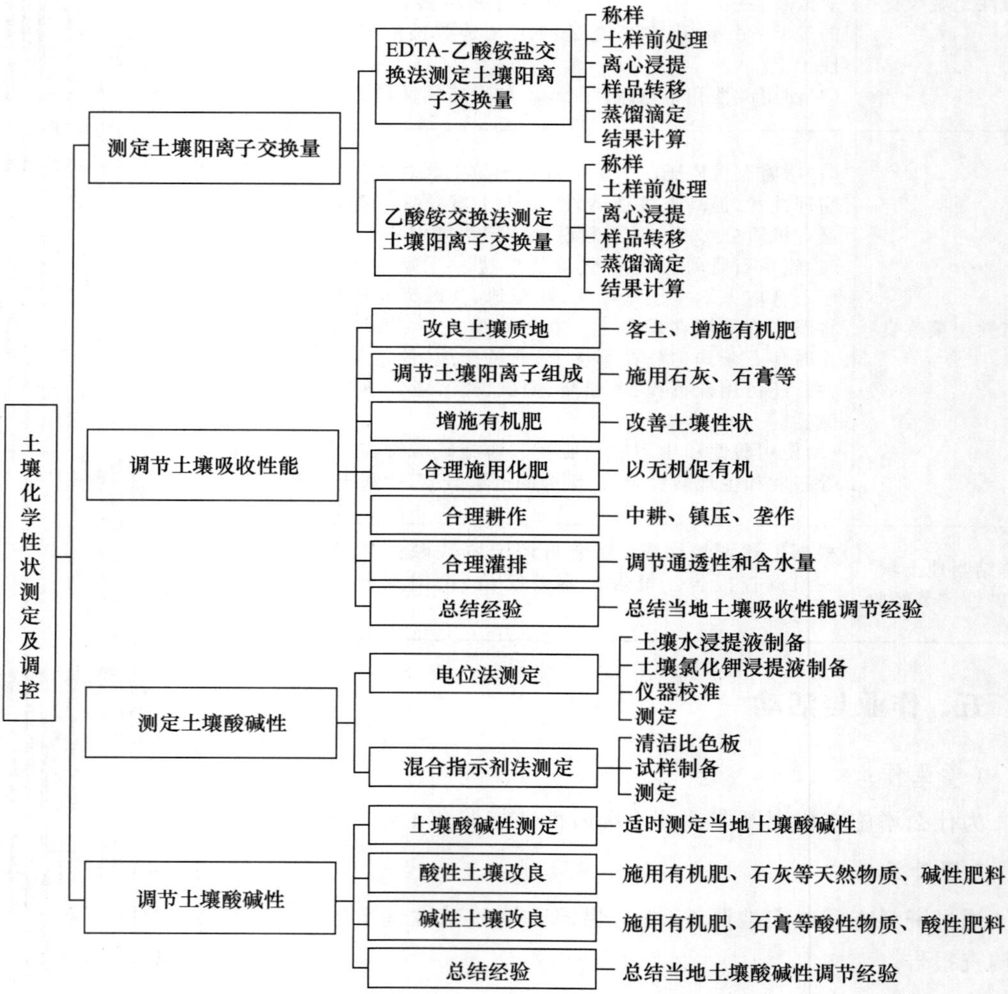

◆思考

1.土壤阳离子交换量与土壤吸收性能间有什么关系？

2.影响土壤酸碱性的因素有哪些？

3.除本项目中介绍的外，还有哪些土壤化学性状与植物生长关系较密切？

项目五

土壤有机质含量测定与施肥调控

【项目描述】

接受测土施肥任务的农学专业学生已完成了土壤水分状况、土壤的物理及化学性状测定，并整理了相应的调控方案。接下来还需要分析和调控土壤哪些方面的性状，以促进农业增收？

【项目分析】

土壤除水分和理化性状外，直接影响农业生产的最重要的就是养分性状了。其中土壤有机质既是土壤基本组成成分，又是土壤中各种营养的重要来源，它是土壤肥力高低的重要指标之一，近年来随着“化肥零增长”的实施，有机养分更是显得尤为重要。因而接下来应该测定土壤有机质状况和合理调控土壤有机养分含量。

【项目目标】

素质目标：强化科学严谨、求真务实的工作态度和生态文明意识；增强学生振兴乡村服务农业的使命感和责任感。

知识目标：能解释有机质测定的原理，能描述常用有机肥料和生物肥料的主要类型和性质，掌握有机肥料和生物有机肥合理施用方法。

能力目标：能熟练测定所提供样品的土壤有机质含量；能合理施用有机肥料和生物有机肥。

【任务导航】

根据项目分析及目标，需完成下列任务：

1.测定土壤有机质含量

2.合理施用有机肥

3.合理施用微生物肥料

修为提示

土壤有机质含量是土壤非常重要的一项指标，是分析土壤必测的项目。

要使测定结果真实反映土壤中有机质含量，以指导农业生产，在测定时必须秉承科学严谨、求真务实的态度，发扬精益求精的工匠精神。

例如，准确吸取标准溶液时，一定要规范操作，正确润洗和正确读数；在滴定环节要耐心细致，认真观察颜色的变化过程，以保证测定结果准确有效。

拓展知识：土壤有机质含量测定方法

任务一　测定土壤有机质含量

一、任务要求

通过实验了解重铬酸钾容量法测定土壤有机质含量的原理。完成实训基地土壤样品的有机质含量测定，并提交测定报告。

二、相关知识

土壤有机碳换算为土壤有机质的系数等于 1.724，因此可以通过测定土壤有机碳的含量乘以 1.724，推算出有机质含量。

有机碳的测定可用重铬酸钾容量分析法，容量分析法根据热源的不同可分为外加热法和水合热法。

外加热法是利用油浴进行外加热（170～180℃），用定量的和稍过量的标准重铬酸钾-硫酸溶液，氧化土壤有机碳，剩余的重铬酸钾用标准硫酸亚铁滴定，以土样和空白所消耗标准硫酸亚铁量的差值可以计算出有机碳量，再进一步计算土壤有机质的含量。外加热法有机碳的氧化较完全，可达 90%～95%。反应式如下：

$$2K_2Cr_2O_7 + 3C + 8H_2SO_4 \rightarrow 2K_2SO_4 + 2Cr_2(SO_4)_3 + 3CO_2\uparrow + 8H_2O$$

$$K_2Cr_2O_7 + 6FeSO_4 + 7H_2SO_4 \rightarrow K_2SO_4 + Cr_2(SO_4)_3 + 3Fe_2(SO_4)_3 + 7H_2O$$

以邻啡罗啉作为 Fe^{2+} 滴定剩余 $Cr_2O_7^{2-}$ 的氧化还原指示剂。在滴定过程中邻啡罗啉指示剂的变色过程如下：

→橙色（重铬酸钾的橙色掩盖了指示剂在氧化条件下的淡蓝色）→绿色（滴定时溶液逐渐呈现（Cr^{3+}））→灰绿色（滴定接近终点）→棕红色（当 Fe^{2+} 溶液过量半滴时，滴定已达终点）

水合热法又称稀释热法，其原理与外加热法相同。该方法是利用浓硫酸和重铬酸钾迅速混合时产生的热（120℃）代替外加热法中的油浴加热来氧化土壤有机碳。水合热法操作更加方便。由于水合热法温度较低，只能氧化 71%～77%的有机碳。因此，需将测得的有机碳乘以校正系数 1.33，再乘以常数 1.724（按土壤有机质平均含碳量 58%计算），即为土壤有机质含量。

三、任务准备

按 2～3 人一组，将全班同学分为若干个项目小组，以小组为单位准备。

1.材料与用具

硬质试管(Φ18 mm×180 mm)、油浴锅或远红外消解炉、铁丝笼、温度计(300℃)、分析天平或电子天平(感量 0.000 1 g)、电炉、滴定管(25 mL)、弯颈小漏斗、三角瓶(250 mL)、量筒(10 mL、100 mL)、移液管(10 mL)、秒表、自动控温调节器等。

2.提前配制好如下试剂

(1)0.4 mol/L 重铬酸钾-硫酸溶液　称取重铬酸钾(分析纯)40.0 g,溶于 600～800 mL 蒸馏水中(必要时可加热溶解),冷却后转移入 1 L 容量瓶中,稀释至刻度,摇匀,将此溶液转移入 3～5 L 大烧杯中备用。

另外取分析纯浓硫酸 1 L,缓慢倒入装有重铬酸钾溶液的大烧杯中,并不断搅拌使之慢慢冷却,保存备用。

(2)0.2 mol/L 硫酸亚铁溶液　称取($FeSO_4 \cdot 7H_2O$)(分析纯)55.6 g,溶于 600～900 mL 蒸馏水中,加化学纯浓硫酸 20 mL 溶解,稀释至 1 L,摇匀备用(必要时过滤)。此溶液的准确浓度以 0.1 mol/L 重铬酸钾标准溶液标定,现用现标定。

(3)0.2 mol/L 重铬酸钾标准溶液　称取经过 130℃烘干至恒重(3～4 h)的重铬酸钾 9.807 g,先用少量水溶解,然后转移入 1 L 容量瓶中,用水稀释至刻度,摇匀备用。

(4)硫酸亚铁溶液的标定　吸取 0.2 mol/L 重铬酸钾标准溶液 20.00 mL 加入 150 mL 三角瓶中,加浓硫酸 3～5 mL 和 2～3 滴邻啡罗啉指示剂,用 0.2 mol/L 硫酸亚铁标准溶液滴定。根据硫酸亚铁标准溶液滴定时的消耗量按下列公式计算其准确浓度 C。

$$C = 6 \times 0.200\,0 \times 20 \div V$$

式中:C—硫酸亚铁溶液摩尔浓度(mol/L);V—滴定用去硫酸亚铁溶液体积(mL);6—6 mol/L $FeSO_4$ 与 1 mol $K_2Cr_2O_7$ 完全反应的摩尔系数比值。

(5)邻啡罗啉指示剂　称取硫酸亚铁($FeSO_4 \cdot 7H_2O$,分析纯)0.695 g 和邻啡罗啉($C_{12}H_8N_2 \cdot H_2O$,分析纯)1.485 g 溶于 100 mL 水,摇匀备用。此指示剂易变质,应密闭保存于棕色瓶中。

(6)石蜡(固体)或磷酸或矿物油 2.5 kg。

(7)浓硫酸(分析纯)。

四、实施步骤

表 2-5-1　土壤有机质含量测定操作要点及要求(外加热法)

工作环节	操作要点及要求
称样、加氧化剂	(1)称取通过 60 目筛的风干土样 0.05～0.5 g(精确到 0.000 1 g),放入干燥的硬质试管中。 (2)用移液管准确加入 0.8 mol/L 重铬酸钾-硫酸溶液 10 mL,小心摇动,贴上标签,盖上小漏斗,将试管插入铁丝笼中待加热。

PPT 课件:测定土壤有机质含量

政策法规

我国从 2009 年开始并连续多年实施了有机质提升补贴项目。2009 年广西有 25 个项目县补贴 4 000 万元,2010 年又增加到 5 000 万元补贴,有 38 个县分别获得秸秆腐熟补贴、绿肥种植补贴、商品有机肥补贴。该项目连续多年逐年增加补贴县份和金额。

续表2-5-1

工作环节	操作要点及要求
加热氧化	油浴锅预先加热至185～190℃，将铁丝笼放入油浴锅中，要求放入后温度控制在170～180℃，待试管内液体沸腾发生气泡时开始计时，保持沸腾5 min，取出铁丝笼，待试管稍冷后，用纸擦净试管外部油液，冷却至室温。
溶液转移、加指示剂	(1)将试管内容物用蒸馏水洗入250 mL的三角瓶中，洗净试管内部和小漏斗，溶液总体积达60～70 mL，酸度为2～3 mol/L。 (2)加入邻啡罗啉指示剂3～5滴摇匀。
滴定	用标准的硫酸亚铁溶液滴定。溶液颜色由橙色(或黄绿)→绿色、灰绿色、蓝绿→棕红色即为终点。记取 $FeSO_4$ 滴定体积(V)。
空白实验	在样品测定的同时做两个空白试验，取其平均值。空白试验用石英砂或灼烧的土代替土样，其余规程与测定样品相同。记取 $FeSO_4$ 滴定体积(V_0)。
结果计算	土壤有机质含量 $=\dfrac{C(V_0-V)\times 0.003\times 1.724\times 1.1\times 100\%}{m}$ 式中：V_0—滴定空白时消耗的硫酸亚铁溶液体积(mL)；V—滴定样品时消耗的硫酸亚铁溶液体积(mL)；C—硫酸亚铁溶液的浓度(mol/L)；0.003—1/4碳原子的毫摩尔质量(g)；1.724—由有机碳换算为有机质的系数；1.1—氧化校正系数；m—烘干土样重(g)。

注意事项：①一般有机质含量<20 g/kg，称量0.4～0.5 g；20～70 g/kg，称量0.2～0.3 g；70～100 g/kg，称量0.1 g；100～150 g/kg，称量0.05 g；②外加热法加热时产生的二氧化碳气泡不是真正沸腾，只有待真正沸腾时才能开始计算时间，计时的准确性对分析结果的准确度有较大的影响；③滴定过程中不断摇动内容物，指示剂变色敏锐，临近终点，要放慢滴定速度；④如果试样滴定所用硫酸亚铁溶液的体积不到空白实验所消耗的硫酸亚铁溶液体积的1/3，则有氧化不完全可能，应减少土样称量重做。

教学视频：土壤有机质含量测定(水合热法)

表2-5-2　土壤有机质含量测定操作要点及要求(水合热法)

工作环节	操作要点及要求
称样	用电子天平准确称取通过60目筛的风干土样0.400～0.500 g，放入250 mL锥形瓶底部。
加氧化剂	准确加入0.166 7 mol/L $K_2Cr_2O_7$ 标准溶液5.00 mL，轻轻摇动，使土粒分散。
加浓硫酸	快速加入10 mL浓硫酸，立即轻摇1 min，使土壤与试剂充分混匀。
静置30 min	将锥形瓶放在石棉铁丝网上，静置30 min。
加指示剂	加入蒸馏水约50 mL，加入3～4滴邻啡罗啉指示剂，摇匀。
滴定	用硫酸亚铁标准溶液滴定至棕红色(溶液的变色过程是橙黄→蓝绿→棕红)，即为终点。
空白实验	在样品测定的同时做两个空白试验，取其平均值。空白试验用石英砂或灼烧的土代替土样，其余规程与测定样品相同。记取 $FeSO_4$ 滴定体积(V_0)。

名言警句

各种科学发现往往具有一个共同点，那就是勤奋和创新精神。
(钱三强)

续表2-5-2

工作环节	操作要点及要求
结果计算	土壤有机质含量$=\frac{C(V_0-V)\times 0.003\times 1.724\times 1.33\times 100\%}{m}$ 式中:V_0—滴定空白时消耗的硫酸亚铁溶液体积(mL);V—滴定样品时消耗的硫酸亚铁溶液体积(mL);C—硫酸亚铁溶液的浓度(mol/L);0.003—1/4 碳原子的毫摩尔质量(g);1.724—由有机碳换算为有机质的系数;1.33—氧化校正系数;m—烘干土样重(g)。

注意事项:①一般有机质含量<20 g/kg,称量 0.4~0.5 g;20~70 g/kg,称量 0.2~0.3 g;70~100 g/kg ,称量 0.1 g;100~150 g/kg,称量 0.05 g;②土壤样品中存留的植物根茎叶等有机物要挑选干净;③滴定过程中不断摇动内容物,指示剂变色敏锐,临近终点,要放慢滴定速度;④如果试样滴定所用硫酸亚铁溶液的体积不到空白实验所消耗的硫酸亚铁溶液体积的 1/3,则有氧化不完全可能,应减少土样称量重做;⑤测定还原性较强的水稻土时,把已经磨细的样品摊开风干十几天,使还原性物质充分被氧化后,再进行测定。

名言警句

任何科学的结论都不该看成是永恒不变的。

(邓拓)

五、作业与活动

1.作业

撰写土壤有机质含量测定实验报告。填写数据记录表 2-5-3。

表 2-5-3　土壤有机质测定数据记录

土样编号	土样重/g	硫酸亚铁消耗量/mL	空白硫酸亚铁消耗量/mL	有机质含量/%	平均含量/%

随堂测试:测定土壤有机质含量

2.课外活动

以学习小组为单位,通过实地走访种植企业或查找资料了解当地土壤有机质含量状况。

责任担当

对生态环境的日益重视,促使安全、环保、绿色的有机肥料再次引起人们的关注。从 2004 年开始我国农业部大力推广有机肥替代化肥的技术模式。促进有机肥产业蓬勃发展。在生产实践中加强生态文明意识助力可持续农业发展是我们当代学农人的责任和义务。

任务二　合理施用有机肥

一、任务要求

了解有机肥料的种类、特点与作用,了解常见有机肥的养分含量与性质,了解当地土壤有机肥料的施用情况,能合理施用常见有机肥料。

二、相关知识

有机肥料是指来源于各种动植物及有机废弃物料，加工积制而成的含有大量有机物质的肥料总称。主要包括农村自积自制的农家肥、绿肥、商品有机肥料等。

有机肥具有养分齐全、肥效持久、有机质含量丰富、总养分含量低、肥料施用量大、肥源广、积制方便等特点。

有机肥是完全性肥料，能为植物生长提供全面营养，对改善土壤理化性状、培肥地力、促进肥效、降低成本、改善农产品品质、提高作物产量、刺激植物生长、提高植物抗逆性、提高土壤的生物活性和生化活性等有着重要的作用。

有机肥料因其来源、特性和积造方法、生产工艺的不同，肥料的成分性质也有所差异，其分类见表 2-5-4。

表 2-5-4　有机肥的分类

种类	概念及原料来源
粪尿肥	主要指动物的排泄物，包括家畜粪尿、禽粪、人粪尿、海鸟粪、蚕沙等以及利用家畜粪便混以各种垫圈材料积制的厩肥等。
秸秆肥	以秸秆、杂草、落叶为主要原料，加入适量泥土、粪尿堆沤，经过好气性或嫌气性微生物发酵腐熟制成的肥料。包括堆肥、沤肥、沼气肥以及秸秆直接还田等。
绿肥	指直接翻压到土壤中作为肥料施用的正在生长的绿色植物（植物整体或植物残体），包括栽培绿肥和野生绿肥。如紫云英、苕子、苜蓿、田菁、沙打旺、紫穗槐、黑麦草、金花菜、肥田萝卜等。
杂肥类	主要指能用作肥料的各种有机废弃物，包括城市垃圾、泥炭、草木灰、草炭、腐殖酸及各种饼肥等，也包括以有机肥料为主的各种营养土。
商品有机肥料	指符合 NY/T 525—2021《有机肥料》农业行业标准的商品有机肥，主要来源于植物和（或）动物，经过发酵腐熟的含碳有机物料，其功能是改善土壤肥力、提供植物营养、提高作物品质。其原料优先选用适用类目录中的原料，不使用禁用原料，评估类原料必须通过安全性评价后才能用于肥料生产。

农事谚语

春施千担肥，
秋收万担粮。
春天粪堆密，
秋后粮铺地。

1.粪尿肥类

粪尿肥养分含量高，肥效快，施肥效果显著。

（1）家畜禽粪尿肥的成分和性质　家畜粪尿的成分差异比较大，粪的主要成分有纤维素、半纤维素、木质素、蛋白质及其分解产物、脂肪、有机酸、胆汁、叶绿素、酶和各种无机盐类等（表 2-5-5、图 2-5-1）；含有机质较高，为 15%～30%。家畜尿成分相对简单，全部为水溶性物质，如尿素、尿酸、马尿酸以及钾、钠、钙、镁等无机盐类（表 2-5-6、图 2-5-2）。

表 2-5-5　新鲜家畜禽粪中主要养分的平均含量　　%

种类	水分	有机质	氮(N)	磷(P_2O_5)	钾(K_2O)	C/N
猪粪	81.5	15.0	0.60	0.40	0.44	(13～14)：1
马粪	75.8	21.0	0.58	0.30	0.24	(23～24)：1
牛粪	83.3	14.5	0.32	0.25	0.16	(25～26)：1
羊粪	65.5	31.4	0.65	0.47	0.23	29：1
鸡粪	50.5	25.2	1.63	1.54	0.58	(10～11)：1

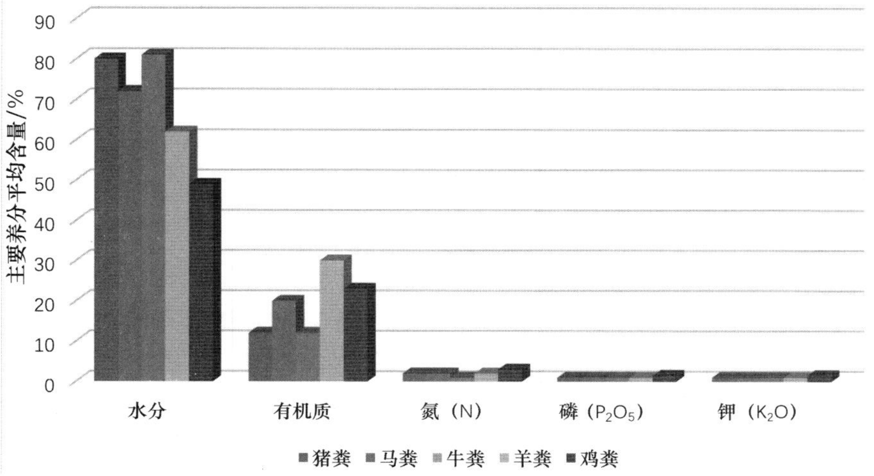

图 2-5-1　新鲜家畜禽粪中主要养分的平均含量

表 2-5-6　新鲜家畜尿中主要养分的平均含量　　%

种类	水分	有机质	氮(N)	磷(P_2O_5)	钾(K_2O)
猪尿	96.7	2.8	0.30	0.12	1.00
马尿	90.1	7.1	1.20	微量	1.50
牛尿	93.8	3.5	0.95	0.03	0.95
羊尿	87.2	8.3	1.68	0.03	2.10

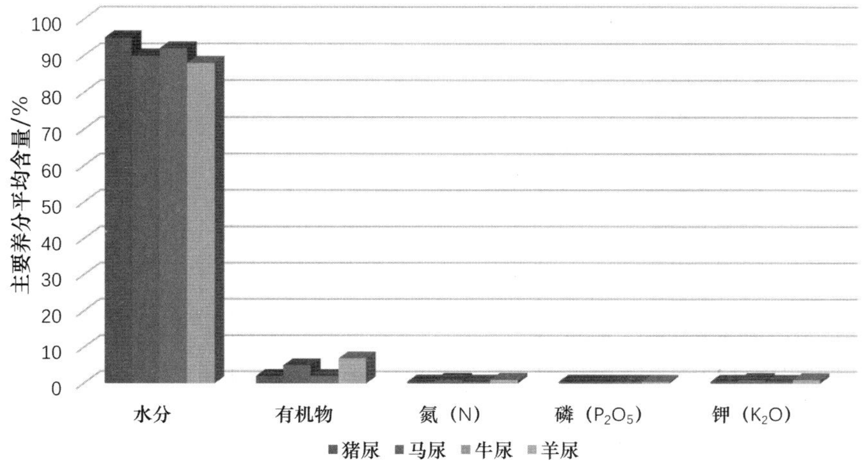

图 2-5-2　新鲜家畜禽尿中主要养分的平均含量

农事谚语

种田无他巧，
粪是庄稼宝。
猪粪红花草，
农家两件宝。

拓展知识：柑橘有机肥替代化肥技术方案

各种家畜粪尿除养分含量有差异外，由于家畜的饮食习惯、饲料种类、消化系统的类别不同，使得家畜禽粪的性质差别较大(表 2-5-7)。

表 2-5-7　畜禽粪的性质

种类	性　质
猪粪	质地较细，C/N 低，养分含量较高，含有较多的氨化细菌，较易分解，含水量较多，纤维分解细菌少，产热少，属“温性肥料”。
马粪	纤维素含量较高，粗松多孔透气，易蒸发水分，故含水量较少，含大量纤维素，分解时发热量大，常称为“热性肥料”。
牛粪	质地细密，含水量较高，含氮量低，通气性差，C/N 大，分解较缓慢，发酵温度低，释放出的热量较少，称为“冷性肥料”。
羊粪	质地细密干燥，肥分浓厚，有机质和养分含量高，分解较快，发热量介于马粪与牛粪之间，易于发酵分解，属“热性肥料”。
禽粪	纤维素较少，粪质细腻，养分含量高于家畜粪，分解速度较快，能产生高温，也属于“热性肥料”。

(2)人粪尿的成分和性质　人粪尿是我国农村常用的有机肥料，具有养分含量高，氮多(70%～80%呈尿素态)，磷、钾少，易腐熟，肥效快等特点。

人粪尿主要养分见表 2-5-8 和图 2-5-3。

表 2-5-8　新鲜人粪尿中主要养分含量　　%

种类	主要养分含量				
	水分	有机物	氮(N)	磷(P_2O_5)	钾(K_2O)
人粪	70 以上	20 左右	1.00	0.50	0.37
人尿	90 以上	3 左右	0.50	0.13	0.19
人粪尿	80 左右	5～10	0.50～0.8	0.2～0.4	0.2～0.3

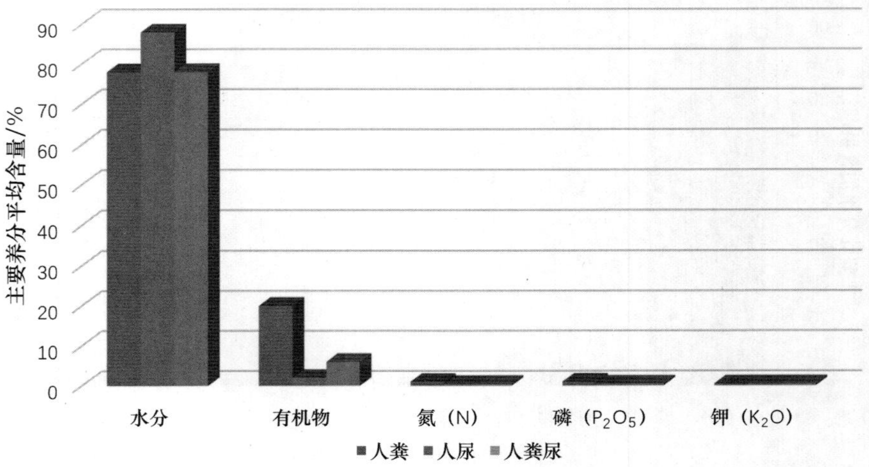

图 2-5-3　新鲜人粪尿中主要养分的平均含量

责任担当

中国农业大学校长柯炳生接受《人民日报》访谈时提道：民以食为天，如何解决好十几亿人口“吃得饱，吃得好，吃得安全，吃得健康”，这是全体中国人头等重要的大事。而土壤有机质含量是耕地质量非常重要的一个指标。目前商品有机肥的推广还有一定的难度，需要我们多做宣传多做示范，提高农民对有机肥的认识。

人粪尿中的养分主要以有机态存在，必须经过分解腐熟后才能被作物吸收利用。人粪尿含氮较多，含磷、钾较少，通常人们把人粪尿作为氮肥施用。

(3)厩肥的成分和性质　厩肥是以家畜粪尿混以各种垫圈材料等积制而成的有机肥料。垫圈材料主要是有机物(如秸秆、枯枝落叶等)。厩肥中富含丰富的有机质和各种养分，属完全肥料(表 2-5-9、图 2-5-4)。

拓展知识：厩肥常用的积制方法

表 2-5-9　新鲜厩肥中主要养分的平均含量　　%

种类	水分	有机质	N	P_2O_5	K_2O	CaO	MgO	SO_3
猪厩肥	72.4	25.0	0.45	0.19	0.60	0.08	0.08	0.08
牛厩肥	77.5	20.3	0.34	0.16	0.40	0.31	0.11	0.06
马厩肥	71.3	25.4	0.58	0.28	0.53	0.21	0.14	0.01
羊厩肥	64.3	31.8	0.083	0.23	0.67	0.33	0.28	0.15

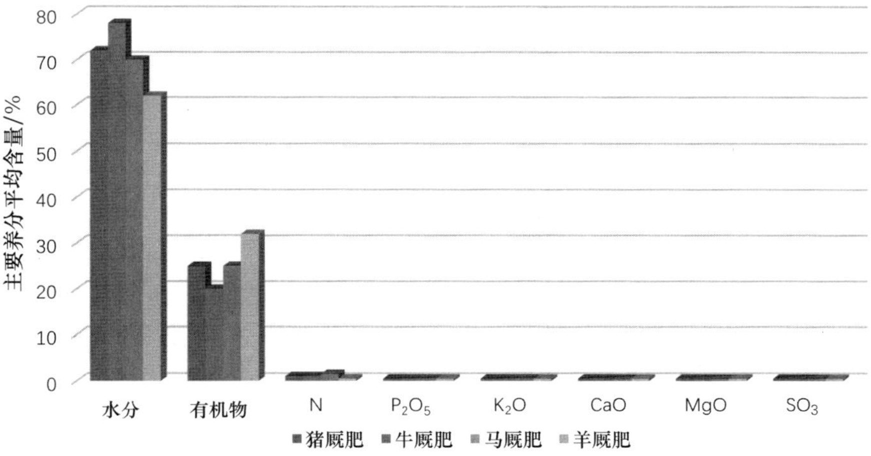

图 2-5-4　新鲜厩肥中主要养分平均含量

2.秸秆肥

秸秆肥根据秸秆利用的方式不同可分为堆肥、沤肥、沼气肥以及秸秆直接还田等。

(1)堆肥　指用秸秆、绿肥、青草、树叶、泥炭、垃圾及其他废弃物为主要原料，加入粪尿、尿素等速效肥料或催腐剂进行堆腐而成的有机肥。堆肥一般含有丰富的有机质，一定数量的氮、磷、钾，还含有维生素、生长素及微量元素等。堆肥的性质和厩肥类似，属于缓效肥，肥效稳定持久。堆肥因堆制原料和方法不同，其成分有所差别(表 2-5-10)。

拓展知识：堆肥腐熟的四个阶段

表 2-5-10　堆肥养分含量　　%

堆肥种类	水分	有机质	N	P_2O_5	K_2O	C/N
一般堆肥	60～75	15～25	0.4～0.5	0.18～0.26	0.45～0.70	16～20
高温堆肥	—	24.1～41.8	1.05～2.00	0.30～0.82	0.47～2.05	9.67～10.67

(2)沤肥　指利用有机物料与泥土在淹水条件下，通过厌氧性微生物进行发酵积制的有机肥料。如湖北和广西的垱肥、江西的窖肥、湖南的凼肥、江苏的草塘泥、北方地区的坑沤肥等，都属于沤肥。

沤肥是在低温嫌气条件下进行腐熟的，沤肥有机质丰富，肥效长。沤肥养分含量见表 2-5-11。

表 2-5-11　沤肥养分含量

种类	有机质	N	P_2O_5	K_2O
全量养分	3%～12%	2.1～4.0 g/kg	1.4～2.6 g/kg	3.0～3.5 g/kg
速效养分	—	50～248 mg/kg	17～278 mg/kg	68～185 mg/kg

农事谚语

冬天比粪堆，
来年比粮堆。

(3)沼气肥　沼气肥是作物秸秆、污泥、垃圾与人畜粪尿等各种有机废弃物在严格密闭的条件下发酵，制取沼气后剩余的沼气池残液和残渣。

沼气池液中含有氮、磷、钾等有效养分和其他可溶性养分，其中速效氮含量较高，并以铵态氮为主，可作速效肥施用。沼气池渣中全氮、碱解氮和速效磷含量都高于沼气液，还含有各种微量元素，腐殖质含量高，是优质的有机肥料。

与一般农家有机肥料相比，沼气肥具有全氮含量较高，速效氮转化率高，碳氮比较适宜的特点，其中铵态氮较发酵前增加 2～4 倍，速效氮占全氮的 50%～70%。养分含量见表 2-5-12。

表 2-5-12　沼气肥养分含量　　g/kg

种类	N	P_2O_5	K_2O
池液	0.3～0.8	0.2～0.7	0.5～1.4
池渣	5～12.2(全 N)	0.05～0.3	0.17～0.32

发展沼气，可以比较合理地利用有机物中的能量和肥分，提高了肥料质量，也提高了有机物的利用率。

(4)秸秆直接还田　秸秆不经过堆沤发酵，直接施于土壤的利用方式，称为秸秆直接还田。秸秆还田是提高土壤有机质含量的有效途径，可以就地取材，具有操作简便、省工省力、效果明显、便于推广的特点。

秸秆还田的方式主要有秸秆翻压还田、秸秆覆盖还田、秸秆机械粉碎翻压还田。

3.绿肥类

绿肥含有较多的有机质和多种养分。种植绿肥可增加土壤养分，提高土壤肥力，改良低产田。绿肥还可固沙护坡，防止冲刷，防止水土流失和土壤沙化。绿肥还可作饲料，发展畜牧业。绿肥种植可间作、套种、单种、轮作等。种植绿肥就是利用生物固氮，广辟有机肥源，是土地用养结合的有效措施。

4.其他有机肥类

随着城镇人口的增加和农副产品加工业的增多，杂肥类在有机肥料资源中所占的比重越来越大。杂肥养分含量见表 2-5-13。

表 2-5-13　杂肥类有机肥料的主要养分含量

名称	养分含量
泥炭	含有机质 40%～70%，腐殖酸 20%～40%，全氮 0.49%～3.27%，全磷 0.05%～0.6%，全钾 0.05%～0.25%，多酸性至微酸性反应。
腐殖酸类	主要是腐殖酸铵（游离腐殖酸 15%～20%、全氮 3%～5%）、硝基腐殖酸铵（腐殖酸 40%～50%、全氮 6%）、腐殖酸钾（腐殖酸 50%～60%）等，多黑色或棕色，溶于水。
饼肥	主要有大豆饼、菜籽饼、花生饼等，含有机质 75%～85%、全氮 1.1%～7.0%、全磷 0.4%～3.0%、全钾 0.9%～2.1%。
菇渣	含有机质 60%～70%、全氮 1.62%、全磷 0.454%，全钾 0.9%～2.1%、速效氮 212 mg/kg、速效磷 188 mg/kg，并含丰富微量元素。
城市垃圾	处理后垃圾肥含有机质 2.2%～9.0%、全氮 0.18%～0.20%、全磷 0.23%～0.29%、全钾 0.29%～0.48%。

5.商品有机肥

商品有机肥是经过专门生产厂家加工处理过的有机肥。近年来，随着市场的需求，有机肥料逐渐向专业化和标准化发展。商品有机肥逐渐实现营养物质含量高、营养元素全面、危害物质降低、产品附加值高的优点。随着农业农村部门大力推进有机肥料替代化肥等工作，有机肥料成为未来产业发展的重点之一。

目前有机肥料产品主要包括精制有机肥料、生物有机肥料、有机无机复混肥或专用肥。

国家新颁布施行的 NY/T 525—2021《有机肥料》标准规定了商品有机肥料的技术指标和限量指标，见表 2-5-14 和表 2-5-15。

表 2-5-14　有机肥料技术指标要求

项　目	指　标
有机质的质量分数（以烘干基计）/%	≥30
总养分（$N+P_2O_5+K_2O$）的质量分数（以烘干基计）/%	≥4.0
水分（鲜样）的质量分数/%	≤30
酸碱度（pH）	5.5～8.5

拓展知识：NY/T 525—2021 有机肥料

续表2-5-14

项　目	指　标
种子发芽指数(GI)/%	≥70
机械杂质的质量分数/%	≤0.5

表 2-5-15　有机肥限量指标要求

项　目	指　标
总砷(As)/(mg/kg)	≤15
总汞(Hg)/(mg/kg)	≤2
总铅(Pb)/(mg/kg)	≤50
总镉(Cd)/(mg/kg)	≤3
总铬(Cr)/(mg/kg)	≤150
粪大肠菌群数/(个/g)	≤100
蛔虫卵死亡率/%	≥95
氯离子的质量分数/%	—
杂草种子活性/(株/kg)	—

拓展知识：禁止用于生产有机肥的 6 种原料

三、任务准备

按 2～3 人一组，将全班同学分为若干组，以小组为单位准备：

(1)预习有机肥相关知识，通过网站、图书馆等查阅相关书籍、期刊，收集有机肥料合理利用情况；

(2)准备粪尿肥类、堆沤肥类、绿肥类、杂肥类等常见的有机肥料样品少许。

四、实施步骤

表 2-5-16　合理施用有机肥操作要点及要求

工作环节	操作要点及要求
识别各类有机肥	识别人粪尿，猪、牛、马、羊等家畜粪尿，厩肥、堆肥等常见有机肥的成分、性质、养分含量等；了解当地经常种植的绿肥种类及其栽培特性。
有机肥的施用技术	(1)全面撒施　有机肥料撒到地表，随着翻地将肥料全面埋入土壤表层。 适用于种植密度较大的作物以及用量大、养分含量低的粗有机肥料。优点：简单、省力，施用均匀。缺点：肥料利用率低，另外在温室大棚大量施用还可能加重土壤盐渍化。 (2)集中施用　养分含量高的精制有机肥料宜采用穴施或挖沟(图 2-5-5)。优点：可提高肥效，减少肥料施用量。缺点：施肥用工成本增加。

学习视频：有机肥料的种类及特点

续表2-5-16

工作环节	操作要点及要求
有机肥的施用技术	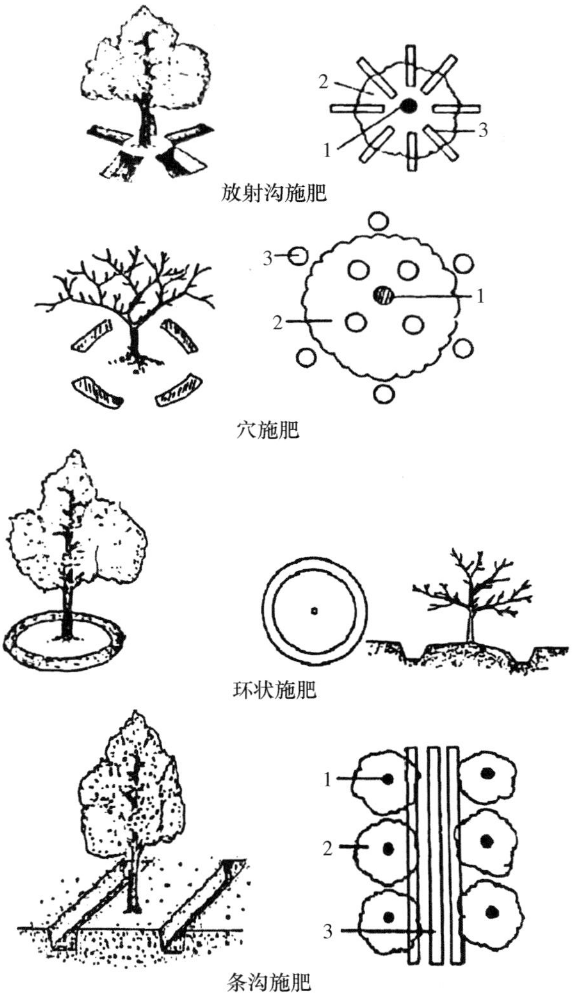 **图 2-5-5　有机肥施用技术**(引自:农用施肥方法,张福锁,2011) 1.树干　2.树冠投影　3.施肥沟穴
有机肥的施肥时期	(1)作基肥　有机肥料养分释放慢、肥效长、最适宜作基肥施用。 (2)作追肥　腐熟好的有机肥料含有大量速效养分,也可作追肥施用。有机肥料作追肥时,为提高肥效应提前施用,可适当补充化肥。 (3)作育苗肥基质和营养土　草炭、木屑、作物秸秆、畜禽粪便、树皮和菌渣等有机肥能为栽培作物提供适宜养分和 pH,是具备良好的保水、保肥、通气性能和根系固着力的混合轻质材料,可按一定比例制成育苗基质和营养土使用。
根据土壤特性合理施用有机肥	(1)沙土　沙土养分含量低,易漏水漏肥,应增施有机肥料以改善土壤的理化性状;对于养分含量高的优质有机肥料,一次施用量不宜太多,可少量多次施用;可深施大量堆腐秸秆和杂肥。 (2)黏土　黏土透气性差,施用的有机肥料必须充分腐熟:黏土养分供应慢、有机肥料可早施,可接近作物根部。

农事谚语

施肥一大片,
不如点和线。

PPT 课件:合理施用有机肥

农事谚语

粪要入了土，一亩顶两亩。

鸡粪肥效高，不发烧死苗。

肥多急坏禾，柴多压死火。

农事谚语

稻草还田，一年顶两年。

冬草肥田，春草肥禾。

积肥入积粮，肥多粮满仓。

续表2-5-16

工作环节	操作要点及要求
有机肥料与化肥配合施用	与化肥相比，有机肥料的不足在于养分含量低，肥效缓慢。在作物生长旺盛期，有机肥料往往不能及时供给植物充足的养分，而有机肥与化肥配合施用，相互取长补短，缓急相济，则可以提高肥效，获得高产。
合理施用人粪尿	(1)人粪尿要经过无害化处理，才能达到施用安全。 (2)人粪尿腐熟快慢与季节有关，人粪尿混存时，夏季需 6～7 d，其他季节需 10～20 d。 (3)人粪尿可作基肥和追肥施用，人尿还可以作种肥用来浸种。一般以人粪尿为原料积制的大粪土、堆肥和沼气池渣等肥料宜作基肥。 (4)人尿作追肥在苗期施用时要注意，直接施用新鲜人尿有烧苗的可能，需要腐熟并稀释后再施用。
合理施用畜禽粪尿	各种畜禽粪具有不同特点，在施用时必须加以注意，粪尿肥养分含量较高，过量施用易引起烧苗，应注意施用量。 (1)猪粪属于温性肥，适宜于各种土壤和植物，可作基肥和追肥。 (2)牛粪属于冷性肥，适宜于有机质缺乏的轻质土壤，作基肥。 (3)羊粪属于热性肥，适宜于各种土壤，可作基肥。 (4)马粪属于热性肥，适宜质地黏重的土壤，多作基肥。 (5)禽粪适宜于各种土壤和植物，可作基肥和追肥。
合理施用厩肥	未经腐熟的厩肥不宜直接施用，腐熟的厩肥可用作基肥和追肥。厩肥作基肥时，要根据厩肥的质量、土壤肥力、植物种类和气候条件等综合考虑。 厩肥半腐熟特征可概括为“棕、软、霉”，完全腐熟可概括为“黑、烂、臭”，腐熟过劲则为“灰、粉、土”。 厩肥在施用时，可根据当地的土壤、气候和作物等条件，选择不同腐熟程度的厩肥。
合理施用堆肥	(1)堆肥的腐熟　堆肥腐熟过程可分为发热、高温、降温和腐熟阶段。半腐熟的堆肥可概括为“棕、软、霉”。腐熟的堆肥特征是“黑、烂、臭”。 (2)堆肥的施用　堆肥主要作基肥，施用量一般为 15 000～30 000 kg/hm^2。堆肥可作种肥，常与过磷酸钙等磷肥混匀施用，作追肥时应提早施用。
合理施用沤肥、沼气肥	(1)沤肥一般作基肥施用，施用量一般在 30 000～75 000 kg/hm^2，并注意配合化肥和其他肥料一起施用，沤肥在水田中施用时，应在耕作和灌水前将沤肥均匀施入土壤，然后进行翻耕、耙地，再进行插秧。 (2)沼气肥作追肥　沼液施用量为 3 000 kg/hm^2，要求深施覆土。叶面追肥，将沼液稀释 1～2 倍，7～10 d 喷施一次。沼液还可以用来浸种。沼液、池渣均可以作基肥或追肥施用。
秸秆直接还田	(1)粉碎还田是将秸秆用机械粉碎后直接还田，适用于玉米和稻麦秸秆。留高茬还田是将稻麦收割时留茬高 30 cm 左右，旋耕、灭茬还田。田面覆盖是将秸秆切割成 10 cm 左右，均匀铺在作物行间，不留空地、不成堆。 (2)秸秆还田应注意配施氮、磷化肥，一般每公顷配施碳酸氢铵 150～225 kg 和过磷酸钙 225～300 kg。 (3)旱地要在播种前 30～40 d 还田为好，深度 17～22 cm；水田需要在插秧前 40～45 d 为好，深度 10～13 cm。 (4)还田量一般稻草和麦秸的用量在 2 250～3 000 kg/hm^2。
合理施用绿肥	(1)绿肥的翻压利用：①绿肥翻压时期一般在初花期和盛花期。②绿肥翻压量一般在 15 000～25 000 kg/hm^2，配合施适量粪尿或尿素等肥料。③翻压后，应配合施用磷、钾肥，对于干旱地区和干旱季节还应及时灌溉。 (2)绿肥可与秸秆、杂草、树叶、粪尿、河塘泥等有机废弃物配合进行堆肥或沤肥。

续表2-5-16

工作环节	操作要点及要求
合理施用杂肥	泥炭多作垫圈或堆肥材料、肥料生产原料、育苗基质、营养钵无土栽培基质。腐殖酸类肥料可作基肥和追肥，作追肥要早施；液体类可浸种、蘸根、浇根或喷施，浓度0.01%～0.05%。饼肥可作基肥和追肥。菇渣可作饲料、吸附剂、栽培基质，腐熟后可作基肥和追肥。
注意事项：①有机肥过量施用易引起烧苗、营养失衡、盐分累积。②未腐熟的有机肥易导致植物根系受损。③染病秸秆和含有害虫虫卵的秸秆一般不能直接还田，应经过堆、沤或沼气发酵等处理后再施用。	

五、作业与活动

1.作业

调查当地施用有机肥料类型与品种。

2.课外活动

调查总结当地有机肥料的合理施用技术。

随堂测试：合理施用有机肥

任务三　合理施用微生物肥料

政策法规

2020年的中央经济工作会议强调：保障粮食安全，关键在于落实“藏粮于地、藏粮于技”战略。2021年的八项重点任务之一就是要解决好种子和耕地问题。

一、任务要求

了解微生物肥料的概念、种类、作用等基本知识，掌握常用微生物肥料的合理施用方法。

二、相关知识

1.微生物肥料的概念

微生物肥料是指含有特定微生物活体的制品，应用于农业生产，通过其中所含微生物的生命活动，增加植物养分的供应量或促进植物生长，提高产量，改善农产品品质及农业生态环境。

2.微生物肥料的作用

微生物肥料在土壤中发生“菌类与作物共生共荣效应”“养分协调效应”“生物固氮效应”，其主要作用有：增加土壤肥力，提高肥料的利用率，减少化肥用量；制造和协助作物吸收营养；改良土壤理化性状，疏松活化土壤；产生植物激素类物质，促进作物生长，增强作物抗逆性；对有害微生物的生物防治作用，微生物在作物根系大量生长繁殖，形成作物根际的优势菌，限制其他病原菌的繁殖机会，部分微生物的拮抗作用有效抑制土壤中病原菌的生长，减轻作物土传病害；有益菌的大量生长繁殖，能分解土壤中残留的有害物质，包括分解土壤中化肥、农药的残留物质，分解土

名家故事：朱兆良

壤中累积的有害根际分泌物，缓解作物重茬连作障碍。

3.微生物肥料的分类

微生物肥料包括农用微生物接种剂（菌剂）、复合微生物肥料和生物有机肥。

（1）农用微生物菌剂　指目标微生物（有效菌）经过工业化生产扩繁后加工制成的活菌制剂。它具有直接或间接改良土壤、恢复地力，维持根际微生物区系平衡，降解有毒、有害物质等作用。微生物接种剂（菌剂）又可分为单一菌剂、复合菌剂、有机物料腐熟菌剂、生物修复菌剂。

（2）复合微生物肥料　指目的微生物经工业化生产增殖后与营养物质复合而成的活菌制品。

（3）生物有机肥　指目的微生物经工业化生产增殖后与主要以动植物残体（如畜禽粪便、农作物秸秆等）为来源并经无害化处理的有机物料复合而成的活菌制品。

按肥料中含有的微生物种类或功能特性分，微生物肥料主要有根瘤菌肥料、固氮菌肥料、抗生菌肥料、磷细菌肥料、硅酸盐细菌肥料、复合微生物肥料、有机物料腐熟剂等。

微生物肥料产品按剂型分为液体、固体粉状、颗粒剂型、冻干剂型、干粉剂型。

常见的微生物肥料及其功能特性见表2-5-17。

农事谚语

种豆不上肥，连种几年地更肥。

表2-5-17　常见的微生物肥料及其功能特性

名　称	功能特性
根瘤菌肥料	用人工选育出来的高效根瘤菌株，经大量繁殖后，用载体吸附制成的生物菌剂称为根瘤菌肥料。 生产菌种：根瘤菌属、慢生根瘤菌属，按寄主种类的不同可分苜蓿根瘤菌、三叶草根瘤菌、豌豆根瘤菌、菜豆根瘤菌、羽扇豆根瘤菌、大豆根瘤菌、豇豆根瘤菌、紫云英根瘤菌。复合根瘤菌肥料以根瘤菌为主，加入少量芽孢杆菌、假单胞菌以促进结瘤，或加入其他促生微生物。 功能特性：根瘤菌能和豆科植物共生、结瘤、同化空气中的氮气供应豆科植物氮素营养。根瘤菌为化能异养微生物、好氧菌，对它共生的豆科植物具有专一性、侵染力和有效性。 ①专一性。指某种根瘤菌只能使某一种类的豆科植物形成根瘤。使用时一定要注意豆科植物和根瘤菌互接种族关系，只有在同一种族内的植物，才可以互相利用其根瘤菌形成根瘤。②浸染力。指根瘤菌浸入豆科植物根内形成根瘤的能力。只有浸染能力和结瘤能力强的菌株才具有自然竞争力，能在生产中发挥特有的作用。③有效性。指根瘤菌的固氮能力，是衡量菌株优劣的重要标志。
固氮菌肥料	固氮菌肥料是指含有大量有益的好氧性固氮菌，能在土壤和多种作物根际中固定空气中的氮气，供给作物氮素营养，又能分泌激素刺激植物生长的微生物活体制品。 生产菌种：固氮菌科固氮菌属，有自生固氮菌如圆褐固氮菌，根际联合固氮菌如固氮螺菌、雀稗固氮菌。 功能特性：固氮菌为中温性微生物，不与高等植物共生，而是独立存在于土壤中，利用土壤中的有机物或根系分泌的一些糖类作为碳源繁

拓展知识：GB 20287—2006 农用微生物菌剂

续表2-5-17

名　称	功能特性
固氮菌肥料	殖、固氮。①固氮作用。固氮菌能固定空气中的分子态氮素并将其转化成植物可利用的化合态氮素。固氮菌所固定的氮素量较少,远低于根瘤菌的固氮量。②生长调节作用。固氮菌在生长繁殖的过程中能产生多种植物激素类物质,如维生素 B_1、维生素 B_2、维生素 B_{12}、吲哚乙酸等,能刺激植物生长和发育。
抗生菌肥料	是指利用能分泌抗生素和刺激素的微生物制成的肥料制品。 生产菌种:拮抗性微生物——放线菌,如细黄链霉菌等。 功能特性:能抑制某些病菌的繁殖,起到防病保苗作用;抗生菌能产生刺激素促进植物生根、发芽和早熟;抗生菌的生命活动能产生有机酸,转化土壤中缓效态养分,提高养分的有效性。
磷细菌肥料	磷细菌肥料是指能分解土壤中难溶性磷,将其转化为植物能吸收的有效磷素营养的活体微生物制品。 生产菌种:分解有机态磷化物的细菌,如芽孢杆菌属、类芽孢杆菌属等中的某些种;分解无机态磷化物的细菌,如假单胞属、产碱菌属、硫杆菌属、色杆菌属中的种。 功能特性:能利用生命活动产生的二氧化碳和各种有机酸和酶类物质,将土壤中一些矿物态磷、难溶性磷、有机态磷溶解,增加土壤中磷的有效性,改善土壤磷素营养。磷细菌还能促进土壤中自生固氮菌和硝化细菌的活动,改善氮素营养。磷细菌在其生命活动过程中,还能分泌激素类物质,刺激种子发芽和植物生长。
硅酸盐细菌肥料	又名生物钾肥、钾细菌肥料。是指含有硅酸盐细菌能对土壤中云母、长石等含钾的铝硅酸盐及磷灰石进行分解,释放出钾、磷与其他灰分元素,改善植物营养条件的生物制品。 生产菌种:主要是胶质芽孢杆菌和土壤芽孢杆菌等,能分解硅铝酸盐类矿物,释放钾素营养的细菌。 功能特性:能增加土壤中硅酸盐细菌数量。硅酸盐细菌灰分中的钾含量高达33%~34%,菌株死亡后钾可以从菌体中游离出来,供植物吸收利用,能增强作物的抗病性。钾细菌可以抑制植物病害,对玉米斑病、大豆灰斑病、水稻稻瘟病、白粉病等有抑制作用。有防早衰、耐寒、防倒伏的效果。有促生效应。菌体内存在生长素和赤霉酸类物质,能促进植物生长发育。
有机物料腐熟剂	指能加速各种有机物料如农作物秸秆、禽畜粪便、花生麸、豆粕等分解、腐熟的微生物活体制剂。 生产菌种:枯草芽孢杆菌、多黏芽孢杆菌、地衣芽孢杆菌等细菌;粉状毕赤酵母、酿酒酵母等酵母菌;白色链霉菌、天青链霉菌、白浅灰链霉菌等放线菌;里氏木霉、绿色木霉等霉菌。 功能特性:能快速促进堆料升温,促进物理加快腐熟;能有效无害化处理堆肥,杀灭病虫卵、杂草种子、除臭;在堆腐过程中能释放部分有效养分,产生大量氨基酸、有机酸、维生素、多糖、酶类物质、植物激素等促进植物生长的物质。
复合微生物肥料	指目的微生物经工业化生产增殖后与营养物质复合而成的活菌制品。 功能特性:能提供、保持或改善植物营养,提高农产品产量或改善农产品品质。
生物有机肥	指目的微生物经工业化生产增殖后与主要以动植物残体(如畜禽粪便、农作物秸秆等)为来源并经无害化处理的有机物料复合而成的活菌制品。 功能特性:兼具微生物肥料和有机肥料效应。提高土壤有机质含量,改善土壤理化性质,增加植物养分的供应量或促进植物生长,提高产量,改善农产品品质及农业生态环境。

拓展知识:稻田生物固氮研究进展

三、任务准备

全班分成若干个项目小组，以小组为单位准备：

(1)收集微生物肥料施用知识，总结微生物肥料的发展趋势；

(2)每组准备常见微生物肥料样品少许。

四、实施步骤

表 2-5-18　合理施用微生物肥料操作要点及要求

工作环节	操作要点及要求
识别微生物肥料	(1)识别外包装的规范标识　认真查看所提供的肥料样品外包装并记录：肥料名称、有效菌种类、含量、养分含量、执行标准、肥料登记证号、生产厂家、生产地址、生产日期、有效期、适用作物、使用方法、净重等。 (2)查看肥料外观　微生物肥料一般分为液体、粉剂和颗粒，粉剂产品应松散，颗粒产品应无明显机械杂质，大小均匀，具有稀释性。外观呈褐色或黑褐色，色泽比较单一，没有异味。
微生物肥料使用的通用技术	(1)产品选择　应选择有三证的合格产品；选择微生物肥料产品要考虑作物种类、土壤条件、气候条件及耕作方式。在选择根瘤菌菌剂时，应考虑互接种族关系，选择与种植豆科作物共生结瘤固氮的产品。 (2)产品贮存　产品应贮存在阴凉干燥的场所，避免阳光直射和雨淋。 (3)产品使用　使用时应根据需要确定微生物肥料的施用时期、次数及数量，要严格按照产品使用说明书操作，注意施用条件；微生物肥料宜配合有机肥施用，也可与适量的化肥配合施用，但应避免化肥对微生物产生不利影响。
微生物肥料的施用方法	(1)液体菌剂的施用　①拌种。将种子与稀释后的菌液混合搅拌均匀，或用稀释后的菌液均匀喷湿种子，待种子阴干后播种。②浸种。将种子浸入稀释后的菌液 4～12 h，捞出阴干，待种子露白时播种。③喷施。将稀释后的菌液均匀喷施在叶片上。④蘸根。幼苗移栽前将根部浸入稀释后的菌液中 10～20 min。⑤灌根。将稀释后的菌液浇灌于农作物根部。 (2)固体菌剂的施用　①拌种。将种子与菌剂充分混匀，使种子表面附着菌剂，阴干后播种。②蘸根。将菌剂稀释后，幼苗移栽前将根部浸入稀释后的菌液中 10～20 min。③混播。将菌剂与种子混合后播种。④ 混施。将菌剂与有机肥或细土(细沙)混匀后施用。
合理施用根瘤菌肥料	(1)根瘤菌肥料多用于种肥，早施比晚施好　①拌种。拌种时要掌握互接种族关系，选择与植物相对应的根瘤菌肥，用量为每公顷地种子用 225～450 g 菌剂加水或米汤稀释混匀调成糊状后拌种，待种子阴干后播种，或根据产品说明书施用，拌种时及拌种后要避免阳光直射，播种后要立即覆土。②种子球法。先将根瘤菌剂黏附在种子上，然后再包裹一层泥浆和石灰再播种。种子球化可防止菌株受到阳光照射、降低农药和肥料对预处理种子的不利影响。包衣材料也可混入一些微量元素和植物包衣剂。③土壤接种。将颗粒接种剂配合磷肥、微肥同时施用，将菌剂施用在种子下方 5～7 cm 处。 (2)根瘤菌为喜湿好气性微生物，结瘤最适温度为 20～40℃，土壤含水量为田间持水量的 60%～80%，适宜中性到微碱性(pH 6.5～7.5)土壤，在酸性土壤中应加石灰调节土壤酸碱性。

学习视频：生物肥料的种类及其施用

续表2-5-18

工作环节	操作要点及要求
合理施用固氮菌肥料	(1)可作基肥、追肥和种肥，施用量按说明书确定 ①基肥。作基肥施用时可与有机肥配合沟施或穴施，施后立即覆土。②追肥。作追肥时把菌肥用水调成糊状，施于植物根部，施后覆土，一般在植物开花前施用较好。③种肥。一般作拌种施用，在菌中加适量的水或米汤混匀，倒入种子混拌，待种子阴干即可播种。随拌随播，播后即覆土，避免阳光照射。薯类作物施用固氮菌剂时先将马铃薯块茎用水喷湿，再均匀撒上菌肥与肥土的混合物，在其未完全干燥时就栽培。 (2)固氮菌属中温好气性细菌，最适温度为25～30℃。要求土壤通气良好，含水量为田间持水量的60%～80%，固氮菌对土壤酸性反应敏感，最适pH 7.4～7.6，酸性土壤在施用固氮菌肥前应结合施用石灰来调节土壤酸碱性。固氮菌对土壤湿度要求较高，施用固氮菌肥时要注意土壤水分条件。
合理施用磷细菌肥料	(1)磷细菌肥料可作基肥、种肥(浸种、拌种)和追肥 ①基肥。用量为每公顷22.5～75 kg，可与有机肥料或其他农家肥料拌匀后沟施或穴施，施后立即覆土。②拌种。固体菌肥按每公顷22.5 kg，加水2倍稀释成糊状，液体菌肥按每公顷4.5～9.0 kg，加水4倍稀释搅匀，拌种晾干即可播种，防止阳光照射。也可先将种子喷湿润再拌菌肥，随拌随播，随覆土。③追肥。在作物开花前施用为宜，要施于根部。 (2)磷细菌适宜生长的温度为30～37℃，适宜的酸碱度为pH 7.0～7.5，在酸性土壤中施用，必须配合施用大量有机肥料和石灰。 (3)磷细菌肥料在缺磷但有机质丰富的高肥力土壤上施用，或与农家肥料、固氮菌肥、抗生菌肥配合施用效果更好。与磷矿粉配合用效果较好。
合理施用硅酸盐细菌肥料	(1)钾细菌肥料可作基肥、拌种或蘸秧根。①基肥。与有机肥料混合沟施或穴施，每公顷用量150～300 kg，液体用30～60 kg菌液。果树施用硅酸盐细菌肥料，在距树干1.5～2.5 m处环树挖沟将肥料与细土混匀施于沟内后覆土即可。②拌种。将固体菌剂加适量水制成菌悬液或液体菌加适量水稀释，然后喷到种子上拌匀。③蘸秧根。将固体菌剂适当稀释或液体菌稍加稀释，把根蘸入，蘸后立即插秧。 (2)硅酸盐细菌不能暴晒，拌种要在室内或棚内进行，拌好菌剂的种子应在阴凉处晾干，晾干后应立即播种、覆土。 (3)硅酸盐细菌适宜生长的pH为5～8，土壤不能过酸过碱，不可与草木灰等碱性物质混合使用，以免杀死菌体细胞、影响肥效。 (4)硅酸盐细菌肥料最好与有机肥料配合施用。有机质贫乏时不利于其生长繁殖。
合理施用有机物料腐熟剂	将菌剂均匀拌入腐熟物料中，调节物料的水分、碳氮比等，堆置发酵并适时翻堆。严格按照说明书使用。
合理施用复合微生物肥料和生物有机肥	作基肥可在播种前或定植前单独或与其他肥料一起施入。作种肥，将肥料施于种子附近，或与种子混播。对于复合微生物肥料，应避免与种子直接接触。作追肥，在作物生长发育期间采用条施、沟施、灌根喷施等方式补充施用。
注意事项：①微生物肥料施用后，一般需要经过15 d时间适应、生长、供养、繁殖，才开始见到肥效。②微生物肥料适宜在清晨和傍晚或无雨阴天施用。③避免在高温干旱条件下施用；避免肥料受阳光直射。④适宜的土壤含水量为50%～70%，避免干旱，避免长期泡在水中，在水田里施用应干湿灌溉；尽量不要在水田选用以好气性微生物为主的产品。⑤微生物肥料应避免与未腐熟的农家肥混用；避免与过酸过碱的肥料混合施用。⑥微生物肥料应避免与对微生物有杀灭作用的农药同时施用；拌过杀虫剂、杀菌剂的工具，避免用来装微生物肥料。⑦微生物肥料不宜久放，拆包后要及时施用，一次用完。	

PPT课件：合理施用微生物肥料

拓展知识：果树柑橘施用微生物肥料的方法

拓展知识：NY/T 1535—2007 肥料合理使用准则 微生物肥料

随堂测试：合理施用微生物肥料

五、作业与活动

1.作业

以小组为单位,制定一个合理施用微生物肥料的方案。

2.课外活动

以小组为单位,调查当地农户主要施用哪些品种微生物肥料。

【小结与思考】

◆小结

- 土壤有机质含量测定及施肥调控
  - 测定土壤有机质含量
    - 重铬酸钾容量法测定土壤有机质含量原理
      - 外加热法原理
      - 水合热法原理
    - 外加热法操作步骤
      - 称样、加氧化剂、加热氧化、溶液转移、加指示剂、滴定、空白实验、结果计算
    - 水合热法操作步骤
      - 称样、加氧化剂、加浓硫酸、静置30 min、加指示剂、滴定、空白实验、结果计算
  - 合理施用有机肥
    - 有机肥的概念
    - 有机肥的分类
    - 合理施用操作要点
      - 识别各类有机肥
      - 有机肥的施用技术
      - 有机肥的施肥时期
      - 根据土壤特性合理施用有机肥
      - 有机肥料与化肥配合施用
      - 合理施用人粪尿
      - 合理施用畜禽粪尿
      - 合理施用厩肥
      - 合理施用堆肥
      - 合理施用沤肥、沼气发酵肥
      - 秸秆直接还田
      - 合理施用绿肥
      - 合理施用杂肥
  - 合理施用微生物肥料
    - 微生物肥料的概念
    - 微生物肥料的作用
    - 微生物肥料的分类
    - 合理施用操作要点
      - 识别微生物肥料
      - 微生物肥料使用的通用技术
      - 微生物肥料的施用方法
      - 合理施用根瘤菌肥料
      - 合理施用固氮菌肥料
      - 合理施用磷细菌肥料
      - 合理施用硅酸盐细菌肥料
      - 合理施用有机物料腐熟剂
      - 合理施用复合微生物肥料
      - 合理施用生物有机肥

◆思考

1.土壤有机质测定有哪几种方法?

2.商品有机肥有什么样的发展趋势?对化肥产业有何影响?

3.如何理解微生物肥料是活体肥料?要充分发挥微生物肥料的肥效要注意哪些问题?

项目六
土壤氮磷钾养分测试与施肥调控

【项目描述】

化肥滥用引起环境问题有目共睹，近年，国家推出农业绿色发展政策，主要农作物化肥、农药使用量实现负增长；但化肥在农业增产上也起着重要作用。在合理增施有机肥基础上，农学专业学生思考如何才能达到化肥的减肥增效目标。

【项目分析】

要实现减肥增效目标，关键是要因土因作物精准施肥，提高肥料利用率。首先做到对氮、磷、钾肥料三要素的合理施用，要知肥、懂土，即针对性地测定土壤氮、磷、钾有效含量，掌握肥料特征和施用技巧，精准施用。

【项目目标】

素质目标：强化科学规范、生态环保的意识，尊重客观事实，养成不断总结扬弃、精益求精的习惯。

知识目标：能说出氮、磷、钾元素在土壤中的形态特征及其转化过程，说明各元素有效态含量的测定原理；整理各元素的营养功能，归纳比较各类元素肥的特点和施用特性。

能力目标：能重复进行土壤氮、磷、钾有效态含量的测定；能根据当地生产具体情况制定出合理施肥方案并会正确施用氮、磷、钾肥。

【任务导航】

根据项目分析及目标，需完成下列任务：

1.测定土壤速效氮含量	2.合理施用化学氮肥
3.测定土壤速效磷含量	4.合理施用化学磷肥
5.测定土壤速效钾含量	6.合理施用化学钾肥

责任担当

化肥(尤其氮、磷、钾)施用对粮食增产贡献很大,随着生态文明建设步伐加快,化肥限用政策在各地开花。精准施肥和减量增效是化肥未来发展之路。农学人要具备科学严谨和精益求精的学习态度,掌握土壤测定方法;要有开拓进取的精神,探索绿色施肥新技术,开发绿色肥料新种类。

任务一　测定土壤速效氮含量

一、任务要求

了解扩散法测定土壤速效氮含量的原理,掌握其测定方法和操作技能。完成实训基地土壤样品的速效氮含量测定,并提交测定报告。

二、相关知识

氮是植物生长发育所必需的大量营养元素之一,缺氮对作物的生长和产量有较大的影响。

1.土壤中氮的形态

土壤中氮素含量分布如表 2-6-1 所示,其中主要以有机态氮为主,所以含有机质丰富的土壤一般含氮量也比较高。

表 2-6-1　土壤中氮的形态及含量

土壤中全氮含量	氮素类型	主要形态	有效性	占全氮含量
0.5～2.0 mg/kg	无机态氮	铵态氮 硝态氮 少量亚硝态氮	速效态	1%～2%
	有机态氮	腐殖质(难水解) 核蛋白(难水解) 少量氨基酸(易水解) 少量蛋白质(易水解) 少量酰胺(易水解)	迟效态 迟效态 缓效态 缓效态 缓效态	≥95%

2.土壤中氮素的转化

土壤中速效养分和缓效养分处在不断的相互转化中,形成动态平衡(表 2-6-2)。

表 2-6-2　土壤中氮素的转化

类型	转化过程	转化效应
有机态氮的矿化作用	(1)水解作用　蛋白质$\xrightarrow{\text{水解}}$氨基酸、酰胺、胺 (2)氨化作用　氨基酸$\xrightarrow{\text{氧化/还原/水解}}$有机酸$+NH_3+CO_2+$能量 (3)硝化作用　$2NH_3+O_2\xrightarrow{\text{硝化细菌}}2NO_3^-+$能量	养分的释放
有效氮的无效化	(1)反硝化作用　$2NO_3^-\rightarrow 2NO_2^-\rightarrow NO\uparrow\rightarrow N_2O\uparrow\rightarrow N_2\uparrow$ (2)铵态氮的晶穴固定　土壤中的铵离子进入矿物晶穴被固定失去对作物的有效性。 (3)硝酸盐的淋失　土壤中的硝酸根离子极易淋溶造成氮素损失。 (4)有机质对氨和亚硝态氮的化学固定　氨和亚硝态氮与土壤有机质发生化学反应成为有机物质的组成成分。 (5)生物固定　土壤中的铵和硝态氮等被微生物吸收。	养分的固定或挥发和淋失

3.测定土壤速效氮的意义

土壤速效氮也称为土壤碱解氮，包括铵态氮、硝态氮、氨基酸、酰胺和易水解的蛋白质。土壤速效氮能直接反映土壤供应氮素的能力，测定土壤速效氮可为合理分配施用氮肥提供理论依据。

4.测定土壤速效氮的原理

土壤速效氮的测定，可在扩散皿中，用 1.8 mol/L NaOH 碱解土壤样品(如果是水田土壤不需要加硫酸亚铁，用 1.2 mol/L NaOH 碱解)，使有效态氮碱解转化为氨气状态，并不断地扩散逸出，由硼酸吸收，再用标准酸滴定，计算出碱解氮的含量。

三、任务准备

按 2～3 人一组，将全班同学分为若干组，每组准备以下材料和用具：过 1 mm 筛风干土样，分析天平(感量 0.01 g，0.000 1 g)，移液管(5 mL，10 mL)，扩散皿(内室外径 4 cm，外室外径 10 cm)，恒温箱(工作温度 40℃±1℃)，半微量滴定管(1～2 mL 或 5 mL)，滴定台，玻璃棒。提前进行下列试剂配制：

(1)2%硼酸溶液　称取 2.00 g 硼酸(分析纯)，用约 60℃的热蒸馏水溶解，冷却后稀释至 100 mL。

(2)1.8 mol/L NaOH 溶液　称取 72.00 g NaOH(化学纯)，用蒸馏水溶解，冷却后稀释至 1 000 mL。

(3)0.01 mol/L 盐酸溶液　取密度为 1.19 的浓盐酸 8.35 mL，用蒸馏水稀释至 1 000 mL，用标准碱或硼砂标定其准确浓度。

(4)定氮混合指示剂　称取 0.1 g 甲基红和 0.5 g 溴甲酚绿指示剂，放入玛瑙研钵中，加入 100 mL 95%酒精研磨溶解，再用稀盐酸或氢氧化钠调节其 pH 至 4.5。

(5)特制胶水　称取阿拉伯树脂溶于 15 mL 蒸馏水中，该溶液 10 份，甘油 10 份，饱和 K_2CO_3 溶液 5 份混合而成。

(6)硫酸亚铁(粉剂)。

PPT 课件：测定土壤速效氮含量

四、实施步骤

学习视频：土壤碱解氮含量的测定

表 2-6-3　测定土壤速效氮含量操作要点及要求

工作环节	操作要点及要求
称样	称取通过 1 mm 筛的风干土样 2.00 g，加入硫酸亚铁粉 1 g 混合均匀，置于洁净的扩散皿外室，轻轻旋转扩散皿，使土样均匀地铺平。同一份样品需称两份做平行测定。
加硼酸、加指示剂	在扩散皿内室加 2%硼酸溶液 2 mL，并加 1 滴定氮混合指示剂(显微红色)。
盖玻璃片封皿	在扩散皿外缘涂上特制胶水，盖上毛玻璃片，旋转数次，使周边与毛玻璃完全黏合。

续表2-6-3

工作环节	操作要点及要求
加碱	慢慢推开玻璃一边，使扩散皿外室露出一条狭缝，迅速加入 10 mL 1.8 mol/L NaOH（旱地）溶液，立即盖严毛玻璃，水平轻轻旋转扩散皿，使碱液与土壤充分混匀。
扩散	水平方向轻轻旋转扩散皿，使溶液与土壤充分混匀，小心地用橡皮筋两根交叉成十字圈紧固定毛玻璃，随后放入 40℃恒温箱中，保温碱解扩散 24 h 后取出（可以观察到内室溶液为蓝色）。
滴定	以 0.01 mol/L 盐酸标准溶液用半微量滴定管滴定内室溶液，溶液由蓝色至微红即为滴定终点，记下标准酸消耗的体积。
对照	在样品测定的同时进行空白试验。除不加土样外，其他步骤同样品测定。
结果计算	土壤碱解氮(mg/kg)$=\frac{(V-V_0)\times c\times 14}{m}\times 10^3$ 式中：V—样品滴定时消耗盐酸体积（mL）；V_0—空白实验滴定时消耗盐酸体积（mL）；c—标准盐酸溶液的浓度（mol/L）；14—氮的摩尔质量（g/mol）；10^3—换成每千克样品中氮的质量（mg）的系数；m—烘干土壤质量（g）。 平行测定结果允许相对相差≤10%，平行测定结果以算术平均值表示。
速效氮含量分级参考指标	缺乏：速效氮含量<45 mg/kg； 中等：45 mg/kg≤速效氮含量≤100 mg/kg； 丰富：速效氮含量>100 mg/kg。

注意事项：①往扩散皿内室加入 2%硼酸和 1 滴氮混合指示剂后，内室溶液必须显现微红色，如果显蓝色需要重做；②特制胶水碱性很强，在扩散皿外缘涂抹胶水的时候必须特别小心，防止污染内室，造成错误；③扩散皿外室加入 1.8 mol/L NaOH 时，必须小心防止碱液滴入内室；④各项操作过程扩散皿均须小心保持水平，防止内室、外室液体溢出；⑤滴定时要用干净玻璃棒小心搅动内室吸收液，不可以摇动扩散皿。

拓展视频：土壤铵态氮含量的快速测定

随堂测试：测定土壤速效氮含量

五、作业与活动

1.学生作业

填写土壤速效氮含量测定的实训报告表。

2.课外活动

扩散皿内室被碱污染会有什么现象，扩散皿使用后如何做到彻底清洗？

任务二　合理施用化学氮肥

一、任务要求

了解氮肥的分类，熟悉常见氮肥的性质和施用要点；熟悉合理分配氮肥的依据，能掌握有效提高氮肥利用率的施用技术。

二、相关知识

1.植物氮素的营养功能

氮是构成植物细胞蛋白质的主要成分，占蛋白质质量的16%～18%，而细胞质、细胞核和酶都含有蛋白质。此外，核酸、磷脂、叶绿素、植物激素、维生素和生物碱等化合物中都含有氮素。因此，氮在植物生命活动中占有重要的地位。

当氮素充足时，植物叶片大而鲜绿，光合作用旺盛，叶片功能延长，分枝分蘖多，作物枝繁叶茂，花多，高产。氮素充足植物可合成较多的蛋白质，促进细胞的分裂和增长，因此植物叶面积增长快，从而促进光合作用。植物缺氮往往表现为生长缓慢，植株矮小，分枝分蘖少，叶片薄而小，叶色变淡，过早成熟，穗小，籽粒不饱满，产量降低。氮过量时造成营养生长旺盛，组织柔软，抗逆能力减弱，病虫害严重，贪青迟熟，往往伴随缺钾和缺磷现象发生。因此，氮素对植物生长发育的影响是十分明显的。只有氮素供应适量，平衡施肥才能充分发挥氮肥的增产效益。

2.主要氮肥的类型

常用氮肥根据肥料中氮素化合物的形态可分为铵态氮肥、硝态氮肥、酰胺态氮肥三种类型，不同类型的氮肥其特点有所不同(表2-6-4)。

表2-6-4　主要氮肥类型的特点

类型	主要品种	特点
铵态氮肥	碳酸氢铵 硫酸铵 氯化铵 液氨	易溶于水，为速效氮肥；易挥发，宜作基肥深施10 cm左右；施入土壤后，肥料中NH_4^+被吸附在土壤胶体上贮存在土壤中，部分进入黏土矿物晶层固定；在通气良好的土壤中，铵态氮可硝化转变为硝态氮，便于植物吸收，也易引起氮素的损失；在碱性环境中，易引起氨的挥发损失。
硝态氮肥	硝酸钠 硝酸钙	易溶于水，溶解度大，为速效性氮肥；植物一般主动吸收NO_3^-，过量吸收对植物基本无害；吸湿性强，易吸湿结块；受热易分解；NO_3^-不易被土壤胶体吸附，易随水流失，水田不宜使用；通过反硝化作用，硝酸盐还原成气体状态(NO、N_2O、N_2)挥发损失。
酰胺态氮肥	尿素	易溶于水，吸湿性较强；施于土壤之后以分子态存在，与土壤胶体形成氢键吸附后，移动缓慢，淋溶损失少；经脲酶的水解作用产生铵盐；肥效比铵态氮和硝态氮迟缓；容易吸收，适宜叶面追肥；对钙、镁、钾等阳离子的吸收无明显影响。

3.常见氮肥的性质及施用要点

我国氮肥的平均利用率为30%～45%，其利用率不高的原因主要和肥料本身的性质、肥料的分配和肥料的施用方法不当有很大的关系。市场上常用氮肥有碳酸氢铵、尿素、硫酸铵、氯化铵、硝酸钠、硝酸钙等。其

PPT课件：常见氮肥性质及施用要点

学习视频：氮肥的分类及特点

氮肥歌谣

碳酸氢铵偏碱性
施入土壤变为中
含氮十六至十七
各种作物都适宜
高温高湿易分解
施用千万要深埋
牢记莫混钙镁磷
还有草灰人尿粪

性质与施用要点如表 2-6-5 所示。

表 2-6-5　常见氮肥的性质及施用要点

肥料名称	肥料性质及施用要点
碳酸氢铵	(1)肥料性质　碳酸氢铵(NH_4HCO_3)又名重碳酸铵、碳铵,含 N 16.5%～17.5%,属于铵态氮肥。白色或浅灰色,呈粒状、板状或柱状结晶。易溶于水,化学碱性,pH 为 8.20～8.40,容易吸湿结块、挥发,有强烈的辣眼刺鼻的氨臭味。 (2)施用要点　碳酸氢铵适于作基肥,也可作追肥,要深施。不能用作种肥和叶面肥。 合理施用碳酸氢铵的原则:“一不离土,二不离水,深施覆土”用土与水将碳酸氢铵和空气“隔开”,以减少氨的挥发;结合耕翻提早施用,先肥土后肥苗,增加土壤胶体对铵的吸附。 旱地作基肥,碳酸氢铵用量 450～750 kg/hm^2,占全生育期氮素总用量的 50%～60%。例如小麦和玉米的基肥,可结合拖拉机耕翻进行,将碳酸氢铵随撒随翻,耙细盖严。 旱地作追肥,常采用开沟深施或挖穴深施,碳酸氢铵用量 150～450 kg/hm^2。条播植物,可在行间离作物 6～10 cm 处开 6 cm 左右深沟,施肥后立即覆土;中耕植物如玉米、棉花等,在株旁开 7～10 cm 深的沟,随后撒肥并立即覆土。 稻田基肥,碳酸氢铵用量 450～600 kg/hm^2,占氮素总用量的 50%左右。在施肥前先犁翻土地,施肥时保持 3 cm 以下的浅水层,将碳酸氢铵撒在毛糙湿润土面上,再将之翻入土层,立即灌水,耕细耙平,再播种或移栽。水耕时,先在田面灌一层薄水,将碳酸氢铵撒施后耕翻耙匀耙平后插秧。 稻田面肥,在犁田后灌 3～4 cm 的浅水,碳酸氢铵用量 150～300 kg/hm^2,撒施后再耙 1～2 次,拖板拉平随即插秧,使肥料均匀分布在 7 cm 左右的土层,起到面肥的作用又减少肥料的损失。 稻田作追肥,施肥前先把稻田中的水排掉,碳酸氢铵用量 450～600 kg/hm^2,撒施后,结合中耕除草进行耕田混合,使其均匀分布在 7～10 cm 的土层里,减少挥发损失。追肥时配以一定量的磷钾肥和微量元素肥料等增加肥效。
尿素	(1)肥料性质　尿素[$CO(NH_2)_2$]又名碳酰二胺、脲。氮素形态是酰胺基。含 N 45%～46%,在氮肥中含量最高,白色或浅黄色针状结晶体,无味无臭,稍有清凉感;尿素易溶于水,吸湿性强,应贮存在阴凉干燥的地方,以防止吸湿结块。尿素水溶液呈中性,属于生理中性肥料,施入土壤后没有残留有害副成分物质;尿素在造粒中温度过高就会产生缩二脲,甚至三聚氰酸等产物,含量高时对作物有毒害作用,抑制种子发芽和植物生长。 尿素施入土壤中后,开始以分子态溶于土壤水分,其中少部分被作物吸收和被土壤胶体吸附,绝大部分尿素转换成碳酸铵和碳酸氢铵、氨、氢氧化铵。尿素转化成铵态氮后才可以被作物大量吸收。该转化在 10℃时需要 7～10 d,20℃时需要 4～5 d,30℃需要 2 d。 (2)施用要点　尿素适于作基肥和追肥,一般不作种肥,有时也用做种肥,但要和种子分开。缩二脲含量超过 1%时不能作种肥、苗肥和叶面肥。 合理施用尿素的基本原则:适量、适时和深施覆土。 尿素作基肥可以在翻耕前撒施于田面,随即耕耙,也可以和有机肥掺混均匀后进行条施或沟施。水田一般把水排干后撒施,然后翻耕入土,等 5～7 d 尿素转化后再灌溉,用量为 150～225 kg/hm^2。尿素作基肥深施比表施效果好。

学习视频:氮肥的合理施用

续表2-6-5

肥料名称	肥料性质及施用要点
尿素	尿素作种肥，需与种子分开，用量也不宜多。粮食作物尿素用量一般为75 kg/hm^2 左右，须先和干细土混匀，施在种子下方2～3 cm处或种植穴旁10 cm左右。如墒情不好，最好不要作种肥。如果基肥充足，可不施种肥。 尿素作追肥，旱植物可采用沟施或穴施，深度7～10 cm，施后覆土，防止转化后氨的挥发。用量为150～225 kg/hm^2。小麦用尿素作追肥也可雨前、随雨撒施或施后灌水，每亩水量为20～30 m^3。水田追肥可采用施肥前先排水，保持薄水层，用量为150 kg/hm^2，将尿素撒施于土表，施用后耘田除草，使尿素与土壤充分混合，2～3 d后大部分尿素转化后再灌水耙田。尿素作追肥应提前4～8 d。沙土每次施肥量不宜过多。 尿素最适宜作根外追肥，其原因是：尿素为简单的分子态中性有机物，在安全浓度下不易烧伤植物叶片茎秆；尿素分子体积小，易溶于水，易透过细胞膜，不易引起细胞质壁分离现象；尿素具有吸湿性，扩散性能好，容易被叶片吸收，利用率高；尿素进入细胞后，易参与物质代谢，在细胞内运转速度快，肥效好。尿素可与多种农药混合喷施，叶面追肥的同时可以化学除草、药剂防治病虫，提高工效。尿素喷施的浓度因作物种类、生育期、天气情况而异，一般喷施尿素的浓度为0.2%～2.0%，大田作物可为0.5%～2.0%，常用1.0%，幼苗期要适当降低浓度，大多数蔬菜、桑、茶、果喷施浓度要低些，0.2%～0.5%。喷施用量每次15 kg/hm^2 左右，隔7～10 d喷一次，一般需喷2～3次。
硫酸铵	(1)肥料性质　硫酸铵[$(NH_4)_2SO_4$]又名硫铵、肥田粉，含N 20%～21%，含硫24%，对于喜硫作物，施用效果明显。氮素形态是铵离子(NH_4^+)，弱酸性，白色结晶，因含有杂质有时呈淡灰、淡绿，易溶于水，吸湿性弱，是生理酸性肥料。性质稳定，较早使用的氮肥之一，可作为标准氮肥。 (2)施用要点　宜作种肥、基肥和追肥。作基肥要深施覆土，旱地用量为450～750 kg/hm^2，水田用量300～375 kg/hm^2。作追肥一般用量为225～375 kg/hm^2，水田不宜长期大量施用，并适当排水晒田，以防 H_2S 浓度过高对根系造成毒害作用而引起黑根烂根；在酸性土壤中长期施用，应配施石灰和钙镁磷肥，以防土壤酸化；在石灰性土壤中，硫酸根与钙离子结合生成难溶性的硫酸钙，为防止导致土壤板结可以配合施用有机肥。适于各种植物尤其是油菜、马铃薯、葱、蒜等百合科喜硫的植物，有较好的营养效果。硫酸铵作种肥对种子发芽没有不良影响，但用量不宜过多，用量为45～75 kg/hm^2，与细土拌匀沟施。也可以配成2%稀肥液蘸秧根。
氯化铵	(1)肥料性质　氯化铵(NH_4Cl)，简称氯铵，含N 24%～25%，含Cl 66.3%，弱酸性白色或淡黄色结晶，吸湿性小，易溶于水，热反应稳定，施入土壤中后有 Cl^- 离子残留，属于生理酸性肥料。 (2)施用要点　一般作基肥或追肥，由于氯离子对种子发芽有影响所以不宜作种肥。因氯化铵中的氯对提高纤维产量和纤维品质有良好作用，所以亚麻、棉花等作物适合施用氯化铵；忌氯植物如烟草、葡萄、柑橘、茶叶、马铃薯、甘蔗、西瓜、甜菜不宜使用；氯化铵应避免与碱性肥料混用，在酸性土壤中要配合施用石灰(间隔3～5 d施用)或者有机肥，以减轻土壤酸化；氯化铵不宜大量单一施用，提倡与其他氮肥配施；干旱少雨地区和盐碱地不宜施用。
液氨	(1)肥料性质　液氨(NH_3)，含N 82%，碱性液体，副成分少，成本低，节约能源，对土壤无害，需贮存于特殊耐压容器中，须配以专用液氨施肥机和大功率拖拉机，在高压下施肥刀施肥于15 cm土壤深度。 (2)施用要点　可作基肥和追肥；施用时要注意安全，施用人员要戴皮手套、防护眼镜、防氨罩，做好防护。水田施用可随水注入稀释，然后多次犁耙；旱地宜采用注入方式，但不能接触植物根系。

氮肥歌谣

尿素性平呈中性
各类土壤都适用
含氮高达四十六
根多追肥称英雄
施入土壤变碳铵
然后才能大水灌
千万牢记要深施
提前施用最关键

氮肥歌谣

硫铵俗称肥田粉
氮肥以它作标准
含氮高达二十一
各种作物都适宜
生理酸性较典型
最适土壤偏碱性
混合普钙变一铵
氮磷互补增效应

氮肥歌谣

氯化铵，生理酸
含量二十五个氮
施用千万别混碱
用于种肥出苗难
牢记地瓜马铃薯
烟叶甜菜都忌氯
重用棉花和水稻
掺和尿素肥效高

续表2-6-5

肥料名称	肥料性质及施用要点
硝酸钠	(1)肥料性质　硝酸钠($NaNO_3$),含 N 15%～16%,属于生理碱性速效肥,易溶于水,硝酸根在土壤中有很大的移动性,易随水淋失。 (2)施用要点　适于作追肥,但适宜少量多次,不宜作基肥。一般用量为 150～225 kg/hm², 在水田中施用效果差,硝酸钠适合中性、酸性土壤,不宜施用于盐碱化土壤。
硝酸钙	(1)肥料性质　硝酸钙[$Ca(NO_3)_2$]又名钙硝石,含 N 15%～18%,含钙24%,中性钙营养肥料,是配置多种营养液的钙营养品种。吸湿性强,属于硝态氮肥,是弱生理碱性肥料,是良好的土壤改良剂。 (2)施用要点　适用于各类土壤和植物,适合酸性土壤,在缺钙的酸性土壤中施用效果较好;宜作追肥,不宜作种肥,不宜在多雨地区和水田中施用,可与有机肥、磷肥、钾肥配合施用。贮存时要注意防潮。

三、任务准备

准备尿素、碳酸氢铵、氯化铵、硫酸铵、硝酸钠、硝酸钙等氮肥样品少许。并通过网站、图书馆等查阅相关书籍、期刊等收集相关氮肥合理施用资料或图片。

四、实施步骤

表 2-6-6　合理施用化学氮肥操作要点及要求

工作环节	操作要点及要求
评价土壤速效氮养分状况	土壤本身的供氮水平是氮肥合理分配的重要依据。 (1)熟悉当地土壤类型　通过查询土壤肥料信息网或查阅当地土壤普查资料熟悉当地土壤主要类型和特性,了解当地作物品种和种植规划。 (2)评价当地土壤速效氮养分状况　熟悉土壤养分含量分级标准,采集实训基地耕层土样,测定土壤速效氮含量,根据土壤养分含量分级标准评价当地土壤速效氮养分状况。
根据土壤特性合理分配氮肥品种和氮肥用量	(1)根据土壤酸碱性合理分配氮肥　碱性土壤宜选择施用酸性肥料、生理酸性肥料或者中性肥料如氯化铵、硫酸铵、尿素等;酸性土壤宜选择施用生理碱性肥料或碱性肥料以及中性肥料如碳酸氢铵、硝酸钠、硝酸钙、尿素等。盐碱地不宜施用氯化铵、硝酸钠等加重土壤盐分含量的肥料。 (2)根据土壤质地合理分配氮肥　土壤的质地不同保肥供肥能力也有所不同。要提高肥料的利用率应综合考虑当地土壤的质地类型。沙土、沙壤土保肥性能差氮素容易挥发、淋失,氮肥应该多次少量施用;轻壤土、中壤土保肥性能好可适当地一次多施一些氮肥;黏土对氮肥的吸附能力强,可减少施肥次数。
根据当地气候条件合理选用氮肥	北方干旱少雨,肥料容易挥发损失;南方气候湿润,高温多雨,肥料容易淋溶和反硝化损失。因此,在氮肥分配上,北方适宜选用硝态氮肥,南方适宜选用铵态氮肥;旱作土壤适宜选用硝态氮肥,水田适宜选用铵态氮肥。

典型案例:走出葡萄氮肥施用误区,科学施用氮肥

续表2-6-6

工作环节	操作要点及要求
根据植物营养特性合理分配氮肥品种和氮肥用量	(1)不同植物对氮肥形态和种类的需求不同。果树、蔬菜、烟草、甜菜等施用硝态氮肥能提高产量和产品品质；水稻施用铵态氮肥效果比硝态氮肥好；马铃薯是喜硫作物，施用硫酸铵效果好；麻类植物施用氯化铵品质比较好；甜菜以硝酸钠最好。 (2)不同植物之间、同一植物的不同品种之间、同一品种植物不同生长期对氮肥的需求量均有不同。 不同植物对氮肥需要量不同。叶菜类如大白菜、甘蓝等植物需氮较多，整个生育期需多次补充氮肥；水稻、小麦、高粱、玉米等禾谷类、棉花、甘蔗、果树等糖料植物需氮量次之，在植物生长初期需要氮素充足供应；大豆、花生等豆科植物能共生固氮，对氮素要求较少，只需在生长初期施用一些氮肥。 同一植物不同品种对氮肥的需要量不同，如水稻品种，其杂交稻及矮秆水稻品种的需氮量比常规稻、籼稻以及高秆水稻品种需氮量要多。 同一植物同一品种在不同的生育期对氮素的需求量不同，一般在生长盛期需氮量较多。
归纳整理当地常见氮肥品种	熟悉当地市场上常见氮肥种类。仔细观察市场上常见氮肥样品：尿素、碳酸氢铵、氯化铵、硫酸铵、硝酸钠、硝酸钙等。记录肥料的颜色、形状、气味、溶解状况等物理、化学性质。
根据氮肥特性合理施用氮肥	总结常见氮肥合理施用要点 认真阅读和记录当地常见氮肥包装标签和施用说明，完成常见氮肥合理施用要点归纳总结。 ①氮肥中可作基肥施用的有各种铵态氮肥如碳酸氢铵、硫酸铵、氯化铵等，施用要深施覆土；②宜作旱田追肥的氮肥：硝态氮肥如硝酸钠等；③不宜作种肥的氮肥：尿素、碳酸氢铵、硝酸铵等；宜作种肥的氮肥有硫酸铵等；④忌施在忌氯作物(柑橘、甘蔗、烟草、茶、西瓜、甜菜、葡萄等)上，但可施在纤维类植物(蓖麻、剑麻、棉花等)上的氮肥品种：氯化铵；⑤可分配施用到缺硫土壤和喜硫植物(大豆、菜豆、花生、烟草)上的氮肥品种：硫酸铵；⑥适宜所有植物和土壤的氮肥：尿素；⑦适宜作根外追肥品种：尿素；⑧铵态氮肥和尿素要深施。
氮肥与有机肥料、磷肥、钾肥等肥料配合施用	氮肥与有机肥、磷肥、钾肥配合施用，特别是要注意与土壤供应不足的其他养分配合，以达到养分平衡供应，可促使植物对氮肥的吸收，提高肥料利用率。 有机肥料含有多种养分元素，肥效稳长，既可满足植物对养分的全面需要，又能培肥土壤，供肥平稳，提高氮肥利用率。 对一些对微量元素有特殊营养需求的植物应注意微量元素肥料的适当补充。
加强水肥综合管理，提高氮肥利用率	(1)水田实施“无水层混施法”(施用基肥)。水田施用基肥时，氮肥的施用可采取无水层撒施，随之耙田混匀，然后灌水，可使氮素损失明显下降。 (2)水田“以水带氮法”(施用追肥)。在水稻分蘖末期，结合烤田，撒施氮肥后浅水灌溉，达到氮肥深施提高氮肥肥效目的。 (3)旱作撒施氮肥随即灌水，也有利于降低氮素损失，提高氮利用率。
施用长效肥料	长效氮肥是在普通尿素生产过程中添加一定比例的脲酶抑制剂或硝化抑制剂而制成的，能延长肥效，减少尿素分解速度，减少氮素损失和生物固定，有利于给植物持续供应养分，降低肥料施用成本。一般作基肥或种肥，一次施入，不必追肥。对一般作物可在播种或移栽前一次施入，施肥深度为 10～15 cm，水稻参考用量为 180～240 kg/hm^2。

农事谚语

氮长叶，磷长果，
钾肥不足长柴火。

拓展知识：教你正确施用氮肥

五、作业与活动

随堂测试:合理施用化学氮肥

1.学生作业

通过对肥料样品的仔细观察,认识当地常见氮肥并做好相关知识记录(表 2-6-7)。

表 2-6-7　当地常见氮肥的性质及施用要点

肥料名称	物理性质	化学性质	施用要点

2.课外活动

到本地农资市场或者本地大型种植农场调查常用的氮肥,记录常用氮肥的特点及施用的要点和注意事项。

任务三　测定土壤速效磷含量

修为提示

植物在生长中需要肥料,我们人同样也需要"追肥",就是要追精神食粮,就是要不断学习。俗话说:"活到老,学到老。"只有不断学习,内心才能够愉悦,精神才能够充实,整个人才有生机。

一、任务要求

了解土壤中磷的形态及其在土壤中的转化对土壤速效磷含量的影响;理解土壤速效磷含量测定的原理;掌握土壤速效磷测定的方法。

二、相关知识

磷是作物必需的三大元素之一,可促进糖类、蛋白质、脂肪的合成与运转,还可增强植物的抗逆性,提高抗寒、抗旱及抗病能力,在植物生长过程中占有重要地位。

1.土壤中磷的形态和数量

植物生长所需要的磷主要来自土壤,按其存在形态可分为有机磷和无机磷。无机磷主要是与钙、镁、铁、铝等结合的磷酸盐,占土壤含磷量的70%～90%,可分为水溶态磷、吸附态磷和矿物态磷;有机磷占土壤全磷量的10%～30%,以磷酸酯为主。有机态磷一般不溶于水,植物不能直接吸收利用,要经微生物的作用使其转化为可溶性无机磷化合物后才能被植物利用。

根据溶解度和有效性的不同，可将磷酸盐分为三类，即水溶性磷、枸溶性磷和难溶性磷。

（1）水溶性磷　主要是碱金属的各种磷酸盐和碱土金属的一代磷酸盐如 KH_2PO_4、NaH_2PO_4、K_2HPO_4、Na_2HPO_4、$Ca(H_2PO_4)_2$、$Mg(H_2PO_4)_2$ 等。土壤中水溶性磷肥的含量很低，易被植物吸收利用，但在土壤中也易被固定成难溶性磷。如过磷酸钙中的磷酸一钙是水溶性的，施入土壤后会逐渐被转化为溶解度极小的羟基磷灰石，变成难溶性磷。

（2）枸溶性磷　枸溶性磷又称为弱酸溶性磷，主要是碱土金属二代磷酸盐，如 $CaHPO_4$、$MgHPO_4$ 等。这些磷酸盐难溶于水而易溶于弱酸，在中性和微酸性土壤中可以被植物吸收利用。水溶性磷和弱酸溶性磷属于土壤中的速效性磷，它们含量的高低，在一定条件下代表着土壤的供肥能力。

（3）难溶性磷　难溶性磷主要指矿物态的磷，包括磷的原生矿物、次生矿物及其他含磷化合物。在我国南方的酸性土壤，难溶性磷主要是磷酸铁（$FePO_4$）、磷酸铝（$AlPO_4$）和盐基性磷酸铁铝[$FePO_4 \cdot Fe(OH)_3$、$AlPO_4 \cdot Al(OH)_3$]；在北方中性和石灰性土壤中难溶性磷主要是各类磷灰石，如 $Ca_3(PO_4)_2$、$Ca_5(PO_4)_3F$、$Ca_5(PO_4)_3Cl$、$Ca_5(PO_4)_3OH$ 等。土壤中难溶性磷的数量最多，但属于迟效磷，植物很难利用。

还有一种难溶性磷是闭蓄态磷，它是指土壤中被氧化铁胶膜包蔽的磷酸盐，在我国南方的红壤、砖红壤中占有很大比例，最高可占无机磷总量的 90%以上。闭蓄态磷难以被植物利用，但在淹水条件下，部分闭蓄态磷可以转化为非闭蓄态磷供植物利用。

2.土壤中磷的转化

磷在土壤中同时进行着两个相互对立又相互依赖的转化过程，即磷的释放过程和磷的固定过程。

（1）磷的固定　土壤中可溶性的磷转化为难溶性磷及速效性磷转化为缓效性磷的过程称为磷的固定。在酸性土壤中，可溶性磷酸盐与土壤溶液中铁、铝离子作用，形成难溶性磷酸铁和磷酸铝而被固定；同时在酸性土壤的黏土矿物晶格表层有很多 OH^-，其与磷酸中的磷酸根离子进行银离子交换后，磷酸根被吸附固定在黏土矿物上，从而降低了磷的有效性。在石灰性土壤中可溶性磷酸盐与 Ca^{2+} 反应生成难溶性磷酸盐而被固定。在石灰性土壤中，磷主要以 Ca-P 形式存在，包括水溶性磷酸一钙、弱酸溶性磷酸二钙和磷酸八钙、难溶性的磷灰石等，可溶性的磷酸一钙可与 Ca^{2+} 逐步结合，形成磷酸三钙、磷酸八钙和磷酸十钙，使磷的有效性逐步降低。

PPT 课件：测定土壤速效磷含量

（2）磷的释放　难溶性磷转化为可溶性磷的过程，称为磷的释放或磷的有效化。在酸性土壤中施入石灰等碱性物质，可中和土壤的酸性，降低铁、铝的溶解度，促进磷的有效化；在石灰性土壤中，难溶性磷酸盐在动物、植物及微生物活动产生的二氧化碳及有机酸的作用下，可转化为弱酸溶性磷，再进一步转化为水溶性磷供植物吸收利用。

3.我国土壤含磷状况

土壤中磷的含量受成土母质、成土过程、土壤类型、人类耕种、施肥以及土壤侵蚀等因素影响，各地含量变化幅度很大。我国土壤中的全磷含量变化幅度很大，呈现一定的地带性分布规律，由南到北逐渐增加，从东到西，也有增加趋势。具体分布见表 2-6-8。

表 2-6-8　我国土壤磷肥分布情况

地区	土壤类型	全磷含量
南岭以南地区	在花岗岩、砂页岩以及浅海沉积物上发育的砖红壤。	全磷含量 0.03%～0.06%；是我国土壤平均磷含量最低的地区。
南岭以北地区、长江以南丘陵区	由第四纪红色黏土发育的红壤及红壤发育的水稻土。	全磷含量 0.04%～0.08%；也属于磷含量较低的土壤。
云贵川地区	由基性母质发育的红壤和黄壤。	全磷含量为 0.10%～0.20%；磷含量中等。
	由其他母质发育的红壤和黄壤。	全磷含量为 0.04%～0.10%；含量稍低。
江淮丘陵平原和华北平原	由黄土和江湖冲积物发育的黄棕壤、黄岗土、白土、黄绵土等。	全磷含量为 0.10%～0.18%；含量中等。
淮北地区	砂浆黑土	全磷含量为 0.11%～0.22%；含量中等。
东北地区	黑壤土	全磷含量为 0.14%～0.35%；含量较高。
新疆及甘肃河西走廊	沙漠土和绿洲土	全磷含量为 0.15%～0.36%；含量较高。

土壤全磷含量高并不意味着土壤供磷水平高，因此全磷含量不宜作为指导施肥的标准，而速效磷含量反映了当季作物可利用磷的含量，是判断土壤供磷能力的一项重要指标，测定土壤速效磷的含量，可为合理分配和施用磷肥提供理论依据。

4.土壤速效磷测定的原理

中性、石灰性土壤中的速效磷，多以磷酸一钙和磷酸二钙的状态存在，用 pH 8.5 的 0.5 mol/L $NaHCO_3$ 作浸提剂处理土壤，由于碳酸根的存在抑制了土壤中碳酸钙的溶解，降低了溶液中 Ca^{2+} 浓度，相应地提高了磷酸钙的溶解度，可使磷酸钙充分地溶解到提取液中；酸性土壤中的速效磷，多以磷酸铁和磷酸铝的状态存在，用 pH 8.5 的 0.5 mol/L $NaHCO_3$ 作浸提剂处理酸性土壤，由于浸提剂的 pH 较高，可抑制 Fe^{3+} 和 Al^{3+} 的活性，有利于磷酸铁和磷酸铝的提取。另外，溶液中存在着 OH^-、HCO_3^-、

拓展小知识

吸收过多磷会降低产量

磷对提高农作物的产量和品质有良好作用，但是过量施用磷肥，会使作物从土壤中吸收过多的磷素营养。过多的磷素营养会促使作物的呼吸作用大大增强，从而消耗作物体内贮存的糖分和能量。造成繁殖器官提前发育，引起作物过早成熟，籽粒小，产量低。

学习视频：土壤速效磷含量的测定

CO_3^{2-} 等阴离子，也有利于吸附态磷的置换。因此，可用 pH 8.5 的 0.5 mol/L $NaHCO_3$ 作浸提剂处理土壤，使土壤中的磷酸盐充分溶解到浸提剂中，浸出液中的磷，可用硫酸-钼锑抗还原显色成磷钼蓝，蓝色的深浅在一定浓度范围内与磷的含量成正比，可以用比色法测定其含量。

三、任务准备

按 2～3 人一组，将全班同学分为若干组，每组准备以下仪器和试剂：振荡机、分光光度计、天平、三角瓶（250 mL）、容量瓶（50 mL）、漏斗、无磷滤纸、移液管（10 mL）。分析纯碳酸氢钠、分析纯磷酸二氢钾、钼酸铵、无磷活性炭、浓硫酸、酒石酸锑钾、抗坏血酸等。

四、实施步骤

表 2-6-9　土壤中速效磷的测定

工作环节	操作要点及要求
配制试剂	(1)0.5 mol/L 的 $NaHCO_3$（pH 8.5）　称取 $NaHCO_3$ 42.0 g 溶于 800 mL蒸馏水中，用 4 mol/L NaOH 溶液调节 pH 至 8.5（用 pH 计测定），然后用蒸馏水定容至 1 000mL，保存在试剂瓶中。 (2)钼锑贮备液　在 1 000mL 烧杯中加入 400 mL 蒸馏水顺着烧杯壁缓慢注入 153 mL 浓硫酸，并不断搅拌，冷却至室温。另称取分析纯钼酸铵 10 g 溶于 60℃的 150 mL 蒸馏水中，冷却。再将硫酸溶液慢慢倒入钼酸铵溶液中，不断搅拌，最后加入 100 mL 0.5%酒石酸锑钾溶液，用蒸馏水稀释至 1 000mL，摇匀，贮存于棕色试剂瓶中，避光保存。 (3)钼锑抗显色剂　称取 1.50 g 左旋抗坏血酸溶于 100 mL 钼锑抗贮存液中，混匀。 (4)50 μg/mL 磷标准液　准确称取 0.219 5g KH_2PO_4（105℃烘 2 h）溶于 400 mL 蒸馏水中，加浓硫酸 5 mL，转入 1 000mL 容量瓶中，加蒸馏水定容至刻度，摇匀。 (5)5 μg/mL 磷标准液　将上述 50 μg/mL 磷标准液稀释 10 倍即可。
标准曲线制作	分别吸取 5 μg/mL 磷标准液 0、1、2、3、4、5、6 mL 于 50 mL 比色管中，加入 0.5 mol/L 的 $NaHCO_3$ 浸提剂 5 mL，钼锑抗显色剂 5 mL，慢慢摇动，排出 CO_2 后加水定容至刻度。此系列溶液磷的浓度分别为 0、0.1、0.2、0.3、0.4、0.5、0.6 μg/mL。在室温高于 20℃处放置 30 min 后用分光光度计在波长 660 nm 下比色，读取吸光度值。用 Excel 制作标准曲线图，获得标准曲线方程。
待测液的制备	称取通过 18 目筛孔的风干土样 5.00 g 置于 250 mL 三角瓶中，加入一小勺无磷活性炭和 100 mL 0.5 mol/L 的 $NaHCO_3$ 浸提液，塞紧瓶塞，在振荡机上振荡 30 min。取出后用无磷滤纸将浸提液过滤至另一干燥三角瓶中，滤液即为待测液。
测定	吸取滤液 5.00 mL 于 50 mL 容量瓶中，缓慢加入钼锑抗显色剂 5 mL，慢慢摇动，排出 CO_2 后加水定容至刻度，充分摇匀。在室温高于 20℃处放置 30 min 后用分光光度计在波长 660 nm 下比色，读取吸光度值。

拓展阅读：携手共进，
共筑磷肥强国梦

续表2-6-9

工作环节	操作要点及要求
结果计算	将测定值代入标准曲线方程，得到待测液的浓度后，可按下式计算： $$土壤速效磷(mg/kg\ 土)=\frac{显色液的浓度\times 显色液体积\times 分取倍数}{样品重}$$ 式中：显色液浓度(μg/mL)；显色液体积—50 mL；分取倍数—浸提液总体积 100 mL/吸取浸提液的体积(mL)。

注意事项：①浸提剂保存时间不宜过久，如超过一个月，需要重新调整 pH，钼锑抗显色剂要随配随用。②在加入显色剂后，显色剂中的硫酸会与浸提剂反应放出气泡，因此加入显色剂后不能马上盖上容量瓶盖子，要等到气泡全部排出再定容。③此法温度影响很大，一般测定应在 20～25℃的温度下进行。④实验过程中要注意操作安全，严格按照实验规程进行操作。

五、作业与活动

1.作业

撰写试验报告，并按以下标准判断测试土壤速效磷的丰缺等级。

表 2-6-10　土壤速效磷含量丰缺指标

等级	极缺乏	很缺乏	缺乏	中等	丰富	很丰富
速效磷含量/(mg/kg 土)	<3	3～5	5～10	10～20	20～40	>40

随堂测试：测定土壤速效磷含量

2.课外活动

以小组为单位讨论：有哪些方法可以提高试验的精确度？实验中该如何去做？

任务四　合理施用化学磷肥

PPT 课件：磷肥的合理施用

一、任务要求

了解磷肥的分类及其特性；掌握常见磷肥——过磷酸钙、钙镁磷肥及磷矿粉的主要性质及施用方法；会根据土壤养分状况制定合理的磷肥施用方案。

二、相关知识

（一）磷肥的分类

根据磷酸盐溶解度的不同，可将磷肥分为水溶性磷肥、枸溶性磷肥、难溶性磷肥和混溶性磷肥。水溶性磷肥，如过磷酸钙、重过磷酸钙、磷酸铵等，其主要成分是磷酸一钙，易溶于水，肥效较快，也称为速溶性磷肥；枸溶性磷肥，也叫弱酸溶性磷肥，如钙镁磷肥、沉淀磷肥、钢渣磷肥、脱氟磷肥、磷酸氢钙等，其主要成分是磷酸二钙，难溶或不溶于水，但能溶于枸橼酸（柠檬酸），施入土壤后，可依靠土壤中微生物活动和作物根系分泌产生的酸，逐渐溶解被作物吸收利用；难溶性磷肥，如磷矿粉、骨粉等，这类磷肥不溶于水，肥效慢，后效长，主要依靠土壤中酸的作用使其慢慢溶解，为迟效性肥料。

（二）主要磷肥的性质

1.过磷酸钙

又叫过磷酸石灰、过石等，简称普钙，主要成分为 $Ca(H_2PO_4)_2 \cdot H_2O$，含 P_2O_5 12%～20%，副成分为 $CaSO_4 \cdot 2H_2O$，约占50%，还含有硫酸铁、硫酸铝等杂质。该品种磷肥是我国生产销售和使用量最大的一种化学磷肥，也是最早的磷肥。目前普钙已逐渐被磷酸铵和重过磷酸钙等高浓度磷肥取代。

过磷酸钙是水溶性磷肥，一般为灰白色或浅灰色粉末或颗粒。过磷酸钙中含有3.5%～5%的游离酸，因此呈酸性，稍带酸霉味，腐蚀性很强，易吸湿结块。吸湿后，水溶性磷酸盐与过磷酸钙中的铁、铝等杂质结合转变为难溶性的磷酸铁、磷酸铝，这种变化称为过磷酸钙的退化作用，因此过磷酸钙贮运过程中要防潮。

过磷酸钙施入土壤后，会逐渐被土壤化学固定，有效性降低。在酸性土壤中，磷酸一钙与土壤中的铁、铝离子形成难溶性的磷酸铁、磷酸铝沉淀，使磷的有效性大大下降。随着时间的延续，磷酸铁、磷酸铝可进一步被氢氧化铁、氢氧化铝胶膜包被，成为闭蓄态的磷酸盐，使作物更加难以吸收利用。在石灰性土壤上，磷酸一钙会与土壤中的钙结合，逐步形成磷酸二钙，磷酸八钙，最后形成不能被作物吸收的磷酸十钙，这种现象称为化学固定作用，由于过磷酸钙易被土壤固定，因而其移动性比较小，范围一般不超过1～3 cm，大多数集中在施肥点周围0.5 cm的范围内。

过磷酸钙适用于各种土壤，可作基肥，也可作追肥、种肥、根外追肥。因过磷酸钙易发生固定作用，在施用过磷酸钙时，要尽量减少肥料与土壤颗粒的接触，尽量将磷肥集中施用于根系密集的土层，增加肥料与根系的接触，以提高肥效。一般可采用以下施肥措施：

（1）作基肥　在速效磷含量比较低的土壤，每亩可施用过磷酸钙50 kg左右，耕地之前撒施一半，结合耕地作基肥；播种前结合整地撒施另一半，浅施入土，做到分层施肥。如与有机肥混合做基肥，过磷酸钙的每亩用量可减半。施用量小的情况下，旱地施用可采用条施或穴施的集中施用方法；水田施用，可用10%的草木灰中和酸性后蘸秧根施用。

（2）作种肥　过磷酸钙作种肥，可采用拌种、穴施、沟施、蘸秧根等方法。因过磷酸钙中含有游离酸，不能直接作种肥，往往需要和有机肥或草

磷肥歌谣

水溶性磷肥

水溶磷肥人人爱，易溶于水肥效快；主要品种有两种，过磷酸钙和重钙。

它们性质均为酸，对碱作用很敏感；储运千万别受潮，严防磷素变无效。

学习视频：磷肥的种类及特点

木灰混合施用。拌种一般每公顷用过磷酸钙 50～80 kg 与 80～150 kg 有机肥混合均匀后拌种，随拌随播，单独拌种时，也可用 10%的草木灰中和酸性后拌种，拌种后立即播种。穴施或沟施，一般每公顷用过磷酸钙 80～150 kg 与 750～1 500kg 腐熟有机肥混合均匀，开穴或开沟施于播种沟，肥土稍加混合后进行播种。

（3）追肥　过磷酸钙作追肥，一定要早施、深施到作物根系密集土层。采用叶面喷施的根外追肥方式是一种经济有效的施用方法。叶面喷施过磷酸钙的浓度：禾谷类作物 1%～2%为宜，双子叶植物 0.5%～1%为宜，蔬菜、果树以 0.5%为宜，一般生育前期浓度小于中后期。配制方法：以浓度 1%为例，可将 1 kg 过磷酸钙加入 10 kg 清水中搅拌，然后放置澄清，之后取上清液加水稀释至 100 kg 即可。喷施时间宜在傍晚或早晨，可加入叶面湿润剂以提高吸收效率，连续喷施 2～3 次。

拓展知识：磷肥开关将让水稻生产更“绿色”

（4）与有机肥料混合施用　与有机肥料混合施用，可以减少过磷酸钙与土壤的接触面积，同时有机肥在分解过程中产生的多种有机酸能络合土壤中的钙、铁、铝等离子，从而减少这些离子对磷的化学固定，此外有机肥分解过程中微生物活动增强，其呼吸释放的二氧化碳有利于增加土壤酸性，促进难溶性磷酸盐的释放。

（5）酸性土壤配施石灰　酸性土壤配施石灰，调节土壤 pH 至 6.5 左右，可减少过磷酸钙的固定，提高肥效。施用石灰时要注意，不能与过磷酸钙直接混合施用，要先施用石灰，数天后再施用过磷酸钙。

（6）制成颗粒状肥料　与粉状磷肥相比，颗粒状磷肥表面积减少，从而可以减少与土壤的接触，提高肥效。过磷酸钙可以单独做成颗粒，也可以与腐熟的有机肥混合后制成颗粒肥，粒径以 3～5 mm 为宜。对于固磷能力小的土壤或吸磷能力强的作物，颗粒状磷肥的实际意义不大。

学习视频：过磷酸钙的施用方法

2.重过磷酸钙

重过磷酸钙是用磷酸分解磷矿粉所得的高浓度水溶性磷肥，又称为重钙，其化学式为 $Ca(H_2PO_4)_2 \cdot CaHPO_4$，含 P_2O_5 40%～52%，还含有 4%～8%的游离磷酸，不含 $CaSO_4$，是一种高浓度磷肥。由于重过磷酸钙中的 P_2O_5 含量是普钙的 3 倍，所以又称为三倍过磷酸钙。它属于微酸性速效磷肥，是使用浓度最高的单一水溶性磷肥，其适应性强，具有改良碱土作用。

重过磷酸钙通常为浅灰色颗粒或粉末状，主要成分为磷酸一钙，易溶于水，水溶液呈弱酸性，吸湿性和腐蚀性均较强，易结块，不易与碱性物质混合。多被制成颗粒状，以减轻其吸湿性和结块作用。由于不含硫酸铁、铝杂质，吸湿后没有磷酸退化现象发生。

重过磷酸钙的使用方法和施用技术与普通过磷酸钙相同，但重过磷酸钙含磷量高，用量比过磷酸钙要少，一般每亩用 10～12 kg。因不含硫酸钙，对于喜硫作物如豆科作物、十字花科作物、马铃薯等，其肥效不如等磷量的过磷酸钙。重钙适用于各种土壤，以中性和石灰性土壤最为适宜，在酸性土壤上施用，最好与碱性肥料或石灰配合施用。

3.钙镁磷肥

钙镁磷肥是由磷矿石与适量的含镁、硅矿石在高温下熔融，经水淬冷却后而制成的玻璃状碎粒，再经球磨成细粉而成，简称熔融磷肥。钙镁磷肥主要成分是磷酸三钙和正硅酸钙，含 P_2O_5 12%～20%，还含有氧化钙、氧化铁、氧化镁、铝、硅等物质。

钙镁磷肥是灰白色、褐色或灰绿色的玻璃质细粉或粉末，水溶液呈碱性，是化学碱性肥料。无腐蚀性，不吸潮，不结块，不溶于水，能溶于弱酸，属枸溶性肥料。肥效较慢，在酸性土壤上肥效比过磷酸钙好，而在碱性土壤上，其肥效只相当于过磷酸钙的 80%。钙镁磷肥是我国磷肥的主要品种之一，占我国目前磷肥总产量 17%左右。

钙镁磷肥所含磷酸盐必须在酸性条件下经过溶解才能被作物吸收利用，因此比较适于酸性土壤中施用，特别是缺磷的酸性土壤，其施用效果与过磷酸钙相似，甚至超过过磷酸钙。钙镁磷肥施入中性或石灰性土壤后，可在微生物和作物根系活动产生酸的作用下，逐渐溶解并释放出磷酸，释放速度较酸性土壤慢，但肥效长。钙镁磷肥宜作基肥、种肥，但不宜做追肥。作基肥时，应提早施用，每亩用量 15～20 kg，要深施至根系密集土层，旱地可沟施或穴施，水田可在耙田时撒施；作种肥时，每亩用量 5～10 kg，拌种沟施或穴施。与有机肥混合或堆沤后施用，可提高钙镁磷肥的肥效。钙镁磷肥比较适合对磷吸收能力强的作物，如油菜、萝卜、豌豆、豆科作物和瓜类作物，水稻田缺硅时使用钙镁磷肥效果较好。

农事谚语

长嘴的要吃，
长根的要肥；
要想多打粮，
积肥要经常。

4.沉淀磷酸钙

沉淀磷酸钙又叫磷酸二钙或磷酸氢钙，主要成分是 $CaHPO_4 \cdot 2H_2O$，P_2O_5 含量为 27%～42%，是一种高浓度的近中性枸溶性磷肥。沉淀磷酸钙为灰白或白色松散粉末。不含硫酸根和游离酸，不吸潮，不结块，物理性状好，很少被铁、铝固定。沉淀磷酸钙的施用方法与钙镁磷肥相似，适宜作基肥和种肥，施用时要早施、集中施。

5.磷矿粉

磷矿粉是由磷灰石或磷块岩等粉碎磨细而制成的一种迟效性肥料，具有加工简单、成本低等特点，施用历史比较悠久。磷矿粉为白色或棕褐色、形状似土的粉末，为中性或微碱性肥料。磷矿粉中的磷主要以氟磷灰石、羟基磷灰石等形态存在，全磷含量为 10%～25%，其中枸溶性磷含量 1%～5%。磷矿粉化学性质稳定，不溶于水，只有很少一部分溶于柠檬酸，肥效比较慢，施入土壤后需要经过 2～3 年才能发挥肥效。枸溶率在 15%以上的磷矿粉才可直接作为肥料使用，枸溶率低于 50%，只能作加工磷肥的原料。磷矿粉越细，与土壤接触的机会越多，越容易被利用。

磷肥歌谣

难溶性磷肥

难溶磷肥溶解难，
不溶水来稍溶酸；
要想取得好肥效，
科学施肥是关键；
强调用前要堆沤，
配合氮肥生理酸；
应施缺磷酸性地，
撒施均匀作基肥。

磷矿粉宜作基肥，不宜作追肥和种肥，一般情况下每亩用量 40～100 kg。作基肥时，以撒施、深施为好，要与土壤混合均匀，增加其与土壤的接触面积以提高肥效。磷矿粉与过磷酸钙混合施用，除了可借助过磷酸钙中的游离酸促进磷矿粉的溶解，还可利用作物不同生育时期对磷吸收能力不同的特点（前期吸收能力弱，利用速效磷；后期吸收能力强，利用磷矿粉中的磷），提高肥效。磷矿粉与有机肥料混合发酵好施用，也可提高利用效率。

除了以上常见的几种磷肥外，还有钢渣磷肥、脱氟磷肥、偏磷酸钙、骨粉、鸟粪磷肥等，其性质如表 2-6-11 所示。

表 2-6-11　各类磷肥成分、性质及施用技巧

肥料名称	主要成分	理化性质	施用技巧
钢渣磷肥	主要成分为磷酸四钙和硅磷酸五钙，P_2O_5 含量为 10%～14%，含 Ca 25%～35%，还含有铁、镁、锰、硅、铜、锌、钼等微量元素。	深棕色或黑褐色粉末，不溶于水，溶于弱酸，属枸溶性磷肥。强碱性，稍具吸湿性，不结块，物理性状好。	适作基肥，与有机肥混合堆沤后施用，效果好。适合豆科作物、甘蔗、牧草等喜硅喜钙作物，不适于马铃薯等嫌钙作物。
脱氟磷肥	主要成分为磷酸三钙和磷酸四钙，P_2O_5 含量为 14%～18%。	灰白或深灰色粉末，不易吸湿、结块，无腐蚀性，属枸溶性磷肥。	最适于施在酸性或微酸性土壤上，主要用作基肥。
偏磷酸钙	主要成分为偏磷酸钙，P_2O_5 含量为 63%～64%，还含 26%～27%的 CaO。	白色粉末或微黄色粉末，也有玻璃状颗粒。不溶于水，但在水中能逐步水解被作物吸收。	作基肥施用比较理想，施用技术与过磷酸钙基本相同，因磷含量高，施用量比过磷酸钙少。
骨粉	主要成分为磷酸三钙，粗制骨粉 P_2O_5 含量为 20%左右，含 N 3%～5%；脱胶骨粉 P_2O_5 含量为 25%～30%，含 N 2%～3%；脱脂骨粉 P_2O_5 含量为 30%以上，含 N 0.5%～1%。	灰白色粉末，不溶于水，属难溶性磷肥。	适宜用在酸性土壤和生长期长的作物上，夏季施用比冬季施用效果好；肥效较长，可做基肥，也可用发酵的骨粉与泥调成泥浆蘸秧根。
鸟粪磷肥	主要成分为羟基磷灰石，含 P_2O_5 15%～19%，含 CaO 40%，还含有少量的氮、钾。	褐色粉末状或颗粒状，难溶于水，部分溶于中性柠檬酸铵溶液。	作基肥施用，与有机肥混合、堆沤后有效性提高。施用方法同骨粉和磷矿粉。

学习视频：磷肥的合理施用

三、任务准备

按 4～5 人一组，将全班同学分为若干组，准备过磷酸钙、重过磷酸钙、钙镁磷肥、沉淀磷肥、磷矿粉等各种磷肥少许。通过网络、书籍、期刊等查阅整理磷肥合理施用相关资源。

四、实施步骤

表 2-6-12　合理施用磷肥操作步骤

工作环节	操作要点及要求
土壤速效磷含量测定	采集测试基地土壤耕层土样，风干磨碎后测定其速效氮、磷、钾、有机质含量，土壤酸碱性等，为评价土壤养分状况，确定磷肥施用量提供依据。
根据土壤条件合理分配和施用磷肥	(1)一般认为速效磷含量小于 10 mg/kg 时，施磷肥增产效果显著；速效磷含量在 10～20 mg/kg 时，施磷肥增产；速效磷含量大于 25 mg/kg，施磷肥无效。 (2)在供磷水平低，N/P_2O_5 大的土壤上，施用磷肥增产显著；在供磷水平高，N/P_2O_5 小的土壤上，施用磷肥效果较小；在氮、磷供应水平都很高的土壤上，施用磷肥增产不稳定；在氮、磷供应水平均低的土壤上，只有提高氮的水平，才有利于发挥磷的肥效。 (3)土壤有机质含量大于 2.5%的土壤，施用磷肥增产效果不明显；在土壤有机质含量小于 2.5%的土壤上才有增产效果。磷肥最好施用在有机质含量低的土壤。 (4)通常枸溶性磷肥和难溶性磷肥应分配到酸性土壤上，水溶性磷肥分配到中性及石灰性土壤。
根据作物需磷特性和轮作换茬制度施用磷肥	(1)在喜磷作物如豆科作物、蔬菜、瓜类作物上施用磷肥，具有较好的效果，在对磷不敏感的禾谷类作物上施用磷肥，效果不明显。豆科作物、油菜、荞麦和果树，吸磷能力强，可施一些难溶性磷肥；薯类虽对磷反应敏感，但吸收能力差，施用水溶性磷肥为好。 (2)在水旱轮作中，要把磷肥重点施在旱作上；在旱地轮作中，磷肥应优先施于需磷多、吸磷能力强的豆科作物上；作物对磷具有相似吸收特性时，磷肥优先施用在越冬作物上。
根据肥料性质合理施用磷肥	水溶性磷肥适宜施用在中性、石灰性土壤，可作基肥，也可做种肥、追肥集中施用；枸溶性磷肥和难溶性磷肥宜分配在酸性土壤上，作基肥施用。一般来说，枸溶性磷肥和难溶性磷肥粉碎程度越细，溶解能力越强，酸性土壤施用细度不小于 40 目，中性土不小于 60 目，碱性土以 100 目为宜。
磷肥要早施、集中施、分层施	作物的磷肥营养临界期往往在早期，因此磷肥施用要早施；磷肥在土壤中移动性比较小，容易被土壤中铁、铝、钙等固定，与土壤接触面积越大，被固定的机会就越多，因此磷肥要集中施用，尽量施用在作物根系密集层；将磷肥分层施用在不同土层，满足作物不同层次根系对磷的需要，可提高磷肥肥效，可在 0～10 cm 的浅土层施用 1/3 的水溶性磷肥满足作物生长早期根系较浅、吸收能力较弱阶段对磷肥的需要，10～30 cm 的深土层施用 2/3 的枸溶性磷肥或难溶性磷肥满足作物生长中后期根系深、吸收能力较强阶段对磷肥的需要。
磷肥要与氮、钾肥及有机肥配合施用	施用磷肥时配合氮、钾施用，可协调作物对养分的需要，增产效果比单独施用磷肥显著提高。在不缺钾的情况下，茄果类作物需氮磷比例约为 1.5∶1，叶菜类需氮磷比例为 3∶1。有机肥与磷肥混合施用，不仅可以促进枸溶性磷肥和难溶性磷肥的溶解，还可以减少磷肥在土壤中的固定，肥效提高。
注意事项：①磷肥的当季利用率很低，只有 10%～25%，因此磷肥后效很长，不需要每季作物都利用，另外，磷肥的后效可达 5～10 年，连续施用磷肥几年后可以隔 2～3 年再施用；②当作物出现缺磷症状时，以叶面喷施方式补充磷肥效果较好。	

名言警句

追求客观真理和知识是人的最高和永恒的目标。

（爱因斯坦）

五、作业与活动

随堂测试：合理施用化学磷肥

1.学生作业

根据基地土壤速效养分含量的测定结果，制定一份土壤磷肥施用方案。

2.课外活动

调查你的家乡土壤磷肥营养状况及主要施用的磷肥品种、施用方法等，撰写调查报告一份。

任务五　测定土壤速效钾含量

一、任务要求

能够熟练测定当地土壤的速效钾养分含量，了解土壤速效钾供应状况，为合理施用钾肥提供科学依据。

名言警句

宁从一而深造，毋泛涉而两失也。

（袁枚）

苟能精一艺，便是养身宝。

（申颋）

二、相关知识

钾是植物生长发育所必需的营养元素之一，同时也是土壤中常因供应不足而影响作物产量的植物营养三要素之一。土壤速效钾能直接反映土壤供钾素能力，速效钾与当季作物吸收钾的量之间往往有比较好的相关性。测定土壤速效钾可为合理分配施用钾肥提供理论依据。

1.土壤钾的含量和形态

土壤全钾的含量一般在16.1 g/kg左右，高的可达24.9～33.2 g/kg，低的低至0.83～3.3 g/kg。影响土壤含钾量的主要因素有成土母质、气候、生物、质地、耕作施肥等，从北到南、由西向东，我国土壤钾素含量有逐步降低的趋势。

土壤钾化学形态有四种：水溶性钾、交换性钾、缓效态钾和矿物态钾。

水溶性钾：以离子形态存在于土壤中的钾，一般为0.2～10 mg/kg，只占土壤全钾量的0.05%～0.15%。

交换性钾：吸附在带有负电荷的土壤胶体上的钾，一般占土壤全钾量的0.15%～0.5%。交换性钾的含量受黏土矿物种类、胶体含量、耕作和施肥等因素影响。

PPT课件：测定土壤速效钾含量

上述两种都是作物能直接吸收利用的速效性钾，也是评定土壤钾营养是否充足的主要指标。

缓效态钾：固定在黏土矿物层状结构中的钾和较易风化的矿物中的钾。缓效钾一般占土壤全钾量的1%～10%，是土壤速效钾的主要储备仓库，是土壤供钾潜力的指标。

矿物态钾：即原生矿物，如钾长石、白长石、黑云母等，占全钾量的90%～98%，不能被植物吸收利用。

土壤钾素肥力的供应能力主要取决于速效钾和缓效钾。

2.土壤中钾的转化

土壤中的钾主要以无机形态存在，各形态之间存在着动态平衡，钾在土壤中的转化包括两个过程，即钾的固定和钾的释放。

(1)土壤中钾的固定　当土壤中钾离子从2∶1型次生层状硅酸盐矿物的层间不断被移去后，层间就出现了空的吸附位点，这些空的吸附位点对 K^+ 具有很高的选择吸附性。施入钾肥后，K^+ 或吸附在土壤颗粒表面的交换性钾进入这些层间的吸附位点，使钾的移动性和有效性明显降低，这种现象称为钾的固定。即土壤有效钾变为缓效钾，甚至矿物态钾的过程。

我国土壤固钾能力表现出明显的地带性，即由南向北和由西向东固钾容量逐渐增加，其中以东北土壤的固钾能力最强。

固定钾的主要黏土矿物为膨胀性2∶1型黏土矿物，如蒙脱石、蛭石和风化云母等。钾的固定与黏土矿物间的反应力(负电荷与正的层间阳离子之间的静电引力、离子水化作用产生的膨胀力)有关。2∶1型矿物六角形蜂窝状孔穴直径恰巧能容纳 K^+ 进入其间，K^+ 一旦落入就被闭蓄成了固定的钾。另外，矿物结构的变化也对钾的固定有影响，在酸性条件下羟基铝离子及其聚合物占据了 K^+ 的位置，使钾离子不能进入层间穴位。如在酸性土壤上施用石灰，pH升高，在层间失去复合羟基铝，导致晶层塌陷，形成楔形区，对外源钾素的固定强度就会提高(图2-6-1)。

名家故事：盐湖学人——郑绵平

拓展知识：我国钾资源

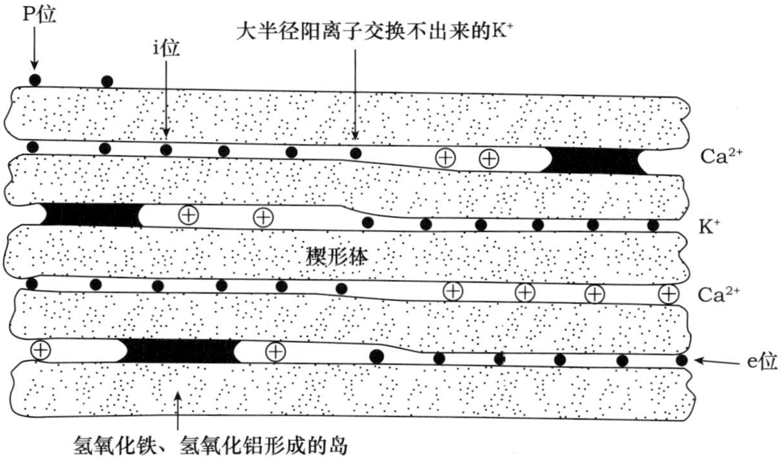

图2-6-1　2∶1型黏土矿物固定钾示意图

(引自：《土壤肥料》第5版，宋志伟、王庆安，2019)

(2)土壤中钾的释放　由于作物的吸收利用，土壤溶液中的钾或交换性钾的浓度降低，层间固定的非交换性钾和矿物态钾转化为可以被植物吸收利用的交换性钾，这种现象称为钾的释放。

非交换性钾和矿物态钾的释放主要受到土壤溶液中交换性钾和水溶性钾浓度的影响。另外，土壤条件、土壤风化和成土过程中产生的无机酸及有机质分解过程中产生的有机酸，都可以将矿物质中的钾释放出来。

土壤钾素的释放和固定是影响钾对植物有效性的两个重要过程，二者之间的相互转化是一个可逆过程，矿物的种类和结构是影响这一过程的本质因素（图 2-6-2）。

学习视频：土壤速效钾含量的测定

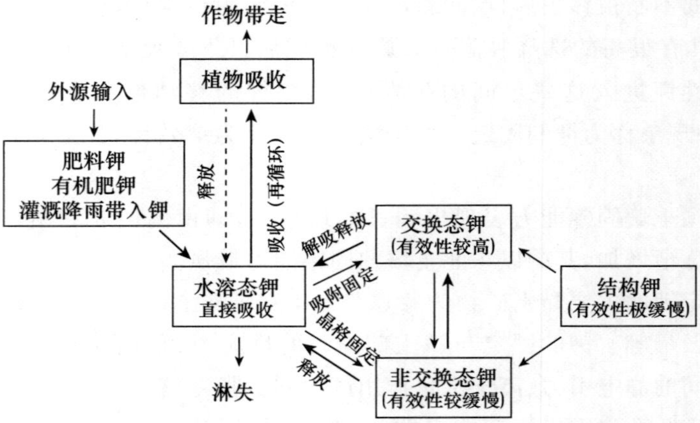

图 2-6-2　土壤中各形态钾间的转化示意图

3.土壤速效钾测定原理

以中性 1 mol/L 乙酸铵溶液浸提，铵离子与土壤胶体表面的 K^+ 进行交换，连同水溶性钾一起进入溶液。浸出液中的钾直接用火焰光度计进行测定。

三、任务准备

按 2～3 人一组，将全班同学分为若干组，每组准备以下材料和用具。

1.试剂

(1)乙酸铵溶液[$c(CH_3COONH_4)=1.0$ mol/L]　称取 77.08 g 乙酸铵溶于近 1 L 水中，用稀乙酸（CH_3COOH）或氨水（1+1）（$NH_3 \cdot H_2O$）调节 pH 为 7.0，用水稀释至 1 L。该溶液不宜久放。

(2)钾标准溶液[$c(K)=100$ μg/mL]　称取经 110℃烘 2 h 的氯化钾 0.190 7 g 溶于乙酸铵溶液，并用该溶液定容至 1 L。

2.仪器设备

往复式振荡机，150～180 r/min；火焰光度计。

3.用具

100 mL 三角瓶、50 mL 容量瓶、移液管、天平、量筒等。

4.样品

过 1 mm 孔径筛的风干土样。

四、实施步骤

表 2-6-13　土壤速效钾含量测定的操作要点及要求

工作环节	操作要点及要求
称取土样	称取通过 1 mm 筛孔的风干土壤样品 5.00 g 置于 100 mL 三角瓶中。样品称量应精确到 0.01 g。
制备土壤浸提液	准确量取 50 mL 乙酸铵溶液加入土样中(土液比为 1∶10),塞紧瓶口,摇匀,在 20～25℃下,150～180 r/min 振荡 30 min,干过滤。若滤液不清,应重新过滤。
绘制标准曲线	分别吸取钾标准溶液 0.00、3.00、6.00、9.00、12.00、15.00 mL 于 50 mL容量瓶中,用乙酸铵溶液定容,即为浓度 0、6、12、18、24、30 μg/mL的钾标准系列溶液。
空白实验	在样品测定同时进行两个空白实验,除不加土样外,其他步骤同样品测定。
比色测定	用乙酸铵溶液调节仪器零点,滤液直接在火焰光度计上进行测定。标准曲线绘制应与样品同时进行。若样品中速效钾含量过高,需要用乙酸铵浸提剂稀释定容,以消除基本效应。
结果计算	从标准曲线查得待测液的质量浓度后,按下式计算土壤速效钾含量 土壤速效钾(mg/kg)$=\frac{C\times V_{提}}{m}$ 式中:C—从标准曲线上查得待测液中钾的质量浓度(μg/mL);$V_{提}$—土壤浸提液总体积(mL);m—风干土样质量(g) 取平行测定结果的算数平均值为测定结果,取整数。平行测定结果的相对相差≤5%。
土壤钾素养分状况评价	根据上述测定结果情况,依据当地土壤养分丰缺指标,评价土壤钾养分状况,撰写实训报告。

注意事项:①含乙酸铵的钾标准溶液不能久放,影响测定结果;②样品应精确称量,需代入公式计算;③因离子间的交换作用关系,振荡一定时间是有必要的;④标准曲线绘制应与样品同时进行。

引自:NY/T 889—2004 土壤速效钾和缓效钾含量的测定。

拓展知识:土壤稀释对速效钾测定的影响

五、作业与活动

1.学生作业

填写土壤速效钾测定实训报告表。

2.课外活动

土壤不同形态钾之间存在一种动态平衡,同学们试着用不同阳离子来提取土壤中交换性钾,分析所测结果是否有差异?为什么?

随堂测试:土壤速效钾含量测定

任务六　合理施用化学钾肥

一、任务要求

熟悉常见钾肥的性质和施用要点；掌握当地合理施用钾肥，提高钾肥施用效果的技术。

二、相关知识

1.植物钾素的营养功能

钾在植物体内呈离子态，具有高度的渗透性、流动性和再利用的特性。钾能够激活多种酶的活性，目前已知有60多种酶需要有钾的参与才能充分活化；能够增强植物对各种不良环境（如干旱、低温、盐碱、病害和倒伏）的抗性；能够促进蛋白质的合成，提高产品中蛋白质的含量；能促进叶绿素的合成，改善叶绿体的结构，提高二氧化碳的同化率，促进光合作用；可提高糖代谢相关酶活性，促进淀粉向糖的转化，提高果实的总糖含量；能提高细胞膜的运输能力和促进同化产物的转运，并向着果实的方向进行，可提高产量，提升品质。

学习视频：钾肥的种类及特点

2.常用钾肥的种类

（1）氯化钾

表 2-6-14　氯化钾性质及施用要点

项目	内容
性质	KCl为主，约含2%氯化钠，K_2O含量为50%～60%，白色、灰白色、微红色、浅褐色粉末状、结晶状或颗粒状；吸湿性小，但长期贮存会结块，易溶于水；是化学中性、生理酸性肥。
施用注意事项	一般以播种或移苗前一星期作基肥条施为主，作基肥应深施到作物根系密集土层中；追肥要深施和早施，注意避开幼苗氯敏感期。 在酸性土壤上施用，应注意配合施用石灰和有机肥料。 沙性强的土壤，应配合施用有机肥。适用于麻类、棉花等纤维作物。 透水性差的盐碱地不应施用，以免增加盐害，且不应在烟草、马铃薯、甜菜等忌氯作物上施用。

钾肥歌谣

氯化钾，早当家，
钾肥家族属它大。
易溶于水性为中，
生理反应呈酸性。
白色结晶似食盐，
含量有达五十三。
施用不易做种肥，
莫施忌氯作物地。

（2）硫酸钾

表 2-6-15　硫酸钾性质及施用要点

项目	内容
性质	分子式K_2SO_4，K_2O含量为50%～52%，粉末晶体或颗粒，含杂质为淡黄色，吸湿性小，易溶于水；是化学中性、生理酸性肥。

续表2-6-15

项目	内容
施用注意事项	石灰性土壤上若施用过多，因生成溶解度小的硫酸钙，堵塞土壤孔隙导致板结，可配合施用有机肥；水稻田或还原性较强的土壤不宜施用硫酸钾；硫酸钾易溶于水，用于沙性土壤易流失，最好少量分次施用或与农家肥混合施用。 可作基肥、追肥、种肥和根外追肥，条施、穴施、喷施均可。 作基肥和追肥要深施，追肥要早施。 适合多种作物，特别适合喜钾忌氯作物施用，如烟草、甘薯、甘蔗、马铃薯、茶树等。 长期施用会出现土壤酸化现象。

（3）草木灰

表 2-6-16　草木灰性质及施用要点

项目	内容
性质	成分复杂，含量最多的是钾元素，其中90%以上是水溶性，以碳酸盐的形式存在，其次是磷，一般含量为1.5%～3%，还有其他微量元素，如钙、镁、硅、硫、铁等。 木灰含钙、钾、磷较多，草灰含硅量较多，磷、钾、钙较少。 钾的形式：碳酸钾＞硫酸钾＞氯化钾。 K_2O 含量为5%～15%，灰白色至灰黑色，溶于水，注意防雨淋；水溶液呈碱性，为碱性肥料。
施用注意事项	适用于除盐碱地以外的土壤，尤其适用于酸性土壤。 作基肥、种肥、追肥，亦可拌种、盖种或根外追施。 作基肥，为防吹散，可沟施或穴施，每公顷用量750～1 025 kg，用湿土拌匀。 作追肥条施或穴施，或用1%草木灰浸出液根外喷施。 适合水稻、蔬菜等作物育苗的盖顶肥；适合各种作物，尤其喜钾忌氯作物，如棉花、甜菜、烟草及马铃薯等。 不能与铵态氮肥、磷肥、腐熟的有机肥料混合施用，不宜与人粪尿混存，以免氮素损失。 不能与酸性农药混合。不能与过磷酸钙混存或混用，要防水保存。

农事谚语

要想韭菜好，只要灰里找；

土豆上灰好，块大质量高；

蚕豆不要粪，只要灰里困。

三、任务准备

准备氯化钾、硫酸钾、草木灰等常见钾肥样品，按2～3人一组将全班同学分为若干组，通过网络、书籍查阅等途径收集合理施用钾肥的资料。

四、实施步骤

表 2-6-17　钾肥的合理施用技术操作要点及要求

工作环节	操作要点及要求
当地土壤速效钾含量测定	根据当地土壤类型和植物种植规划，通过采集耕层土样，分析土壤速效钾含量，评价土壤钾素养分状况，为确定钾肥施用量提供依据。
当地常见钾肥种类的性质与施用要点认识	根据当地生产中常用的钾肥品种，抽取样品，熟悉它们的性质和施用要点。

学习视频：钾肥的合理施用

续表2-6-17

工作环节	操作要点及要求
根据土壤条件合理施用钾肥	(1)土壤供钾水平　土壤缺钾的程度是钾肥有效施用的先决条件,在其他条件相同的情况下,土壤钾含量越低,钾肥当季肥效越好。土壤钾含量小于 40 mg/kg 为极缺钾的土壤,应优先施用,土壤钾含量在 40～80 mg/kg为缺钾土壤,也应施用钾肥。注意也要考虑土壤缓效钾含量。 在北方,钾肥施用后大部分钾被土壤固定,只有一小部分能被当季作物吸收利用。而在南方淋溶性较强的沙质土壤上,固钾作用不明显,钾肥施用后易损失。因此应遵循分期施用,少量多次的原则,避免因一次性施用而导致钾的固定或流失。 (2)土壤质地及熟化程度　土壤沙质过重的土地,钾肥易产生渗透,应分次施入。质地较黏的土壤施用量应适当增加,并一次施用。盐碱地应避免施用高量氯化钾,酸性土壤施硫酸钾更好些。 (3)土壤水分　干旱地区的土壤,钾肥施用量可适当增加。水田、盐土、酸性强的土壤,应适当增加钾肥用量。
根据植物特性合理施用钾肥	(1)植物种类　在土壤缺钾状况一样的情况下,钾肥应优先用在喜钾的作物上,喜钾作物的顺序为:豆科作物＞薯类、甜菜、甘蔗、西瓜、果树＞棉花、麻类、烟草＞玉米＞水稻、小麦。 同种作物不同品种对钾肥反应不同,以水稻为例,杂交稻、矮秆高产良种、粳稻增施钾肥的肥效比高秆品种、籼稻及常规稻更好。 大豆、油菜、小麦、果树以及水稻等作物在寒冷、干旱、阳光不足等环境下,增施或早施钾肥能增强抗寒性,增产。 (2)植物生育期　钾肥可作基肥、种肥或追肥,因作物苗期往往处在需钾临界期,对钾敏感,所以以基肥或早期追肥效果较好。 追肥应早施,对禾谷类作物,应在拔节期前追施钾肥;对于茄果类蔬菜,应在现蕾期前后追施钾肥;对于块茎类作物,应在膨大期前追施钾肥;对于棉花,应初花期前追施钾肥。 (3)轮作方式　轮作中钾肥应施用在最需要钾的植物中。在绿肥—稻—稻轮作中,钾肥应施到绿肥上;在双季稻和麦—稻轮作中,钾肥应施在后季稻和小麦上;在麦—棉花、麦—玉米、麦—花生轮作中,钾肥应重点施在夏季植物(棉花、玉米、花生)上。
采用合理施用方法	(1)钾肥只有在充足供给氮磷养分基础上才能更好地发挥作用。在一定氮肥用量范围内,钾肥肥效有随氮肥施用水平提高而提高的趋势;磷肥供应不足,钾肥肥效常受影响。有机肥施用量高时会降低钾肥的肥效,因此要与有机肥、氮肥、磷肥配合施用。 (2)钾的移动性小,适合根系紧密的土层,可进行深施,通常为 6～18 cm 的土层。 (3)对于烟草、玉米等稀植作物,可进行穴施或是条施,可起到更好的施入效果。而小麦、水稻等密植植物可采用撒施效果较好。 (4)施钾后,需要防止土壤干湿交替,降低土壤对钾的固定,维持一定的土壤湿度。

名言警句

化肥是粮食的“粮食”。化肥是粮食高产的最大功臣。

（张福锁）

PPT 课件:合理施用化学钾肥

随堂测试:合理施用化学钾肥

五、作业与活动

1.学生作业

说一说常用钾肥的性质和施用要点。

2.课外活动

由于我国钾肥资源有限,试着通过文献或实地调查,从生态农业的角度看一看还可通过哪些途径来缓解钾肥供应不足。

【小结与思考】

◆小结

- 土壤氮磷钾养分测试与施肥调控
  - 测定土壤速效氮含量
    - 土壤中氮的形态——无机态氮、有机态氮
    - 氮素的转化——有机态氮的矿化作用、有效氮的无效化
    - 测定土壤速效氮的意义
    - 测定土壤速效氮的原理
    - 测定要点及要求——称样、加硼酸、加指示剂、盖玻璃片封皿、加碱、扩散、滴定、对照、结果计算
  - 合理施用化学氮肥
    - 植物氮素的营养功能
    - 主要氮肥的类型——铵态氮肥、硝态氮肥、酰胺态氮肥
    - 常见氮肥性质施用要点
    - 合理施用要点及要求
  - 测定土壤速效磷含量
    - 土壤中磷的形态和数量——水溶性磷、枸溶性磷、难溶性磷
    - 土壤中磷的转化——磷的固定、磷的释放
    - 我国土壤含磷状况
    - 土壤速效磷测定的原理
    - 测定要点及要求——配制试剂、标准曲线制作、待测液的制备、测定、结果计算
  - 合理施用化学磷肥
    - 磷肥的分类——水溶性、枸溶性、难溶性和混溶性磷肥
    - 主要磷肥的性质
    - 合理施用要点及要求
  - 测定土壤速效钾含量
    - 土壤钾的含量和形态——水溶性钾、交换性钾、缓效态钾和矿物态钾
    - 土壤中钾的转化——钾的固定、钾的释放
    - 土壤速效钾测定原理
    - 测定要点及要求
  - 合理施用化学钾肥
    - 植物钾素的营养功能
    - 常用钾肥的种类和性质——氯化钾、硫酸钾、草木灰
    - 合理施用要点及要求

◆思考

1.在土壤速效氮、速效磷、速效钾含量的测定实验中,影响测定结果准确性的因素有哪些?

2.思考氮、磷、钾肥施用的注意事项。

3.氮磷钾是植物必需的大量元素,是不是施用越多越好?

项目七

土壤中微量元素养分测试与施肥调控

【项目描述】

随着氮、磷、钾等大量营养元素肥料施用量的急剧增加，中微量营养元素正在或已经成为农产品产量和质量提升的制约因素或限制因子。近些年，各农业企业和种植户开始重视肥料的平衡营养均衡补充，逐渐注重中微量元素养分的施用，但又常常出现施用不当的负面情况。如何做到中微量元素肥的科学合理施用成为目前亟须解决的问题。

【项目分析】

从平衡、科学施用角度出发，该项目需主要解决两大问题，一是通过对土壤中微量元素含量的测定，掌握土壤供肥状况；二是获取目前市场常见中微量元素肥的种类及性质信息，熟悉植物需求规律和施用技术，以做到合理施用。

【项目目标】

素质目标：认同并具备科学经营农业的理念，具有创新意识，能积极参与讨论与合作，追求农业现代化和品质化。

知识目标：能说出中微量元素含义，解释中微量元素测定原理；会归纳比较各类中微量元素肥的特点和施用特性。

能力目标：能重复正确测定土壤有效性中微量元素含量；能根据当地生产具体情况制定出合理施肥方案，会施用中微量元素肥料。

【任务导航】

根据项目分析及目标，需完成下列任务：

1.测定土壤钙、镁、硫含量　　2.合理施用钙镁硫肥

3.测定土壤微量元素含量　　4.合理施用微量元素肥料

任务一　测定土壤钙镁硫含量

责任担当

所谓“知己知彼,百战不殆”,在了解作物需求基础上,掌握土壤对中微量元素的供给能力和肥料的供应特点,才能达到施用效果。农学人要树立精益求精的大国工匠精神,在探索测定新方法上下功夫,使测定工作简化快捷;具备科学思维和创新意识,多发现多研发出一些施肥新技术,在微肥施用领域占领一席之地。

一、任务要求

能够熟练测定当地土壤交换性钙、镁和有效硫的含量,了解土壤钙、镁、硫供应状况,为合理施用中量元素肥料提供科学依据。

二、相关知识

1.土壤交换性钙镁的测定原理

酸性和中性土壤用乙酸铵作土壤交换剂,浸出液中的交换性钙、镁,直接用原子吸收分光光度法测定。注意测定时所用的钙、镁标准溶液中要同时加入同量的乙酸铵溶液,以消除基本效应,另外,在土壤浸出液中,要加入释放剂锶(Sr),以消除铝、磷和硅对钙测定的干扰。

2.土壤有效硫的测定原理

酸性土壤用磷酸盐－乙酸溶液浸提,石灰性土壤用氯化钙溶液浸提,浸出液中的少量有机质用过氧化氢消除,浸出的 SO_4^{2-} 用硫酸钡比浊法测定。

三、任务准备

按 2～3 人一组,将全班同学分为若干组,每组准备以下材料和用具。

1.试剂和溶液

测定所用试剂和水除特殊注明外,均指分析纯试剂和 GB/T 6682 中规定的级水,所述溶液如未指明溶剂,均系水溶液。

(1)乙酸铵溶液[$c(CH_3COONH_4)=1$ mol/L,pH7.0]　称取乙酸铵(CH_3COONH_4)77.09 g 溶于 950 mL 水中,用(1＋1)氨水溶液和稀乙酸调节至 pH7.0,加水稀释到 1 L,摇匀。

(2)(1＋1)氨水溶液

(3)(1＋1)盐酸溶液

(4)氯化锶溶液[$\rho(SrCl_2 \cdot 6H_2O)=30$g/L]　称取氯化锶($SrCl_2 \cdot 6H_2O$)30 g 溶于水,用水稀释到 1 L,摇匀。

(5)pH10 缓冲溶液　称取 67.5 g 氯化铵溶于无二氧化碳水中,加入新开瓶的 570 mL 浓氨水($\rho=0.090$ g/mL),用水稀释至 1 L,贮存于塑料瓶中,注意防止吸收空气中的二氧化碳。

(6)钙标准贮备溶液[$\rho(Ca)=1$ g/L]　称取 2.497 2g 经 110℃烘 4 h 的碳酸钙($CaCO_3$,基准试剂)于 250 mL 高型烧杯中,加少许水,盖上表面皿,小心从杯嘴处加入 100 mL(1＋1)盐酸溶液溶解,待反应完全后,用水

PPT 课件:测定土壤钙镁硫含量

洗净表面皿，小心煮沸赶去二氧化碳，无损将溶液移入 1 L 容量瓶中，用水稀释至刻度，摇匀。

(7)钙标准溶液[ρ(Ca)=100 mg/L]　吸取 10.00 mL 钙标准贮备溶液于 100 mL 容量瓶中，用水稀释至刻度，摇匀。

(8)镁标准贮备溶液[ρ(Mg)=0.5 g/L]　称取 0.500 0g 金属镁(光谱纯)于 250 mL 高型烧杯中，盖上表面皿，小心从杯嘴处加入 100 mL(1+1)盐酸溶液溶解，用水洗净表面皿，无损将溶液移入 1 L 容量瓶中，用水稀释至刻度，摇匀。

(9)镁标准溶液[ρ(Mg)=50 mg/L]　吸取 10.00 mL 镁标准贮备溶液于 100 mL 容量瓶中，用水稀释至刻度，摇匀。

(10)K-B 指示剂　称取 0.5 g 酸性铬蓝 K 和 1.0 g 萘酚绿 B ($C_{30}H_{15}N_3Na_3Fe$)与 100 g 经 105℃烘干的氯化钠一同研细磨匀，越细越好，贮于棕色瓶中。

(11)过氧化氢(φ=30%)

(12)硫标准贮备液[ρ(S)=100 mg/L]　称取硫酸钾 0.543 6g 溶于水，定容至 1 L，即为含(S)100 mg/L 的标准贮备液。将此溶液准确稀释成含(S)20 mg/L 的标准溶液备用。

(13)阿拉伯胶水溶液(2.5 g/L)　称取 0.25 g 阿拉伯胶溶于 100 mL 水中，必要时过滤。

(14)乙酸溶液[$c(CH_3COOH)$=2 mol/L]　量取 118 mL 冰醋酸用水定容至 1 L。

(15)磷酸盐-乙酸浸提剂　称取磷酸二氢钙[$Ca(H_2PO_4)_2 \cdot H_2O$] 2.04 g 溶于 1 L 乙酸[$c(CH_3COOH)$=2 mol/L]溶液中。

(16)(1+4)盐酸溶液

(17)氯化钡晶粒　将氯化钡($BaCl_2 \cdot 2H_2O$)研细，通过 0.5 mm 孔径筛。

(18)氯化钙浸提剂(用于石灰性土壤)　称取氯化钙($CaCl_2$)1.50 g 溶于水，稀释至 1 L。

2.仪器设备

原子吸收分光光度计，钙、镁空心阴极灯，离心机(3 000～4 000 r/min)，离心管(100 mL)，振荡机，电热板或沙浴，分光光度计、电磁搅拌棒。

3.用具

天平、橡皮头玻璃棒、容量瓶、烧杯等。

4.样品

过 2 mm 孔径筛的风干土样。

名言警句

你要知道科学方法的实质，不要去听一个科学家对你说些什么，而要仔细看他在做什么。

(爱因斯坦)

路漫漫其修远兮，吾将上下而求索。

(屈原)

拓展知识：超声浸提ICP-OES法同时测定土壤中交换性钙、镁和速效钾

四、实施步骤

表 2-7-1　土壤交换性钙、镁和有效硫测定操作要点及要求

工作环节	操作要点及要求
土壤分析样品的选取	根据土壤中量元素养分测定的要求，选取通过 2 mm 孔径筛的风干土样。
土壤交换性钙和镁的测定	(1)制备试液　称取 2.00 g(质地轻的土壤称 5.00 g)风干试样于 100 mL 离心管中，沿离心管壁加入少量乙酸铵溶液，用橡皮头玻璃棒搅拌土样，使其成为均匀泥浆状。再加入乙酸铵溶液至总体积约 60 mL，并充分搅拌均匀。用乙酸铵溶液洗净橡皮头玻璃棒，溶液收入离心管内。 将离心管成对放在粗天平的两盘上，加乙酸铵溶液使其平衡。将平衡好的离心管对称放入离心机中，离心 3～5 min，清液收集在 250 mL 容量瓶中。如此用乙酸铵溶液处理 2～3 次，直至浸出液中无钙离子反应为止[检查钙离子：取 5 mL 浸出液于试管中，加 1 mL pH10 缓冲溶液，再加少许 K-B 指示剂，如呈蓝色，表示无钙离子，如呈紫红色，表示有钙离子]。最后用乙酸铵溶液定容。 (2)测定　吸取 20.00 mL 试液于 50 mL 容量瓶中，加入 5.0 mL 氯化锶溶液，用乙酸铵溶液稀释至刻度，摇匀。按钙、镁的测定要求调节仪器，直接在原子吸收分光光度计上进行测定。读取吸光度或浓度值。 (3)绘制标准曲线　钙、镁混合标准系列溶液：分别吸取 0、2.00、4.00、6.00、8.00、10.00 mL 含钙(Ca)100 mg/L 的标准溶液于 6 个 100 mL 容量瓶中；另分别吸取 0、1.00、2.00、4.00、6.00、8.00 mL 含镁(Mg)50 mg/L 的标准溶液于上述相应容量瓶中，各加入 10.00 mL 氯化锶溶液，用乙酸铵溶液稀释至刻度，摇匀。即为含钙(Ca)0.00、2.00、4.00、6.00、8.00、10.00 mg/L 和含镁(Mg)0.00、0.50、1.00、2.00、3.00、4.00 mg/L 的钙、镁混合标准系列溶液。 绘制标准曲线：与试液同条件下，在原子吸收分光光度计上进行测定。读取吸光度值，绘制标准曲线或求出一元直线回归方程，再计算浓度值，或从仪器上直接读取浓度值。 (4)结果计算　交换性钙、镁的质量分数按下式计算： $交换性钙(\frac{1}{2}Ca^{2+},cmol/kg)=\frac{\rho\times V\times D\times 100}{m\times 20.04\times 1\ 000}$ $交换性镁(\frac{1}{2}Mg^{2+},cmol/kg)=\frac{\rho\times V\times D\times 100}{m\times 12.15\times 1\ 000}$ 式中：ρ—从标准曲线上查得测定液的钙(或镁)浓度(mg/L)；V—测定液体积(mL)，本方法为 50 mL；D—分取倍数，D＝浸出液总体积/吸取浸出液体积＝250/20；20.04—钙($1/2Ca^{2+}$)离子的摩尔质量(g/mol)；12.15—镁($1/2Mg^{2+}$)离子的摩尔质量(g/mol)；1 000—将 mL 换算成 L 的系数；m—风干试样质量(g)；重复试验测定结果以算数平均值表示，保留一位小数。
土壤有效硫的测定	(1)绘制校准曲线　准确吸取含硫(S)20.00 mg/L 标准溶液 0.00、2.00、4.00、6.00、8.00、10.00、12.00 mL 分别放入 50 mL 比色管中，加(1＋4)盐酸溶液 2 mL 和阿拉伯胶水溶液 4 mL，用水定容，即为 0.00、0.80、1.60、2.40、3.20、4.00、4.80 mg/L 硫(S)标准系列溶液。将溶液转入 150 mL 烧杯中，加氯化钡晶粒 2.0 g，用电磁搅拌器搅拌 1 min，调节波长为 440 nm，5～10 min 内在分光光度计上，用 3 cm 光径比色皿比浊，用标准系列溶液的零浓度调节仪器零点，与试样溶液同条件比浊测定，读取吸光度，绘制校准曲线或求出一元直线回归方程。

拓展知识：不同类型农田土壤交换性钙镁测定方法的研究

拓展知识：离子色谱法测定土壤有效硫

名诗赏析

葡萄结实极繁盛，硫黄著子何芬芳。

（李纲）

硫黄橘气最难当，煎药须教莫近傍。

（贾似道）

续表2-7-1

工作环节	操作要点及要求
土壤有效硫的测定	(2)制备试液　准确称取风干试样 10 g(精确到 0.01 g)于 250 mL 塑料瓶或三角瓶中，加磷酸盐-乙酸浸提剂 50.00 mL，在 20～25℃下振荡 1 h，过滤。 (3)测定　吸取滤液 25.00 mL 于 100 mL 三角瓶中，在电热板或沙浴上加热，加过氧化氢 3～5 滴氧化有机物。待有机物分解完全后，继续煮沸，除尽过剩的过氧化氢。加入(1＋4)盐酸溶液 2 mL，得到清亮的溶液。将溶液无损移入 50 mL 容量瓶中，加阿拉伯胶水溶液 4 mL，用水定容后转入 150 mL 烧杯中，加氯化钡晶粒 2.0 g，用电磁搅拌器搅拌 1 min，调节波长为 440 nm，5～10 min 内在分光光度计上，用 3 cm 光径比色皿，与标准溶液同条件比浊，读取吸光度。 (4)结果计算　有效硫的质量分数以 mg/kg 表示，按下式计算： 有效硫$(mg/kg^{-1})=\frac{\rho \cdot V \cdot D}{m}$ 式中：ρ—从校准曲线上查得测定液中硫的浓度(mg/L)；V—测定溶液体积(mL)，本试验为 50 mL；D—分取倍数，50/25＝2；m—试样质量(g)。 重复试验结果用算术平均值表示，保留两位小数。 重复试验结果允许相对相差≤10%。

注意事项：

(1)土壤交换性钙和镁的测定　①土壤浸出液中需加入释放剂锶，以消除铝、磷和硅对钙测定的干扰。②离心管需成对并平衡好。③需进行无钙离子反应测试。④试剂配置、样品药品称取要精准，操作一致。

(2)土壤有效硫测定　①称取、吸取药品、试剂要精准，转移过程中确保溶液无损失。②试剂配置要精准，操作一致。③因采用比浊法，搅拌后一定在 5～10 min 内完成测定，时间要一致，最好两人配合，一人搅拌，一人测定。④所用器皿要干净干燥。⑤涉及数据较多，一定做好原始记录。

引自：NY/T 1121.13—2006　土壤交换性钙和镁的测定，NY/T 1121.14—2006 土壤有效硫的测定。

五、作业与活动

1.学生作业

填写土壤交换性钙、镁和土壤有效硫的测定实训报告表。

2.课外活动

在土壤交换性钙和镁的测定方法上，为了简化节省时间，有研究将离心步骤用振荡来代替，同学们可试试两种方法的测定结果有无明显差别？

随堂测试：测定土壤钙镁硫含量

任务二　合理施用钙镁硫肥

一、任务要求

了解中量元素营养功能，了解中量元素肥料分类等基本知识，熟悉常见中量元素肥料的性质，掌握各种中量元素肥料的施用要点。

二、相关知识

《常用肥料使用手册》中定义：钙、镁、硫是植物生长发育所必需的三种营养元素。它们在植物体内的含量低于碳、氢、氧、氮、磷和钾，但高于微量元素，被称为中量元素。

PPT 课件：合理施用钙镁硫肥

1.中量元素营养功能

（1）钙素营养功能　植物含钙量一般为 0.2%～1.0%，主要分布于茎叶，老叶比嫩叶高，根系、种子和果实较少。钙是细胞膜结构中必不可少的元素，对离子的选择性吸收起调节作用，可以调节细胞质中的溶质渗漏，这种保护性作用增强了植物面对环境胁迫产生的抗逆能力；钙是细胞壁的结构成分，有效抵抗了真菌病害对细胞的侵染，含钙量高的成熟果实贮藏期延长，品质提高；钙也可以对植物代谢中产生的酸进行中和，以避免有机酸对细胞的毒害；钙是某些酶的活化剂，能调节介质的生理平衡，可传递信息，并能消除氢、铝、钠离子的毒害作用。

（2）镁素营养功能　植物含镁量一般为 0.1%～0.6%，一般以种子中含量较高，茎叶次之，根最少。镁参与叶绿素、色素的构成，对维持叶绿体结构起着重要作用；是植物酶的重要组成部分，是多种酶如磷酸激酶和磷酸转移酶的活化剂，镁缺乏会抑制 CO_2 同化，影响光合作用；镁素对植物活性氧代谢有影响；植物会因缺镁导致体内核酸含量下降，进而影响植物基因组的稳定。

（3）硫素营养功能　植物含硫量一般为 0.1%～0.5%，主要分布在茎叶中，籽粒及根中含量较低。硫是氨基酸和蛋白质的组成成分，又是许多酶、辅酶和硫胺类等物质的组成成分，可以调节植物的生长发育，参与植物细胞内蛋白质的代谢过程、植物细胞质膜结构与功能的表达，在植物的解毒、防卫和抗逆等过程中也具有重要作用，它能促进豆科作物根瘤的形成，并有助于籽粒生产。

2.中量元素肥料种类与性质

（1）钙肥　含钙的肥料有石灰物质（包括生石灰、熟石灰、方解石石灰岩、白云石石灰岩、高炉炉渣）、含钙肥料（石膏、硝酸钙、石灰氮、磷灰岩、过磷酸钙、重过磷酸钙、窑灰钾肥）等。几种常用钙肥性质及特点见表 2-7-2。

石灰歌谣

石灰可分生与熟，适应改良酸性土；南方黑化红黄壤，东北酸性有白浆；施用不仅能增钙，还能减少病虫害；亩施掌握百公斤，莫混普钙人粪尿。

表 2-7-2 几种常用钙肥性质及特点

名称	化学式	特性	Ca 含量/%	特点
生石灰	CaO	白色粉末或块状，强碱性，具吸水性，与水反应产生高热，并转化成粒状的熟石灰。	60.3	中和土壤酸性能力强，可短期内矫正土壤酸度；有杀虫、灭草和土壤消毒的功效。
熟石灰	$Ca(OH)_2$	白色粉末，溶解度大于石灰石粉，呈碱性反应	46.1	施用不产生热，中和土壤酸度能力强。
碳酸石灰	$CaCO_3$ 或 $CaCO_3 \cdot MgCO_3$	由石灰石、白云石磨碎而成的粉末，不易溶于水，溶于酸。	21.5～31.7	中和土壤酸度能力缓效持久，成本低，改土效果好，不板结土壤，淋溶损失小，后效长。
工业废渣（高炉炉渣）	$CaSiO_3$	含氧化钙 38%～40%，氧化镁 3%～11%；二氧化硅 32%～42%	29.5	可作土壤改良剂，施入酸性土壤能缓慢中和土壤酸度。

（2）镁肥　凡是含有镁素的化合物原则上都可以作为镁肥。目前一般使用的都是无机物，根据其溶解性不同可以分为水溶性、枸溶性和难溶性。几种常用镁肥性质及特点见表 2-7-3。

表 2-7-3 几种常用镁肥性质及特点

名称	化学式	水溶性	镁素含量/(g/kg)	特点
方镁石	MgO	稍溶	540	适于在降雨量中等或较高的地区施用，尤其是酸性土壤。
硫镁矾	$MgSO_4 \cdot H_2O$	溶解	160	一种速效镁肥。
泻盐	$MgSO_4 \cdot 7H_2O$	较高	96	特别适合 pH 较高的石灰性土壤，效果显著，但是价格较贵。
无水钾镁矾	$2MgSO_4 \cdot K_2SO_4$	易溶	100	不适合在土壤中钾含量较高和植物中镁浓度较低时施用。
软钾镁矾	$MgSO_4 \cdot K_2SO_4 \cdot 6H_2O$	易溶	56	不适合在土壤中钾含量较高和植物中镁浓度较低时施用。
水镁石	$Mg(OH)_2$	稍溶	390～400	可优先用于酸性或者沙性土壤。
白云石	$MgCO_3 \cdot CaCO_3$	不溶	120	需要磨细才能达到高效，尤其适用于酸性土壤，不仅增加土壤 pH，还能提供镁。
硝酸镁	$Mg(NO3)_2 \cdot 6H_2O$	易溶	70～80	尤其适合无土栽培使用，成本高。

引自：林敏霞，张晓东，邱美欢，等.植物镁素生理功能及镁素营养诊断和施用[J].热带农业科学，2016，36(3)：39－43.

学习视频：中量元素肥料的种类和特点

(3)硫肥　几种常用硫肥性质及特点见表 2-7-4。

表 2-7-4　几种常用硫肥性质及特点

名称	化学式	有效成分含量(以元素计)/%	性质
生石膏	$CaSO_4 \cdot 2H_2O$	18.6	粉末状、微溶于水。
熟石膏	$CaSO_4 \cdot 1/2H_2O$	20.7	白色粉末,吸湿性强,吸水后变生石膏。
磷石膏	$CaSO_4 \cdot 2H_2O$	11.9	硫酸法制磷酸的残渣,酸性,易吸潮。
硫黄	S	95～99	难溶于水,施入土壤经微生物氧化为硫酸盐后被植物吸收,肥效慢而持久。

除石膏和硫黄外,常用含硫肥料还有硫酸铵、硫酸钾、硫酸镁、硫酸钾镁肥和过磷酸钙等。

三、任务准备

准备钙肥、镁肥、硫肥等常见中量元素肥料样品,按 2～3 人一组,将全班同学分为若干组,通过网络、书籍查阅等途径收集合理施用中量元素肥料的资料。

四、实施步骤

表 2-7-5　中量元素肥料的合理施用技术操作要点及要求

工作环节	操作要点及要求
当地土壤交换性钙、镁和有效硫含量测定	根据当地土壤类型和植物种植规划,通过采集耕层土样,分析土壤交换性钙、镁和有效硫含量,评价土壤中量元素养分状况,为确定施用量提供依据。
当地常见中量元素肥料种类、性质及施用要点认识	熟悉常见钙、镁、硫肥品种的性质和施用要点: (1)钙　石灰不能与氮、磷、钾、微肥等一起混合施用,一般先施石灰,几天后再施其他肥料。注意施用过多会造成土壤板结,降低硼、锌等微量元素的有效性。 硝酸钙和氯化钙等溶解度高的钙肥可以溶解后喷施,或将钙肥施入土壤后立即浇水溶解,以提高肥料利用率。过磷酸钙应与有机肥堆沤后施用,氯化钙容易造成土壤盐渍化,生产上已经很少施用。 (2)镁　不同镁肥品种性质不同,施用效果有差别,如在红壤上,施用效果:碳酸镁、氧化镁＞硫酸镁、海泡石粉＞氯化镁。 镁肥可直接用作基肥、追肥和叶面肥施用。钙、镁、磷肥及磷酸镁铵等微溶于水的镁肥可以用作基肥施用,氧化镁、硫酸镁可以用作作物的追肥提早施,可以采用沟施或兑水冲施;硝酸镁可以用作作物的叶面喷施,主要针对果树、茄果、蔬菜及豆类蔬菜因根系障碍而引起的缺镁症状。 (3)硫　作物在临近生殖生长时,为需硫高峰期。 水溶性肥料(如硫酸盐态硫肥:硫酸铵、过磷酸钙、石膏、硫酸钾等)可作基肥、追肥和种肥,非水溶性肥料(如硫黄类硫肥)一般作基肥撒施。

政策法规

推进化肥减量增效:技术集成驱动,有机肥替代推动,新型经营主体带动(《"十四五"全国农业绿色发展规划》第四章第一节节选)

学习视频:中量元素肥料的合理施用

续表2-7-5

工作环节	操作要点及要求
当地常见中量元素肥料种类、性质及施用要点认识	石膏是重要的硫肥，微溶于水，使用前应先磨细。因溶解度小，所以后效期长，不宜常施。 硫黄类含硫量高，但难溶于水，肥效缓慢但持久。肥料可拌细土或化肥撒施，耕翻入土作基肥，也可拌种及施入种沟旁作种肥，也可拌土杂肥作涂秧根肥料。 硫肥可单独施用，也可和氮、磷、钾肥混合施入。
针对土壤状况施用	(1)钙　酸性土壤可选用石灰作钙肥，碱性土壤可选用石膏作钙肥。叶面喷施，要选择螯合钙肥或海洋活性钙肥。 (2)镁　镁肥肥效与土壤有效镁含量有密切关系，土壤酸性强、质地粗、淋溶强，母质中含镁少时容易缺镁。 各种镁肥酸碱性不同，施用不同种类镁肥时，要考虑实际土壤性质。 酸性土壤：建议施用碳酸镁（白云石灰），氧化镁（蛇纹石粉），钙镁磷肥等缓效性镁肥作基肥。 中性土壤：建议施用硫酸镁、硝酸镁等效果较好。 碱性土壤：建议以叶面补充为主，地面增施有机肥，改良土壤环境。可施用氯化镁或硫酸镁。 (3)硫　一般以土壤有效硫含量 16 mg/kg 土为缺硫指标，低于此值土壤往往供硫不足。
针对植物对中量元素的反应施用	(1)钙　苗期和果实生长发育期是钙肥最佳施肥时间。稻田施用石灰多在插秧前整地时施入，也可在分蘖期和幼穗分化期结合中耕除草时施用。在果实生长发育期，可施用液体钙，如氨基酸钙、腐殖酸钙和糖醇螯合钙，采用少量多次方式持续供应。 (2)镁　镁肥的增产效果与不同作物的需镁量和对镁的敏感性有关。烤烟敏感度较高，其次是油菜和黄豆，小麦敏感度较低。 镁肥主要用于需镁多的作物，如大豆、花生、马铃薯、果树等。可用作基肥或追肥，注意适当浅施，用量因土壤、植物而异，一般以纯镁计为 15～25 kg/hm^2。硫酸镁、硝酸镁可叶面喷施，在蔬菜上喷施浓度，硫酸镁为 0.5%～1.5%，硝酸镁为 0.5%～1.0%。 镁肥应尽量早施。作水稻基肥施用时，每亩施钙、镁、磷肥 15～20 kg或硫酸镁 10 kg。 (3)硫　十字花科植物如油菜、芥菜、甘蓝等的需硫量较高，是硫素敏感植物。 花生施用石膏可在果针入土后 15～30 d 施用，用量 225～375 kg/hm^2。 稻田施用石膏，可结合耕地施用，也可栽秧后撒施或塞秧根，用量为 75～150 kg/hm^2，若用量较少(37.5 kg/hm^2)，可用作蘸秧根。 水稻用硫黄应作基肥提早施用，一般 7.5～15 kg/hm^2，拌和土杂肥或蘸秧根施用。 优质小麦和大麦可施用石膏 225～375 kg/hm^2 作基肥。

典型案例：柑橘镁肥施用

五、作业与活动

随堂测试：合理施用钙镁硫肥

1.学生作业

(1)石膏是重要的硫肥，农用石膏主要有哪几种？

(2) 如何合理施用镁肥？

2.课外活动

查阅资料，试述我国各地土壤钙素含量区别和如何指导施用钙肥。

任务三　测定土壤微量元素含量

一、任务要求

能够熟练测定当地土壤中微量元素的含量，了解土壤微量元素供应状况，为合理施用微量元素肥料提供科学依据。

二、相关知识

（1）土壤中有效硼的测定原理　采用沸水提取，提取液用 EDTA 消除铁、铝离子的干扰，用高锰酸钾消褪有机质的颜色后，在弱酸性条件下，以甲亚胺-H 比色法测定提取液中的硼量。

（2）土壤有效态锌、锰、铁、铜含量的测定原理　pH 大于 6 的土壤，用 pH 7.3 的二乙三胺五乙酸-氯化钙-三乙醇胺（DTPA-$CaCl_2$-TEA）缓冲溶液作为浸提剂，螯合浸提出土壤中有效态锌、锰、铁、铜。其中 DTPA 为螯合剂；氯化钙能防止石灰性土壤中游离碳酸钙的溶解，避免因碳酸钙所包蔽的锌、铁等元素释放而产生的影响；三乙醇胺作为缓冲剂，能使溶液 pH 保持 7.3 左右，对碳酸钙溶解也有抑制作用。

用原子吸收分光光度计，以乙炔-空气火焰测定浸提液中锌、锰、铁、铜的含量；或者用电感耦合等离子体发射光谱仪测定浸提液中锌、锰、铁、铜的含量。

（3）土壤有效钼的测定原理　土样用草酸-草酸铵溶液浸提，加入硝酸-高氯酸-硫酸破坏草酸盐并消除铁的干扰，采用极谱仪测定试液波峰电流值，通过有效钼含量与波峰电流值的标准曲线计算试液中有效钼的含量。

三、任务准备

按 2～3 人一组，将全班同学分为若干组，每组准备以下材料和用具。

1.试剂和溶液

本试验方法所用试剂和水，除特殊注明外，均指分析纯试剂。所述溶液如未指明溶剂，均系水溶液。

（1）硫酸镁溶液[$\rho(MgSO_4 \cdot 7H_2O) = 1 g/L$]　称取 1.0 g 硫酸镁（$MgSO_4 \cdot 7H_2O$）溶于水中，稀释至 1 L。

（2）酸性高锰酸钾溶液（现用现配）　高锰酸钾溶液[$c(KMnO_4) = 0.2\ mol/L$]与硫酸溶液（1+5，优级纯）等体积混合。

PPT 课件：测定土壤微量元素含量

名言警句

如果学习只在模仿，那么我们就不会有科学，就不会有技术。

（高尔基）

只有实验才是化学的“最高法庭”

（傅鹰）

化学家需要精细，必须杜绝含糊其词的“about”。

（伯齐力阿斯）

(3)抗坏血酸(左旋,旋光度+21°～+22°)溶液[$\rho(C_6H_8O_6)$=100 g/L](现用现配)　称取 1.0 g 抗坏血酸溶于 10 mL 水中。

(4)甲亚胺溶液[ρ=9g/L]　称取 0.90 g 甲亚胺和 2.00 g 抗坏血酸溶解于 60 mL 微热水中,稀释到 100 mL。

(5)缓冲溶液(pH5.6～5.8)　称取 250 g 乙酸铵(CH_3COONH_4)和 10.0 g EDTA 二钠盐($C_{10}H_{14}O_8N_2Na_2 \cdot 2H_2O$),微热溶于 250 mL 水中,冷却后,用水稀释到 500 mL,再加入 80 mL 硫酸溶液(1+4,优级纯),摇匀(用酸度计检查 pH)。

(6)混合显色剂　量取 3 体积甲亚胺溶液(4)和 2 体积缓冲溶液(5)混合(现用现配)。

(7)硼标准溶液[ρ(B)=0.1 g/L]　称取 0.571 9 g 干燥的硼酸(H_3BO_3,优级纯)溶于水中,用 1 L 容量瓶加水定容,即为含硼(B)100 mg/L 的标准贮备溶液。立即移入干燥洁净的塑料瓶中保存。

将此溶液准确稀释成含硼(B)10 mg/L 的标准溶液备用(存于塑料瓶中)。

(8)标准系列溶液制备　准确吸取含硼(B)10 mg/L 的标准溶液 0.00 mL、0.50 mL、1.00 mL、2.00 mL、3.00 mL、4.00 mL、5.00 mL 于 7 个 50 mL 容量瓶中,用水定容,即为含硼(B)0.00 mg/L、0.10 mg/L、0.20 mg/L、0.40 mg/L、0.60 mg/L、0.80 mg/L、1 .00 mg/L 的标准系列溶液,贮于塑料瓶中。

(9)水,GB/T 6682—2008,二级。

(10)DTPA 浸提剂　其成分为 0.005 mol/L DTPA-0.01 mol/L $CaCl_2$-0.1 mol/L TEA,pH 7.3。

称取 1.967g DTPA {[($HOCOCH_2$)$_2$$NCH_2 \cdot CH_2$]$_2$$NCH_2COOH$} 溶于 14.92 g(13.3 mL)TEA[($HOCH_2CH_2$)$_3$ · N]和少量水中,再将 1.47 g 氯化钙($CaCl_2 \cdot H_2O$)溶于水中,一并转至 1 L 的容量瓶中,加水至约 950 mL,在 pH 计上用盐酸溶液(1+1)或氨水溶液(1+1)调节 DTPA 溶液的 pH 至 7.3,加水定容至刻度。该溶液几个月内不会变质,但用前应检查并校准 pH。

(11)锌标准贮备溶液[ρ(Zn)=1 mg/mL]　称取 1.000 g 金属锌(99.9%以上)置于烧杯中,用 30 mL 盐酸溶液(1+1)加热溶解,冷却后,转移至 1 L 容量瓶中,稀释至刻度,混匀,贮存于聚乙烯瓶中。

或用硫酸锌配制:称取 4.398 g 硫酸锌($ZnSO_4 \cdot 7H_2O$,未风化)溶于水中,转移至 1 L 容量瓶中,加 5 mL 硫酸溶液(1+5),稀释至刻度,即为 1 mg/mL锌标准贮备溶液。

(12)锌标准溶液[ρ(Zn)=0.05 mg/mL]　吸取锌标准贮备溶液5 mL 于 100 mL 容量瓶中,稀释至刻度,混匀。

(13)锰标准贮备溶液[ρ(Mn)=1 mg/mL]　称取 1.000 g 金属锰(99.9%以上)于烧杯中,用 20 mL 硝酸溶液(1+1)加热溶解,冷却后转移

名言警句

矩不正,不可为方;规不正,不可为圆。

(淮南子)

那些仅仅循规蹈矩地过活的人,并不是在使社会进步,只是在使社会得以维持下去。

(泰戈尔)

至 1 L 容量瓶中，稀释至刻度，混匀，贮存于聚乙烯瓶中。

或用硫酸锰配制：无水硫酸锰（$MnSO_4$）于 400～500℃灼烧至恒重，称取 2.749 g，溶于水，移入 1 L 容量瓶中，加 5 mL 硫酸溶液（1＋5），稀释至刻度，即为 1 mg/mL 锰标准贮备溶液。

（14）锰标准溶液[ρ(Mn)＝0.1 mg/mL]　吸取锰标准贮备溶液 10 mL于 100 mL 容量瓶中，稀释至刻度，混匀。

（15）铁标准贮备溶液[ρ(Fe)＝1 mg/mL]　称取 1.000 g 金属铁（99.9%以上）于烧杯内，用 30 mL 盐酸溶液（1＋1）加热溶解，冷却后，转移至 1 L 容量瓶中，稀释至刻度，混匀，贮存于聚乙烯瓶中。

或用硫酸铁铵配制：称取 8.634 g 硫酸铁铵[$NH_4Fe(SO_4)_2\cdot 12H_2O$]，溶于水，移入 1 L 容量瓶中，加入 10 mL 硫酸溶液（1＋5），稀释至刻度，混匀，即为 1 mg/mL 铁标准贮备溶液。

（16）铁标准溶液[ρ(Fe)＝0.1 mg/mL]　吸取铁标准贮备溶液10 mL于 100 mL 容量瓶中，稀释至刻度，混匀。

（17）铜标准贮备溶液[ρ(Cu)＝1 mg/mL]　称取 1.000 g 金属铜（99.9%以上）于烧杯内，用 20 mL 硝酸溶液（1＋1）加热溶解，冷却后转移至 1 L 容量瓶中，稀释至刻度，混匀，贮存于聚乙烯瓶中。

或用硫酸铜配制：称取 3. 928 g 硫酸铜（$CuSO_4\cdot 5H_2O$，未风化），溶于水中，移入 1 L 容量瓶中，加 5 mL 硫酸溶液（1＋5），稀释至刻度，即为 1 mg/mL铜标准贮备溶液。

（18）铜标准溶液[ρ(Cu)＝0. 1 mg/mL]　吸取铜标准贮备溶液 10 mL 于 100 mL 容量瓶中，稀释至刻度，混匀。

（19）高氯酸（ρ＝1. 66 g/mL，优级纯）

（20）硝酸（ρ＝1. 42 g/ mL，优级纯）

（21）硫酸（ρ＝1. 84 g/mL，优级纯）

（22）盐酸（ρ＝ 1.19 g/mL，优级纯）

（23）草酸-草酸铵浸提剂　称取 24.9 g 草酸铵[$(NH_4)_2C_2O_4\cdot H_2O$，优级纯]和 12.6 g 草酸（$H_2C_2O_4\cdot 2H_2O$，优级纯）溶于水，定容至 1 L。pH 为 3. 3，定容前用 pH 计校准。

（24）苯羟乙酸（苦杏仁酸）溶液{$c[C_6H_5CH(OH)COOH]$＝0.5 mol/L}　称取 7.6 g 苯羟乙酸溶于水中，定容至 100 mL，现配现用。

（25）硫酸溶液[$c(1/2H_2SO_4)$＝2.5 mol/L]　量取 75 mL 硫酸，缓缓注入 800 mL 水中，冷却后定容至 1 L。

（26）饱和氯酸钾溶液（$KClO_3$）　称取 6.70 g 氯酸钾（优级纯）溶于水中，定容至 100 mL。

（27）钼标准贮备溶液[ρ(Mo)＝100 μg/mL]　称取 0. 252 2g 钼酸钠（$Na_2MoO_4\cdot 2H_2O$，优级纯）溶于水中，加入 1 mL 盐酸，移入 1 L 容量瓶中，定容。

（28）钼标准溶液[ρ(Mo)＝1 μg/mL]　吸取钼标准贮备溶液 5.00 mL 于

拓展知识：实验室
安全操作规程

500 mL 容量瓶中，定容。

2.仪器设备

分析实验室常用仪器设备、分光光度计、石英或其他无硼锥形瓶(250 mL)、石英回流冷凝装置、离心机(3 000～5 000r/min)；恒温往复式或旋转式振荡器或普通振荡器及(25±2)℃的恒温室，振荡器应能满足(180±20)r/min 的振荡频率；原子吸收分光光度计，附有空气-乙炔燃烧器及锌、锰、铁、铜、镍空心阴极灯或等离子体发射光谱仪；极谱仪、电热板、与极谱仪配套的高型烧杯。

3.样品

过 2 mm 孔径筛的风干土样。

拓展知识：仪器原理介绍

四、实施步骤

表 2-7-6　土壤微量元素测定操作要点及要求

工作环节	操作要点及要求
土壤分析样品的选取	根据土壤中微量元素养分测定要求，选取通过 2 mm 孔径筛的风干土样 (1)去杂和风干　剔除土壤以外的侵入体，之后将样品平铺在干净纸上，摊成薄层，于室内阴凉通风处风干，切忌阳光直接暴晒。在此期间应经常翻动样品，加速其干燥。当土壤达到半干状态时，及时将大土块捏碎，以免干后结成硬块，不易压碎。 (2)磨细和过筛　用四分法分取适量风干样品，用研钵研磨至样品全部通过 2 mm 孔径的尼龙筛。过筛后的土样应充分混匀，装入玻璃广口瓶中，备用。
土壤有效硼的测定	(1)制备试液　准确称取风干试样 10 g(精确至 0.01 g)于 250 mL 石英或无硼玻璃锥形瓶中，加 20.00 mL 硫酸镁溶液，装好回流冷凝器，文火煮沸并微沸 5 min(从沸腾时准确计时)。取下三角瓶，稍冷，一次倾入滤纸上过滤(或离心)，滤液承接于塑料杯中(注：最初滤液浑浊时可弃去)。同时做空白试验。 (2)显色和测定　吸取滤液 4.00 mL 于 10 mL 比色管中，加入 0.5 mL酸性高锰酸钾溶液，摇匀，放置 2～3 min，加入 0.5 mL 抗坏血酸溶液，摇匀，待紫红色消褪且褐色二氧化锰沉淀完全溶解后，加 5.00 mL 混合显色剂，摇匀，放置 1 h 后于波长 415 nm 处，用 2 cm 光径比色皿，以校准曲线的零浓度调节仪器零点，读取吸光度。 (3)绘制校准曲线　分别准确吸取含硼(B)0.00 mg/L、0.10 mg/L、0.20 mg/L、0.40 mg/L、0.60 mg/L、0.80 mg/L、1.00 mg/L 标准系列溶液 4.00 mL 于 10 mL 比色管中，与试液同条件显色、比色。读取吸光度，绘制校准曲线或求出一元直线回归方程。 (4)结果计算　有效硼的质量分数以 mg/kg 表示，按下式计算： $$\omega(B)=\frac{m_1\times D}{m\times 10^3}\times 1\ 000$$ 式中：$\omega(B)$—土壤有效硼的质量分数(mg/kg)；m_1—由校准曲线查得显色液中硼的含量(μg)；m—试样质量(g)；10^3 和 1 000—换算系数；D—分取倍数，20/4。 重复试验结果用算术平均值表示，保留两位小数。

拓展知识

土壤有效硼测定其他标准方法：

NY/T 149—1990 土壤有效硼测定方法(煮沸浸提-姜黄素比色法)

ISO/TS 16965:2013

续表2-7-6

工作环节	操作要点及要求
土壤有效态锌、锰、铁、铜含量的测定	(1)浸提土壤有效锌、锰、铁、铜　准确称取 10.00 g 试样，置于干燥的 150 mL 具塞三角瓶或塑料瓶中，加入(25±2)℃的 DTPA 浸提剂 20.0 mL 将瓶塞盖紧，于(25±2)℃的温度下，以(180±20)r/min 的振荡频率振荡 2 h 后立即过滤，保留滤液，在 48 h 内完成测定。 (2)制备空白试液　除不加试样外，试剂用量和操作步骤与(1)相同。 (3)测定试样溶液中锌、锰、铁、铜的浓度 ①原子吸收分光光度法 A.绘制标准工作曲线　配制标准溶液系列。吸取一定量的锌、锰、铁、铜标准溶液，分别置于一组 100 mL 容量瓶中，用 DTPA 浸提剂稀释至刻度，混匀。 Zn:分别加入 Zn 标准溶液体积 0、0.50、1.00、2.00、3.00、4.00、5.00 mL于 100 mL 容量瓶中，用 DTPA 浸提剂定容，相应浓度系列为 0、0.25、0.50、1.00、1.50、2.00、2.50 μg/mL。 Mn:分别加入 Mn 标准溶液体积 0、1.00、2.00、4.00、6.00、8.00、10.00 mL 于 100 mL 容量瓶中，用 DTPA 浸提剂定容，相应浓度系列为 0、1.00、2.00、4.00、6.00、8.00、10.00 μg/mL。 Fe:分别加入 Fe 标准溶液体积 0、1.00、2.00、4.00、6.00、8.00、10.00 mL于 100 mL 容量瓶中，用 DTPA 浸提剂定容，相应浓度系列为 0、1.00、2.00、4.00、6.00、8.00、10.00 μg/mL。 Cu:分别加入 Cu 标准溶液体积 0、0.50、1.00、2.00、3.00、4.00、5.00 mL于 100 mL 容量瓶中，用 DTPA 浸提剂定容，相应浓度系列为 0、0.50、1.00、2.00、3.00、4.00、5.00 μg/mL。 测定前，根据待测元素性质，参照仪器使用说明书，对波长、灯电流、狭缝、能量、空气-乙炔流量比、燃烧头高度等仪器工作条件进行选择，调整仪器至最佳工作状态。 以 DTPA 浸提剂校正仪器零点，采用乙炔-空气火焰，在原子吸收分光光度计上分别测量标准溶液中锌、锰、铁、铜的吸光度。以浓度为横坐标，吸光度为纵坐标，分别绘制锌、锰、铁、铜的标准工作曲线。 B.测定试液　与标准工作曲线绘制的步骤相同，依次测定空白试液和试样溶液中锌、锰、铁、铜的浓度。 试样溶液中测定元素的浓度较高时，可用 DTPA 浸提剂相应稀释，再上机测定。有时也可根据仪器使用说明书，选择灵敏度较低的共振线或旋转燃烧器的角度进行测定，而不必稀释。 ②等离子体发射光谱法 A.绘制标准工作曲线　配制锌、锰、铁、铜的混合标准溶液系列。吸取一定量锌、锰、铁、铜标准溶液或标准贮备溶液，置于同一组 100mL 容量瓶中，用 DTPA 浸提剂稀释至刻度，混匀。 Zn:分别加入 Zn 标准溶液体积 0、0.50、1.00、2.50、5.00 mL 于 100 mL容量瓶中，用 DTPA 浸提剂定容，相应浓度系列为 0、0.25、0.50、1.25、2.50 μg/mL。 Mn:分别加入 Mn 标准溶液体积 0、0.50、1.00、2.50、5.00 mL 于 100 mL容量瓶中，用 DTPA 浸提剂定容，相应浓度系列为 0、5.0、10.0、25.0、50.00 μg/mL。 Fe:分别加入 Fe 标准溶液体积 0、1.00、2.50、5.00、10.00 mL 于 100 mL容量瓶中，用 DTPA 浸提剂定容，相应浓度系列为 0、10.0、25.0、50.0、100.0 μg/mL。

拓展资料:HJ 804—2016 土壤 8 种有效态元素的测定(镍、铜、铁、锰、锌、镉、钴、铅)

拓展资料:NY/T 1378—2007 土壤氯离子含量的测定

续表2-7-6

工作环节	操作要点及要求
土壤有效态锌、锰、铁、铜含量的测定	Cu：分别加入 Cu 标准溶液体积 0、0.50、1.00、2.50、5.00 mL 于 100 mL容量瓶中，用 DTPA 浸提剂定容，相应浓度系列为 0、0.50、1.00、2.50、5.00 μg/mL。 注意：标准溶液系列的配制可根据试样溶液中待测元素含量高低适当调整。 测定前，根据待测元素性质，参照仪器使用说明书，对波长、射频发生器频率、功率、工作气体流量、观测高度、提升量、积分时间等仪器工作条件进行选择，调整仪器至最佳工作状态。 以 DTPA 溶液为标准工作溶液系列的最低标准点，用等离子体发射光谱仪测量混合标准溶液中锌、锰、铁、铜的强度，经微机处理各元素的分析数据，得出标准工作曲线。 B.测定试液　与标准工作曲线绘制步骤相同，以 DTPA 浸提剂为低标，标准溶液系列中浓度最高的标准溶液（应尽量接近试样溶液浓度并略高一些）为高标，校准标准工作曲线，然后依次测定空白试液和试样溶液中锌、锰、铁、铜的浓度。 (4)结果计算　土壤有效锌（锰、铁、铜）含量 ω，以质量分数表示，单位为毫克每千克（mg/kg），按下式计算： $$\omega=\frac{(\rho-\rho_0)\cdot V\cdot D}{m}$$ 式中：ρ—试样溶液中锌（锰、铁、铜）的浓度（μg/mL）；ρ_0—空白试液中锌（锰、铁、铜）的浓度（μg/mL）；V—加入的 DTPA 浸提剂体积（mL）；D—试样溶液的稀释倍数；m—试样的质量（g）。 取平行测定结果的算术平均值作为测定结果。 有效锌、铜的计算结果表示到小数点后两位，有效锰、铁的计算结果表示到小数点后一位，但有效数字位数最多不超过三位。
土壤有效钼的测定	(1)制备试液　称取土样 5.00 g 于 200 mL 聚乙烯塑料瓶中，加入 50 mL 草酸-草酸铵浸提剂，盖紧瓶塞，在 20～25℃条件下，振荡 30 min[振荡频率(180±20)r/min]后，放置 10 h，干过滤，弃去最初滤液。 (2)测定试样　吸取 1.00 mL 滤液于高型烧杯中，于通风橱内电热板上低温蒸发至干。取下烧杯，向蒸干的残渣中依次加入 2 mL 硝酸、4 滴高氯酸和 2 滴硫酸，置于通风橱内已预热的电热板（温度约 250℃）上，加热至白烟消失，取下烧杯冷却。依次加入 1 mL 硫酸溶液、1 mL 苯羟乙酸溶液、8 mL 饱和氯酸钾溶液摇匀，30 min 后用极谱仪测定。如试样中有效钼含量超出标准曲线范围时，应用浸提剂稀释试液后重新测定。 (3)空白试验　除不加试样外，其他步骤按(1)和(2)操作。 (4)绘制标准曲线　分别吸取钼标准溶液 0.00、0.50、1.00、2.00、3.00、4.00 mL 于 100 mL 容量瓶中，用水定容。即为含钼（Mo）0.000、0.005、0.010、0.020、0.030、0.040 μg/mL 标准系列溶液。 分别吸取 1.00 mL 含钼 0.000、0.005、0.010、0.020、0.030、0.040 μg/mL 标准系列溶液于 6 个预先盛有 1.00 mL 草酸-草酸铵浸提剂的高型烧杯中，于通风橱内电热板上低温蒸发至干。其他步骤按(2)操作。标准曲线和试样测定应在同一温度条件下进行。加入硫酸、苯羟乙酸、饱和氯酸钾后的试液，应在 3.5 h 内完成测定。 以钼质量（μg）为横坐标，相应的波峰电流值为纵坐标，绘制标准曲线。 (5)结果计算　土壤有效钼（Mo）含量 ω 以质量分数（mg/kg）表示，按下式计算：

拓展资料：GB/T 17139—1997 镍的测定　火焰原子吸收分光光度法

续表2-7-6

工作环节	操作要点及要求
土壤有效钼的测定	$$\omega=\frac{(m_1-m_0)\times D}{m\times 10^3}\times 1\ 000$$ 式中：m_0—从标准曲线上查得空白溶液的含钼量(μg)；m_1—从标准曲线上查得试样溶液的含钼量(μg)；m—风干试样质量(g)；10^3和1 000—换算系数；D—分取倍数，本试验为50/1。 平行测定结果用算术平均值表示，保留两位小数。 平行测定结果允许相对相差≤15%。

注意事项：
(1)有效硼测定　甲亚胺的用量、显色酸度、显色温度等对测定有一定影响，必须严格按照方法的规定进行。
(2)有效态铜、锌、铁、锰的测定　①采用DTPA浸提注意使用超纯水，试剂采用优级纯，DTPA浸提剂pH应严格控制在7.3；②标准溶液系列的配制可根据试样溶液中待测元素含量的多少和仪器灵敏度高低适当调整；③标准溶液系列中浓度最高的标准溶液应尽量接近试样溶液浓度并略高一些；④试样溶液中测定元素的浓度较高时，可用DTPA浸提剂相应稀释，再上机测定；⑤常用试验用具如玻璃器皿应用10%硝酸溶液浸泡过夜，并洗净，避免污染，所有步骤都应规范，精确。
(3)有效钼测定　①如试样中有效钼含量超出标准曲线范围时，应用浸提剂稀释试液后重新测定。②标准曲线和试样测定应在同一温度条件下进行。加入硫酸、苯羟乙酸、饱和氯酸钾后的试液，应在3.5h内完成测定。

引自：NY/T 1121.8—2006 土壤有效硼的测定，NY/T 890—2004 土壤有效态锌、锰、铁、铜含量的测定(DTPA浸提法)，NY/T 1121.9—2012 土壤有效钼的测定。

名言警句

差以毫厘，谬以千里。

(《汉书》)

天下大事，必作于细。

(老子)

五、作业与活动

1.学生作业

填写土壤微量元素测定实训报告表。

2.课外活动

测定土壤微量元素都需要绘制标准曲线，大家做一做，想一想，在绘制标准曲线时需要注意哪些问题？

随堂测试：测定土壤微量元素含量

任务四　合理施用微量元素肥料

一、任务要求

了解微量元素营养功能，了解微量元素肥料分类等基本知识，熟悉常见微量元素肥料的性质，掌握各种微量元素肥料的施用要点。

二、相关知识

农业上所说的微量元素是指植物体中含量很少，特别是植物正常生长发育或生活需要量很少的那些元素，主要有硼、锰、铜、锌、钼、铁和氯等。

作物在生长发育过程中对微量元素的需要量很少，而且所适宜的浓度范围很窄，缺乏任何一种，都会导致作物生长发育和产量、品质严重下降，过多又会使作物中毒。所以应充分了解微量元素的营养作用，各种微量元素的临界浓度，积极稳妥地施用微量元素肥料。

PPT 课件：合理施用微量元素肥料

拓展知识：植物缺乏微量元素症状简图

1.微量元素营养功能

表 2-7-7　微量元素的营养功能

种类	营养功能
铁	铁参与叶绿体合成和光合作用；一些参与呼吸作用的酶中都含有铁，如细胞色素氧化酶；固氮酶由铁钼蛋白和铁蛋白组成，催化氮还原完成生物固氮。
锰	锰是许多酶的催化剂，能提高氮的利用，促进蛋白质的合成；锰参与叶绿体的合成。
锌	锌是许多酶的组分或活化剂，能促进蛋白质代谢、促进生殖器官发育，同时参与生长素的代谢、参与光合作用中二氧化碳的水合作用，提高植物抗逆性。
铜	铜在叶绿体中形成类脂物质，对叶绿素及其他色素的合成和稳定起促进作用，铜是叶绿体中质体蓝素的组成成分，参与电子传递；铜是某些氧化酶组成成分，如多酚氧化酶、抗坏血酸氧化酶、细胞色素氧化酶等，促进作物呼吸作用和新陈代谢过程；铜能促进农作物体内的硝酸还原作用；铜能增强农作物抗病害能力。
钼	钼是钼黄素蛋白酶的成分之一，能促进根瘤菌、固氮菌固定空气中游离氮素；钼是植物体内硝酸还原酶的成分，参与硝态氮的还原过程；钼与植物磷素代谢有关，有利于无机磷向有机磷的转化；利于光合作用，利于糖类的形成与转化；钼能增强作物抗旱、抗寒、抗病能力。
硼	硼对糖分的生成、运输与代谢有影响；硼能控制植物体内吲哚乙酸的水平，维持其促进生长的生理浓度；硼对细胞伸长和分裂及其生殖器官发育起作用；能提高豆科作物根瘤菌的固氮能力。
氯	氯参与植物光合作用，维持细胞渗透压，保持细胞内电荷平衡。

2.微量元素在植物体内的含量、形态与分布

表 2-7-8　微量元素在植物体内的含量、形态与分布

种类	含量/(mg/kg)	形态	分布
硼	2～100	硼酯	繁殖器官＞营养器官
锌	25～100	离子态	生长点及嫩叶，花粉
钼	0.1～300	离子态	(菜豆)根＞茎＞叶；繁殖器官多
锰	20～100	Mn^{2+}及Mn^{2+}-蛋白质	茎叶
铜	2～20	离子态	根部＞叶片＞茎秆
铁	100～300	离子态	叶片
氯	340～1 200	离子态	茎叶

3.我国土壤微量元素有效养分丰缺指标

表 2-7-9　我国土壤微量元素有效养分丰缺指标

有效指标	含量/(mg/kg)			
	低	适量	丰富	丰缺临界值
有效硼	0.25～0.50	0.51～1.00	1.01～2.00	0.50
代换态锰	1.0～2.0	2.1～3.0	3.1～5.0	3.00
有效锌*	1.0～1.5	1.6～3.0	3.1～5.0	1.50
有效锌**	0.5～1.0	1.1～2.0	2.1～5.0	0.50
有效铜*	1.0～2.0	2.1～4.0	4.1～6.0	2.00
有效铜**	0.1～0.2	0.3～1.0	1.1～1.8	0.20
有效钼	0.10～0.15	0.16～0.20	0.21～0.30	0.15
易还原态锰	50～100	101～200	201～300	100

备注：* 酸性土壤，** 中性和石灰性土壤。

4.主要植物对微量元素的缺乏敏感程度

表 2-7-10　主要植物对微量元素的缺乏敏感程度

元素	高度敏感	中度敏感	敏感小
硼	甜菜、紫花苜蓿、三叶草、油菜、莴苣、花椰菜、大白菜、包心菜、芜菁、甘蓝、芹菜、萝卜、芫荽、向日葵、葡萄、苹果、柠檬、油橄榄等。	苕子、花生、胡萝卜、番茄、菠菜、洋葱、马铃薯、辣椒、芥菜、甘薯、烟草、棉花、桃、梨、美洲山核桃、樱桃、橄榄等。	大麦、小麦、燕麦、玉米、大豆、豇豆、蚕豆、亚麻、草莓等。
锌	玉米、水稻、大豆、蚕豆、荞麦、麻、蓖麻、烟草、向日葵、啤酒花、油桐、甘蓝、莴苣、芹菜、菠菜、桃、樱桃、苹果、梨、李、杏、柑橘、葡萄、核桃、石榴、木瓜、咖啡等。	高粱、紫花苜蓿、三叶草、马铃薯、番茄、甜菜、苏丹草、圆葱、番茄、大麦等。	豌豆、芦笋、禾本科牧草、胡萝卜、红花、薄荷等。
铜	大麦、小麦、燕麦、水稻、紫花苜蓿、莴苣、圆葱、菠菜、洋葱、胡萝卜、甜菜、苏丹草、柑橘、向日葵等。	玉米、高粱、三叶草、甘蓝、花椰菜、芹菜、黄瓜、萝卜、芫荽、芜菁、菠萝、番茄、棉花、草莓、苹果、梨、桃等。	大豆、蚕豆、豌豆、油菜、芦笋等。
铁	花生、大豆、蚕豆、高粱、花椰菜、甘蓝、番茄、薄荷、苏丹草、葡萄、草莓、柑橘、苹果、桃、梨、核桃、樱桃等。	燕麦、大麦、玉米、紫花苜蓿、棉花、亚麻等。	水稻、谷子、马铃薯、甜菜等。

名言警句

勿以恶小而为之，勿以善小而不为。惟贤惟德，能服于人。
（刘备）

天下兴亡，匹夫有责。
（顾炎武）

星星之火，可以燎原。
（毛泽东）

续表2-7-10

元素	高度敏感	中度敏感	敏感小
锰	花生、大豆、豌豆、绿豆、燕麦、小麦、烟草、甜菜、马铃薯、洋葱、莴苣、菠菜、柠檬、苹果、桃、山核桃、柑橘等。	紫花苜蓿、田菁、苕子、豌豆、三叶草、牧草、大麦、玉米、高粱、亚麻、薄荷、甜菜、甘蓝、花椰菜、芹菜、番茄、芫荽、胡萝卜、棉花等。	黑麦、芦笋等。
钼	花生、三叶草、甘蓝、花椰菜、菠菜、莴苣、圆葱等。	紫花苜蓿、苕子、豌豆、大豆、蚕豆、绿豆、油菜、甘蓝、萝卜、芫荽、番茄、胡萝卜、柑橘等。	大麦、小麦、水稻、玉米、马铃薯、棉花、禾本科牧草等。

5.微量元素肥料种类

微量元素肥料按照化合物类型分为五种。

纯化学药品:易溶于水,容易被氧化和被吸附固定,多采用喷施。

有机螯合物:水溶性,不易氧化,施用效果好。

玻璃肥料:溶解度小,属于缓效性肥。

拓展资料:GB/T 17420—2020 微量元素叶面肥料

复合或混合肥料:在制作肥料时加入一种或多种微量元素复合制成或将各种单质肥料按其需要进行混合制成。该类微肥养分均衡,施用方便。

矿渣或废渣:难溶,属于缓效性肥,一般作基肥。

6.常用微量元素肥料特点

表 2-7-11 常用微量元素肥料特点

元素	肥料品种	有效成分含量(以元素计)/%	产品特征
硼	硼砂*	11	难溶于冷水,易被土壤固定。
	硼酸*	17	白色结晶或粉末,溶于水,水溶液弱酸性。
	五水四硼酸钠	15	白色结晶粉末,易溶于热水,水溶液碱性。
	硼镁肥	1.5	灰色粉末,主要成分溶于水。
	硼泥	约 0.6	生产硼砂的工业废渣,碱性,部分溶于水。
钼	钼酸铵*	54	黄白色结晶体,溶于水。
	钼酸钠*	36～39	青白色结晶体,溶于水。
	三氧化钼	66	白色晶体,难溶于水
	含钼矿渣	10	难溶于水。
锰	硫酸锰*	26～28	粉红色晶体,易溶于水,易发生潮解。
	碳酸锰	31	白色粉末,较难溶于水。

学习视频:微量元素肥料的种类和特点

续表2-7-11

元素	肥料品种	有效成分含量（以元素计）/%	产品特征
锰	氯化锰	27	粉红色晶体，易溶于水，易发生潮解。
	氧化锰	41～68	难溶于水。
	EDTA-螯合锰*	13	粉红色晶体，易溶于水，中性偏酸性。
锌	氧化锌	78	白色粉末，不溶于水，溶于酸和碱。
	七水硫酸锌	23～24	白色或浅橘红色晶体，易溶于水，干燥环境下失去结晶水变成白色粉末。
	硫酸锌*	35～50	白色流动性粉末，易溶于水，易潮解。
	硝酸锌	22	无色四方结晶，易溶于水，水溶液酸性。
	氯化锌	40～48	白色晶体，易溶于水，潮解性强，水溶液酸性。
	EDTA-螯合锌	12－14	白色晶体，极易溶于水，中性偏酸性。
铜	五水硫酸铜*	25	蓝色结晶、溶于水。
	氧化铜	75	黑色粉末，难溶于水。
	氧化亚铜	89	暗红色晶状粉末，难溶于水。
	螯合铜（乙二酸四乙酸铜钠盐）	13	易溶于水。
铁	硫酸亚铁*	19	淡绿色结晶，易溶于水。
	硫酸亚铁铵	14	淡绿色结晶，易溶于水。
	螯合铁（EDTA-Fe 等）*	13	黄色或淡黄色结晶粉末，易溶于水。
	木质素磺酸铁、腐殖酸铁	—	—

注：* 我国常用微肥品种。

7.微量元素肥料施用技术

微量元素肥料有多种施用方法，可作基肥、种肥或追肥施入土壤（表 2-7-12）。

基肥：将微肥与细干土混合或与氮、磷、钾等化肥混合，于作物栽种前结合翻耕整地再一起均匀施入地里。

种肥：播种前结合整地施入土中。

追肥：作物生长期将微肥与细土等混合追施入土中。

土壤施肥法肥料利用率较低，但有后效，不必连年施用，可隔年施用或每隔 3～4 年施用 1 次，通常采用条施或穴施方法，既节省肥料又提高肥效。

微量元素肥料也可直接作用于植物，如拌种、浸种、蘸秧根、根外喷施和枝干注射。

拓展知识：微量元素特征速记

拌种:将微量元素肥料溶解于少量水中,配成较高浓度的溶液,喷洒在种子上,要边喷边搅拌,阴干后播种。

浸种:播种前将微肥溶解成一定浓度水溶液,一般浓度为 0.01%～0.1%,时间 6～24 h 之内,以种子浸泡均匀为准,晾干后即可播种。

蘸秧根:用于浸根的肥料应不含为害幼根的物质,将适量的肥料与肥沃土壤少许制成稀薄的糊状液体,在插秧前或植物移栽前,把秧苗或幼苗根浸入液体中数分钟即可。

根外喷施:可避免土壤中肥料不均匀对植株造成的危害,用量只相当于土壤施用量的 10%～20%,将可溶性微肥与水配制成一定浓度的溶液,随配随用,对作物茎叶进行喷施,以叶片的正反两面都被溶液沾湿为宜。

枝干注射:果树、林木中常用,可采取注射或在树干上钻孔将粉末状微肥塞入孔内。

典型案例:花生硼肥施用

表 2-7-12 常见微量元素肥料的施用方法

肥料名称	敏感作物	施肥方法	操作
硼肥	油菜、甜菜	基肥	严重缺硼和中度缺硼土壤,用硼砂 7.5 kg/hm^2,如用硼酸应减少 1/3 的用量,拌细干土 150～225 kg 或与氮、磷、钾化肥充分混合。条施要施于种子的一侧,不宜与种子直接接触,肥效一般持续 3 年左右。
		根外喷施	一般硼酸用 0.1%浓度、硼砂用 0.2%浓度(果树可用 0.2%～0.3%浓度),每次用肥液 750～1 050 kg/hm^2,在作物苗期至生长旺期喷施 2～3 次,每次间隔 7～10 d。
锌肥	水稻、玉米等	基肥	施硫酸锌 15～30 kg/hm^2,拌细干土(或有机肥)150～225 kg,在播前施于土壤中,基施有后效,一般可持续 2 年左右。
		追肥	施硫酸锌 15.0～22.5 kg/hm^2,拌细干土 150～225 kg,苗期至拔节期条施或穴施。
		拌种	每 1 kg 种子用硫酸锌 4～6 g,先溶于水,一般肥液占种子重量 7%～10%,均匀喷洒在种子上,阴干后播种。
		浸种	谷子用 0.02%～0.05%硫酸锌溶液浸种 6～8 h;水稻种用清水浸泡 1 d 后用 0.1%的硫酸锌溶液浸泡 24～48 h。
		根外喷施	叶面喷施硫酸锌浓度一般为 0.1%～0.3%。小麦 0.1%,玉米 0.2%,水稻、果树 0.1%～0.3%。小麦在拔节期、孕穗期各喷施 1 次;玉米在苗期、拔节期各喷施 1 次,严重缺锌土壤需在大喇叭口期再喷施 1 次。喷液量一般为 750～1 125 kg/hm^2。
钼肥	大豆、花生等豆科作物,小麦	拌种	每 1 kg 豆类种子用 1～3 g 钼酸铵,用热水溶解,一般肥液占种子重量 25%～30%。
		浸种	不适宜用于花生、大豆等大粒种子,多适用于水稻、棉花、绿肥种子。一般用 0.05%～0.10%的钼酸铵溶液,种子与溶液的重量比为 1∶1,浸泡 12～24 h,捞出阴干后即可播种。
		根外喷施	用 0.05%～0.10%钼酸铵水溶液,豆科作物在苗期至花前期喷施,蔬菜在苗期至初花期连续喷 2～3 次,每次用液量 750～1 125 kg/hm^2,每次间隔 5～7 d。

续表2-7-12

肥料名称	敏感作物	施肥方法	操作
锰肥	小麦、水稻、棉花、花生、果树等	基肥	用硫酸锰 15～30 kg/hm^2，拌细干土 150～225 kg，也可与生理酸性肥料混合均匀，在播种时施于土中。基施硫酸锰肥效可持续 1～2 年。
		拌种	每 1 kg 种子用硫酸锰 4～8 g，按种子与肥液重量比 10∶1 将硫酸锰溶解，均匀喷洒在种子上，阴干后即可播种。
		浸种	用 0.05%～0.10% 的硫酸锰溶液，种子与溶液的重量比为 1∶1，浸种 12～24 h，捞出阴干后即可播种。
		根外喷施	用 0.05%～0.10% 的硫酸锰水溶液，在作物的苗期、生长旺盛期或花前期喷施最为适宜，喷液量一般为 750～1 125 kg/hm^2，连喷 2～3 次，每次间隔 7～10 d。
铁肥	果树林木	基肥	用硫酸亚铁 75～150 kg/hm^2，与有机肥以 1∶10 的比例混合均匀，坑施或沟施于土壤中。
		根外喷施	硫酸亚铁喷施浓度为 0.2%～0.5%。为提高肥效，可加尿素、柠檬酸、黄腐酸等。硫酸亚铁与尿素的浓度为 0.3%～0.5%，在作物缺铁症状初期连续喷 2～3 次，每次间隔 7～10 d。
铜肥	高粱、菠菜、马铃薯	基肥	用硫酸铜 10.5～15.0 kg/hm^2，拌细干土 150～225 kg，开沟施在播种行两侧，每隔 3～4 年施 1 次即可。
		拌种	每 1 kg 种子拌硫酸铜 1 g，先用少量水溶解，然后均匀地喷在种子上，阴干即可播种。
		浸种	取硫酸铜加水配成 0.01%～0.05% 的溶液，将种子放入浸泡 12～24 h，捞出阴干后播种。
		根外喷施	将硫酸铜配成 0.02%～0.20% 的溶液，在作物苗期至开花期喷施 2～3 次，每次间隔 7～10 d，每次用肥液 750～1 125 kg/hm^2。

引自《常用微肥施用技术》，张秀菊，2009.

三、任务准备

准备硼砂、硼酸、硫酸锌、钼酸铵、硫酸锰、硫酸铜、硫酸亚铁等常见微量元素肥料样品，按 2～3 人一组，将全班同学分为若干组，通过网络、书籍查阅等途径收集合理施用微量元素肥料的资料。

四、实施步骤

表 2-7-13　微量元素肥料的合理施用技术操作要点及要求

工作环节	操作要点及要求
当地土壤微量元素有效态含量测定	根据当地土壤类型和植物种植规划，通过采集耕层土样，分析土壤有效态微量元素含量，评价土壤微量元素养分状况，为确定施用量提供依据。
当地常见微量元素肥料种类、性质及施用要点认识	根据当地生产中常用的微量元素肥料品种，抽取样品，熟悉其主要成分含量、性质和施用要点。

名言警句

过犹不及
（《论语》）

谦固美名，过谦者，宜防其诈。默为懿行，过默者，宜防其奸。
（朱熹）

学习视频：微量元素肥料的合理施用

续表2-7-13

工作环节	操作要点及要求
针对土壤状况施用	通过土壤测定掌握土壤微量元素丰缺状况，在此基础上进行施用。 土壤 pH 过高时，会降低土壤中锌、铁、硼、锰、铜等元素的有效性；而在酸性土壤常会引起作物缺钼。所以一般缺铁、锰、硼、锌、铜主要发生在北方石灰性土壤上，而缺钼多发生在酸性土壤上，应依据情况进行。注意酸性土壤上施用石灰会明显影响许多微量元素养分的有效性。
针对植物对微量元素的需求特性施用	各种植物对不同微量元素有不同的反应，敏感程度也不同，如玉米施锌肥效果较好，油菜对硼敏感，禾本科作物对锰敏感，豆科作物对钼、硼敏感。微量元素肥料应施在需要量较多，对缺素比较敏感的植物上，发挥其增产效果。
针对天气状况施用	温度和雨量会影响土壤中微量元素的释放和作物对它们的吸收。如早春遇低温时，早稻容易缺锌；冬季干旱，会影响根系对硼的吸收。 降雨量较多的地区，尤其质地较粗的土壤，容易引起土壤铁、硼、钼等的淋洗，会促进作物产生缺铁、缺硼、缺钼症。因此，要根据当年天气反常状况及时诊断植物对微量元素缺乏的情况，及时预防。 微量元素叶面肥一般要求在无雨无风的天气中施用。如果在喷施后六小时之内下雨，则需要补喷。微量元素叶面肥在高温的夏季，最佳的喷施时间是下午 4 点钟以后，否则水分蒸发得太快会影响叶面的吸收。

注意事项：

(1)施用量和浓度　作物对微量元素的需要量很少，且从适量到过量范围很窄，因此要防微肥用量过大。土壤施用时必须施得均匀，浓度要保证适宜，否则会引起植物中毒，污染土壤与环境，甚至进入食物链，有碍人畜健康。

(2)注意改善土壤环境条件　土壤中微量元素的有效性受土壤环境条件影响，可通过调节土壤条件，如土壤酸碱度、氧化还原性、土壤质地、有机质含量、土壤含水量等来改善。

(3)增施有机肥料　有机肥料能增加土壤有机酸，使微量元素呈可利用态，如微肥施用过量，也可缓解微肥毒性。且有机肥中常含有多种微量元素，弥补土壤缺失。

(4)注意与大量元素肥料的配合施用　对大多数作物而言，只有在满足对大量元素需求的基础上，再施用微肥才有明显的增产作用。

气象谚语

雷公岩岩叫，大雨毛快到。

一日到暗，雨不断线，大雨明日见。

南风怕水溺，北风怕日辣。

东虹日头，西虹雨。

五、作业与活动

1.学生作业

(1)说一说常用微量元素肥料的种类和施用要点。

(2)说一说施用微量元素肥的注意事项。

2.课外活动

针对当地某一作物生产品种和土壤状况，制定一个合理施用微肥的技术方案。

随堂测试：合理施用微量元素肥料

【小结与思考】

◆小结

- 土壤中微量元素养分测试与施肥调控
  - 测定土壤钙镁硫含量
    - 土壤交换性钙镁的测定原理
    - 土壤有效硫的测定原理
    - 土壤交换性钙镁和有效硫测定操作要点及要求
      - 土壤分析样品的选取
      - 试液制备、测定、绘制标准曲线、结果计算
  - 合理施用钙镁硫肥
    - 中量元素营养功能
    - 中量元素肥料种类与性质
      - 钙肥：生石灰、熟石灰等
      - 镁肥：方镁石、硝酸镁等
      - 硫肥：生石膏、熟石膏等
    - 中量元素肥料的合理施用技术操作要点及要求
      - 土壤含量测定
      - 常见肥料种类、性质及施用要点认识
      - 针对土壤状况施用
      - 针对植物对中量元素的反应施用
  - 测定土壤微量元素含量
    - 土壤中有效硼的测定原理
    - 土壤有效态锌、锰、铁、铜含量的测定原理
    - 土壤有效钼的测定原理
    - 土壤微量元素测定操作要点及要求
  - 合理施用微量元素肥料
    - 微量元素营养功能
    - 微量元素在植物体内的含量、形态与分布
    - 我国土壤微量元素有效养分丰缺指标
    - 主要植物对微量元素的缺乏敏感程度
    - 微量元素肥料种类及特点
    - 微量元素肥料施用技术
      - 基肥、种肥、追肥
      - 拌种、浸种、蘸秧根、根外喷施和枝干注射
    - 合理施用技术操作要点及要求

◆思考

1.微量元素肥料施用有其特殊性，如果施用不当，不仅不能增产，反而会使植物受到严重危害，想一想施用时应注意哪些问题。

2.调查当地农户施用中微量肥料中存在的主要问题与典型经验。

3.查阅资料，了解目前微量元素肥料的新技术、新成果和最新研究进展，写一篇关于微量元素合理施用的综述。

项目八
复（混）合肥料鉴别与合理施用

【项目描述】

农学专业学生接受的测土施肥任务，已进入施肥环节。根据施肥总原则——有机肥为主、化学肥料为辅，化学肥料以复合型肥料为主，单质肥料为辅。有机肥施用已完成，那么该如何遵循化学肥料的施用原则呢？

【项目分析】

遵循“化学肥料以复合型肥料为主，单质肥料为辅”的原则，那得弄清楚复合型肥料的特点和施用的技术技巧。所以，本项目需要认识复合型肥料特点和掌握科学合理施用复合型肥料的方法。

【项目目标】

素质目标：进一步增强规范意识、质量意识和“三农”意识；培养科学严谨、执着探索的科学精神和诚实守信的职业素养。

知识目标：能描述复(混)合肥料的特点和施用技术；能说明常见化学肥料的鉴别方法。

能力目标：能科学合理施用各类复(混)合肥料；会鉴别常见化学肥料真伪。

【任务导航】

根据项目分析及目标，需完成下列任务：

1.认识复(混)合肥料

2.合理施用复(混)合肥料

3.鉴别化学肥料

任务一　认识复(混)合肥料

一、任务要求

能说清楚复(混)合肥料的概念、分类及特点,能根据其特点灵活运用于实践,会选择肥料进行混合。

二、相关知识

1.复(混)合肥料的概念

按照国际惯例,复(混)合肥料是指同时含有氮、磷、钾三元素中两种或两种以上养分的化学肥料。生产上有时也统称为复合肥(广义)。例如硝酸钾,含有氮和钾元素;铵磷钾肥,含有氮、磷、钾三种元素等。

2.复(混)合肥料的类型

根据不同分类依据,复(混)合肥料可以分为不同类型(表 2-8-1)。

表 2-8-1　复(混)合肥料的类型

分类依据	类型	含义	示例
元素种类和功能	二元复混肥料	指含有氮磷钾中两种元素的复混肥料。	磷酸二铵、硝酸钾、磷酸二氢钾等。
	三元复混肥料	指含有氮磷钾中三种元素的复混肥料。	硝磷钾肥、磷酸钾铵等。
	多元复混肥料	是在二元及三元复混肥的基础上,同时还含中量元素或微量营养元素等。	20-10-0-2(Zn)、15-15-10-1(B)等。
	多功能复混肥料	多功能复混肥料是除养分外,还掺有农药或生长素类物质。	15-15-15-4(Mg)-1(除草剂)等。
制造方法	复合肥料	是在一定工艺条件下,利用化学合成或化学提取分离等加工过程而制成的具有固定养分含量和配比的肥料,一般为二元型。	磷酸铵、硝酸钾、磷酸钾等。
	混合肥料	包括混成肥料和掺和肥料。混成肥料是采用两种或多种单质肥料在化肥生产厂家经过一定的加工工艺重新制造而成的肥料。生产上一般根据植物的需要常配成氮、磷、钾比例不同的专用肥。掺和肥料是根据农艺和农户的需要将由几种颗粒大小较一致的单元肥料或复合肥料经称量配料简单机械混合而成,随混随施,又称 BB 肥。	混成肥料如尿素磷铵钾;小麦专用肥、西瓜专用肥、花卉专用肥等。 掺和肥料如尿素+重过磷酸钙+氯化钾掺和等。

责任担当

在化肥零增长的大环境下,化肥使用提质增效、减量增值是重要途径。

复(混)合肥料具有养分含量高副成分少、物理性状好等优点,对于平衡施肥、提高肥料利用率有着十分重要的作用。但也需要科学、合理使用,才能实现高效增产目标。

农学人应充分掌握科学鉴别和施用复(混)合肥料的知识和技能,并加大宣传推广,为"三农"贡献力量。

PPT 课件:复(混)合肥料的种类及特点

续表2-8-1

分类依据	类型	含义	示例
氮、磷、钾总养分含量	低浓度复混肥	25%≤氮磷钾总养分<30%；	15-10-0；
	中浓度复混肥	30%≤氮磷钾总养分<40%；	15-10-10；
	高浓度复混肥	氮磷钾总养分≥40%。	15-15-15。

学习视频：复（混）合肥料的种类及特点

3.复（混）合肥料有效养分的表示方法

复（混）合肥料的剂型可以是固体的，也可以是流体的。其有效成分一般可用两种方法表示。

（1）分析式表示法　一般以 N-P_2O_5-K_2O 的含量百分数表示，如 15-15-15，就表示该复混肥含 N 15%、含 P_2O_5 15%、含 K_2O 15%，养分总量为 45%。微量营养元素和中量营养元素的含量有时以养分种类和含量标于钾之后，如 15-15-15（S）表明复（混）合肥料中的钾是硫酸钾，称作硫基复混肥；又如 15-15-15-0.5（Zn）-0.2（B），则表明除氮、磷、钾外，还含有锌 0.5%，硼 0.2%。但复（混）合肥料总养分含量只包含氮、磷、钾含量，其他中、微量元素的含量，均不计算在总养分内。

（2）配合式表示法　一般用 N：P_2O_5：K_2O 及总浓度的百分数表示，如“3：1：1，45%”，转换为分析式为 27-9-9。

4.混合肥料的要求

混合肥料指各种基础肥料经二次加工的产品，前面类型中已讲到混合肥料包括混成肥料和掺和肥料。

混成肥料是基础肥料通过粉碎和机械混匀后造粒而成，颗粒中养分分布均匀，物理性状好，施用方便，且可以根据农业需要更换肥料配方，有较大的灵活性。是我国目前主要的复混肥料品种。

拓展资料：GB/T 21633—2020 掺混肥料（BB 肥）

掺和肥料，即 BB 肥，是基础肥料之间干混、随混随用，通常不发生化学反应。BB 肥近年来在我国得到迅速发展，其原因主要为：生产工艺简单，投资省，能耗少，成本低；养分配方灵活，针对性强，符合农业平衡施肥的需要；能做到养分全面，浓度适宜，达到增产增收；减少施肥对环境污染。BB 肥除原料肥料的互配性要求外，要保证原料肥料的颗粒粒径、密度，尽量相一致，以满足养分均匀性的规定。

混合肥料的基础肥料中，单质肥料可用硝酸铵、尿素、硫酸铵、氯化铵、过磷酸钙、重过磷酸钙、钙镁磷肥、氯化钾和硫酸钾等；二元肥料可用磷酸一铵、磷酸二铵、聚磷酸铵、硝酸磷肥等。

肥料混合必须遵循一定的原则：

（1）肥料混合不会造成养分损失或有效性降低；

（2）肥料混合不会产生不良的物理性状；

（3）肥料混合有利于提高肥效和工效。

根据这 3 条原则，肥料是否适宜混合通常 3 种情况：可以混合、可以暂混、不能混合。各种化学肥料混合的适宜性见图 2-8-1。

1	硫酸铵												
2	硝酸铵	△											
3	碳酸氢铵	×	△										
4	尿素	□	△	×									
5	氯化铵	□	△	×	□								
6	过磷酸钙	□	△	□	□	□							
7	钙镁磷肥	△	△	×	□	×	×						
8	磷矿粉	□	△	×	□	□	△	□					
9	硫酸钾	□	△	×	□	□	□	□	□				
10	氯化钾	□	△	×	□	□	□	□	□	□			
11	磷铵	□	△	×	□	□	□	×	×	□	□		
12	硝酸磷肥	△	△	×	△	△	△	×	△	△	△	△	
		1	2	3	4	5	6	7	8	9	10	11	12
		硫酸铵	硝酸铵	碳酸氢铵	尿素	氯化铵	过磷酸钙	钙镁磷肥	磷矿粉	硫酸钾	氯化钾	磷铵	硝酸磷肥

图 2-8-1 常见化学肥料混合的适宜性

注：△可以暂时混合但不宜久留；□可以混合；×不可混合。

（引自《土壤肥料》，宋志伟、王庆安，2019）

拓展知识：混合肥料投料量的计算

PPT 课件：常见复（混）合肥料的性质及施用要点

化肥与有机肥料混合分两种情况：可以混合和不能混合。

可以混合：过磷酸钙、磷矿粉、钙镁磷肥与堆肥、厩肥混合，可减少土壤对水溶性磷的固定，促进难溶性磷分解，释放有效磷，提高磷肥肥效。新鲜厩肥与铵态氮肥、钾肥，堆沤肥与钢渣磷肥、沉淀磷肥，人粪尿与少量过磷酸钙，泥炭与石灰氮、草木灰等都可以混合。

不可以混合：一些碱性肥料如草木灰、石灰氮、钙镁磷肥与堆肥、厩肥等混合积制，铵态氮易变成氨气而损失。

三、任务准备

全班分成若干个项目小组，以小组为单位准备二元及三元复混肥料：磷酸铵系列、硝酸磷肥、磷酸二氢钾、硝磷钾肥、硝铵磷肥、磷酸钾铵等肥料样品少许。

学习视频：常见复(混)合肥料的性质及施用

四、实施步骤

表 2-8-2　常见复(混)合肥料的性质特点及施用要点

肥料名称		组成与含量	主要性质	施用要点
二元复(混)合肥性质特点及施用	磷酸铵	$(NH_4)_2HPO_4$ 和 $NH_4H_2PO_4$；N 16%～18%，P_2O_5 46%～48%	水溶性，性质较稳定，多为白色结晶颗粒状。	可作基肥、种肥或追肥，应深施，适当配合施用氮肥；不宜与碱性物质混合施用。
	硝酸磷肥	NH_4NO_3、$(NH_4)_2HPO_4$ 和 $CaHPO_4$；N 12%～20%，P_2O_5 10%～20%	灰白色颗粒状，有一定吸湿性，易结块。	作基肥或追肥，宜集中施用；不宜施于水田，豆科植物效果差。
	硝酸钾（火硝）	KNO_3；N 12%～15%，K_2O 45%～46%	水溶性，白色结晶，吸湿性小，无副成分；易燃易爆。	多作追肥、种肥和根外追肥，宜施于旱地和马铃薯、甘薯、烟草等忌氯喜钾植物；不宜作基肥和在水田上施用。
	磷酸二氢钾	KH_2PO_4；P_2O_5 52%，K_2O 35%	水溶性，白色结晶，化学酸性，吸湿性小，物理性状好	多用于根外喷施和浸种、拌种。
三元复(混)合肥性质特点及施用	硝磷钾肥	NH_4NO_3、$(NH_4)_2HPO_4$ 和 KNO_3；N 11%～17%，P_2O_5 6%～17%，K_2O 12%～17%	淡黄色颗粒，有一定吸湿性。其中，N、K 为水溶性，P 为水溶性和弱酸溶性。	可作基肥或追肥，目前已成为烟草专用肥。
	铵磷钾肥	$(NH_4)_2HPO_4$，K_2SO_4；N 10%～12%，P_2O_5 20%～30%，K_2O 10%～15%	物理性状良好，易溶于水，易被作物吸收利用。	作基肥为主，也可作早期追肥。可用在一些忌氯作物上，适当配施单质氮肥。
	磷酸钾铵	$(NH_4)_2HPO_4$ 和 K_2HPO_4；N、P_2O_5、K_2O 总含量达 70%	灰白色颗粒、化学性能稳定，高效、水溶性。	多作基肥、追肥；也可用于配制营养液。
	尿磷铵钾	$(NH_4)_2HPO_4$，$CO(NH_2)_2$，K_2HPO_4；N 25%，P_2O_5 15%，K_2O 15%或 N 19%，P_2O_5 19%，K_2O 19%	灰白色颗粒、高效、水溶性。	可作基肥、追肥和种肥，适宜于多种作物和土壤。

五、作业与活动

随堂测试：认识复(混)合肥料

1.作业

(1)复合肥料和复(混)合肥料有什么不同？

(2)肥料混合应遵循哪些原则？

2.课外活动

调查当地经常施用的化学肥料，分析哪些肥料是可以混合用，哪些不可以混合，农户们是否有失误操作。

任务二　合理施用复(混)合肥料

一、任务要求

清楚复(混)合肥料的优缺点和技术要求；能根据肥料特性、当地土壤类型和植物种植情况，合理施用各类复(混)合肥料。

PPT课件：复(混)合肥料合理施用技术

二、相关知识

1.复(混)合肥料的特点

(1)养分种类多，含量高。复(混)合肥料含有两种或两种以上主要营养元素，养分种类多，养分总量比较高，能较均衡地、较长时间地同时供应植物所需要的多种养分，并能充分发挥营养元素之间的互相促进作用。

(2)副成分少，对土壤不良影响小。复(混)合肥料总养分含量高，副成分少，可免除某些物质资源的浪费，又可避免或减轻某些副成分对土壤的不良影响。

(3)物理性状好，便于施用。复(混)合肥料一般多制成颗粒(固体肥)，结构均匀，吸湿性小，不易结块，便于贮存和施用，尤其便于机械化施用。

(4)节省包装、贮存、运输及施用费用。复(混)合肥料副成分少，有效养分含量一般比单质肥料高，相对质量和体积小，且物理性状好。因此，可节省包装、贮运、施用等费用，降低成本，提高劳动生产率。

学习视频：复(混)合肥料的合理施用

(5)配比多样、效用和功能多样。随着复(混)合肥料生产技术和施肥技术的改进，可根据土壤养分特点和作物营养特性，针对性地进行肥料混配，提高肥料效能；还可以加入硝化及脲酶抑制剂、稀土元素等成分，增加肥料功效。

(6)养分比例固定，不能完全满足各种土壤、作物对养分比例的不同需要。例如磷酸二胺是以磷为主的高浓度复合肥料，适合豆科作物对养分比例的要求，但在供氮能力差的土壤上，就很难满足禾谷类作物对氮的要求。因此，在施用复(混)合肥料的基础上，还需要单质肥料补充调节。

(7)养分比例固定，难于满足施肥技术的要求。一旦选用了某复(混)合肥料，其所含各种养分只能采用同一施肥时期、施肥方式和深度，这样不能充分发挥每种营养元素的最佳施肥效果。

2.复(混)合肥料的技术指标

为适应我国复混肥料生产迅速发展的形势，国家制定了复混肥料的专业标准（表 2-8-3）。该标准对养分含量、含水量、粒度等都有明确规定。

拓展资料：GB/T 15063—2020 复合肥料

表 2-8-3　复合肥料质量标准（GB/T 15063—2020）

指标名称		指标		
		高浓度	中浓度	低浓度
总养分含量[a]（$N+P_2O_5+K_2O$）/%	≥	40	30	25
水溶性磷占有效磷百分率[b]/%	≥	60	50	40
硝态氮[c]/%	≥	1.5	1.5	1.5
水分[d]（H_2O）/%	≤	2.0	2.5	5.0
粒度[e]/%	≥	90	90	90

注：[a] 组成复合肥料的单一养分最低含量不得低于 4%，且单一养分测定值与标明值负偏差的绝对值不得大于 1.5。[b] 以钙镁磷肥等枸溶性磷肥为基础肥料并在包装容器上注明为“枸溶性磷”时，“水溶性磷占有效磷百分率”项目不做检验和判定。若为氮、钾二元肥料，“水溶性磷占有效磷百分率”项目不做检验和判定。[c] 包装容器上标明“含硝态氮”时检测本项目。[d] 水分以生产企业出厂检验数据为准。[e] 粒径为 1.00～4.75 mm 或 3.35～5.60 mm；特殊形状或更大颗粒（粉状除外）产品的粒度可由供需双方协议确定。详细内容可参考 GB/T 15063—2020。

三、任务准备

全班分成若干个项目小组，以小组为单位准备：

（1）预习复混肥料相关知识；通过网站、图书馆等查阅相关书籍、期刊，收集相关复混肥料施用的资料。

（2）准备磷酸铵系列、硝酸磷肥、磷酸二氢钾、硝酸钾肥、硝铵磷肥、磷酸钾铵等肥料样品少许。

四、实施步骤

拓展知识：混成肥料一般配制方法（工艺流程）

表 2-8-4　复（混）合肥料的合理施用操作要点及要求

工作环节	操作要点及要求
常见复（混）合肥料种类的性质与施用要点认识	根据当地生产中复（混）合肥料品种，抽取样品，熟悉它们的性质和施用要点；要求能准确认识当地常见复（混）合肥料品种，并熟悉其含量、化学成分、主要性质和施用要点（参见表 2-8-2）。
根据土壤条件合理施用	在某种养分供应水平较高的土壤上应选用该养分含量低的复（混）合肥料，反之，在某种养分供应水平较低的土壤上则选用该养分含量高的复（混）合肥料。 一般水田优先施用尿素磷铵钾、尿素钙镁磷钾等品种，旱地则优先施用硝酸磷肥系复（混）合肥料，也可施用尿素磷铵钾、氯磷铵钾、尿素过磷酸钙等。 在石灰性土壤宜选用酸性复（混）合肥料，如硝酸磷肥系、氯磷铵系等，而不宜选用碱性复（混）合肥料，酸性土壤则相反。

续表2-8-4

工作环节	操作要点及要求
根据植物特性合理施用	一般粮食植物以提高产量为主，可施用氮磷复（混）合肥料；豆科植物宜施用磷钾为主的复（混）合肥料；果树、西瓜等经济植物施用氮磷钾三元复（混）合肥料。 南方稻—稻轮作制中，在同样为缺磷的土壤上磷肥的肥效早稻好于晚稻，而钾肥的肥效则相反；在北方小麦—玉米轮作中，小麦应施用高磷复（混）合肥料，玉米则施用低磷复（混）合肥料。
根据复（混）合肥料的养分形态合理施用	含铵态氮、酰胺态氮的复（混）合肥料在旱地和水田都可施用，但应深施覆土，以减少养分损失；含硝态氮的复混肥料宜施在旱地，在水田和多雨地区肥效较差。 含水溶性磷的复（混）合肥料在各种土壤上均可施用，含弱酸溶性磷的复（混）合肥料更适合于酸性土壤上施用。
以基肥为主合理施用	由于复（混）合肥料一般含有磷或钾，且多呈颗粒状，养分释放缓慢，因此作基肥或种肥效果较好。复（混）合肥料作基肥要深施覆土，防止氮素损失，施肥深度最好在根系密集层，利于植物吸收；复（混）合肥料作种肥必须将种子和肥料隔开 5 cm 以上，否则影响出苗而减产。
掌握合理用量	施用前必须根据复（混）合肥料的成分、养分含量和植物的需肥量计算出肥料用量，按量施用。

五、作业与活动

1.作业

（1）复（混）合肥料有哪些优点及缺点？

（2）如何合理施用复（混）合肥料？

2.课外活动

通过资料查阅或实地调查，总结当地复（混）合肥料使用情况，并撰写一份调查报告。

随堂测试：复（混）合肥料的合理施用

任务三　鉴别化学肥料

PPT 课件：常用单质化肥定性鉴定

一、任务要求

借助少数试剂及简单工具，能准确而又迅速地识别常见化学肥料的类别，为准确无误施用化学肥料提供依据。

二、相关知识

化学肥料种类繁多，不同化肥其有效成分、性质、作用和施用技术各不相同。各种化肥都有规范的标识、具有特殊的外表形态、物理性质和化学性质。但许多化学肥料外形相似,在运输或贮存过程中常因包装不好或改换容器,造成混杂,或者不法商家以其他廉价物质假冒高品质化肥,外观上很难区别以至于造成误用。可能会造成施用上的错误,降低了肥效,甚至发生肥害。因此,根据肥料包装标识、外表情况、气味、溶解度、火焰反应、酸碱性和化学反应等特征进行定性鉴定,初步判断出肥料的类型和真假,是很有必要的。当然,要知道养分含量是否符合产品标准,肥料是否无毒、无害、无污染,杂菌数量、重金属、有机污染物等含量是否符合国家规定的标准,还需要将肥料样品送相关部门测定。

1.包装标识

根据肥料标识内容和要求(GB 18382—2021)的规定:肥料产品的包装标识上必须有中文标明的肥料名称、商标、重量、养分含量、生产许可证号和肥料登记证号,产品执行标准,生产者的厂名、厂址和电话号码及警示说明等。同时,在产品包装袋内应附有产品使用说明书,限期使用的产品还应标明生产日期和有效期。凡包装上缺少产品执行标准、生产许可证号等任何一项都应视为无证产品,严禁在市场上销售。凡包装袋上未标明肥料厂名、企业地址及电话号码的肥料产品,应一律视为假、劣肥料产品。

拓展资料:GB 8569—2009 固体化学肥料包装

2.常见的误导性标识

以中微量元素钙、镁、硫、硅中的任一种或几种元素代替氮、磷、钾三要素中的任何一种元素,如将本应标明氮、磷、钾(N、P_2O_5、K_2O)养分含量的复混肥料改为氮、磷、硫(N、P_2O_5、S)或硅、镁、钙(Si、Mg、Ca),缺少了钾或氮、磷、钾的含量。将氮、磷、钾三要素肥料与中微量元素钙、镁、硫、硅及锌、硼、铁、锰、钼、铜等养分加在一起作为总养分含量。还有将有机质含量作为有效养分含量与氮、磷、钾养分加在一起。有的将含 P_2O_5 3%的含钙、镁、硅肥料标识为钙镁硅肥,易被误认为是钙镁磷肥。

3.肥料标准

不管单质肥、复(混)肥料,还是有机肥料都有相关的标准。目前,我国的肥料有国家标准、省部行业标准和地方行业标准等,行业(企业)标准遵循国家标准并高于国家标准。相关肥料必须符合标准才是合格的肥料产品。

学习视频:常用单质化肥的定性鉴定

三、任务准备

根据具体情况,将全班同学分为若干组,以小组为单位准备以下物品。

1.材料和用具

十来种常见化肥(碳酸氢铵、尿素、硫酸铵、氯化铵、钾肥、过磷酸钙、磷酸二铵、硝酸磷肥等)、石灰;木炭、铁片、火炉、纸条、试管、石蕊试纸(或酸碱混合指示剂)、蒸馏水、酒精灯、烧杯等。

2.提前配制好如下试剂

(1)3%氯化钡溶液　将 3 g 氯化钡(化学纯)溶于 100 mL 蒸馏水中,摇匀、贮于试剂瓶中。

(2)1%硝酸银溶液　将 1 g 硝酸银(化学纯)溶于 100 mL 蒸馏水中,贮于棕色瓶中。

(3)1 mol/L 盐酸溶液　取浓盐酸(化学纯)42 mL 放入 400 mL 蒸馏水中,再加水定容至 500 mL,于瓶中贮存。

(4)1 mol/L 硝酸溶液　取浓硝酸(化学纯)31 mL 放入 400 mL 蒸馏水、再加水定容至 500 mL,贮于瓶中。

(5)10%的氢氧化钠溶液。称 10 g NaOH 溶于 100 mL 蒸馏水中,冷却后装入塑料瓶中贮存。

(6)5%的硫酸铜溶液。称 5 g $CuSO_4$ 溶于 100 mL 蒸馏水中,冷却后装入玻璃瓶中贮存。

(7)3%的四苯硼钠溶液。称 15 g 四苯硼钠加 960 mL 水,4 mL 氢氧化钠(400 g/L),加 20 mL $MgCl\cdot 6H_2O$(100 g/L),搅拌 15 min,静置 24 h 后过滤,存放于棕色瓶或聚乙烯瓶中。

(8)甲醛-EDTA 掩蔽剂　称 2.5 g EDTA 二钠盐加入硼砂溶液中,加入 80 mL 3%的甲醛溶液(分析纯),混匀后即成 pH9.2 的掩蔽剂。

(9)盐酸-钼酸铵溶液　称分析纯钼酸铵 1.5 g 溶于 30 mL 水中,缓慢加入密度 1.19 g/cm^3 的纯盐酸 44 mL,边加边搅拌,最后加水到 100 mL。

(10)0.1%的氯化亚锡溶液　称取 1.19 g 氯化亚锡于烧杯中,加 200 mL 盐酸溶液(1+1),加热溶解后,再加 800 mL 纯甘油,搅匀后转入塑料瓶中备用。

四、操作步骤

1.常见单质化学肥料的定性鉴别

表 2-8-5　常见单质化学肥料定性鉴别操作要点及要求

工作环节	操作要点及要求
外表观察	主要是看肥料的颜色和结晶状态、吸湿性、气味,可将肥料给予初步大类划分。 氮肥和钾肥多为结晶体,一般为白色。属这类肥料的有碳铵、硝铵、硫铵、尿素、氯化钾、硫酸钾、硝酸钾等。磷肥一般是非结晶体而呈粉末状、灰白色或灰黑色。属于这类肥料的有过磷酸钙、钙镁磷肥、磷矿粉等。
加水溶解	准备一只烧杯、玻璃杯或玻璃试管,内放半杯(管)蒸馏水或凉开水,将一小勺(1 g 左右)化肥样品慢慢倒入杯中,用玻璃棒充分搅拌,静置一会儿,观察其溶解状况。 (1)全部溶解于水的是晶体状的氮、钾肥:硫酸铵、硝酸铵、碳酸氢铵、氯化钾、氯化铵、尿素、硫酸钾等。

小倡议

化学肥料对农业增收起到了相当重要的作用,是农户种地常购农资。但市场上鱼目混珠,假冒伪劣化肥也不在少数,农业农村部发布了通知,坚决打击假冒伪劣农资,杜绝坑农害农的情况出现。

假若你发现了假冒伪劣肥料,请拨打 12315 电话或者登录全国 12315 互联网平台举报。

严厉打击假冒伪劣农资,维护农民和农资消费者权益!行动起来!

续表2-8-5

工作环节	操作要点及要求
加水溶解	(2)部分溶于水的是过磷酸钙、重过磷酸钙。 (3)不溶解或基本不溶于水的是钙镁磷肥、钢渣磷肥、脱氟磷肥和磷矿粉等。
灼烧法检验鉴别	将肥料放在小铁片上,在火上燃烧,可根据助燃性、火焰颜色、熔融状况、烟味、残留物等情况区别出几种肥料。 (1)大量冒白烟、有氨臭、无残渣的为碳铵。 (2)大量冒白烟、有氨臭、无残渣、但有酸味的为氯化铵。 (3)大量冒白烟、有氨味和刺鼻的二氧化硫味,残留物冒黄泡为硫酸铵。 (4)遇火迅速熔化、冒白烟,投入炭中能燃烧、取一玻片接触白烟时有白色结晶出现,为尿素。 (5)遇火迅速熔化、冒泡、出现沸腾状、有氨味的为硝酸铵。 (6)遇火熔化并燃烧、发生红色亮光并有白色残渣的为硝酸钙。 (7)遇火熔化并发吡吡声,火焰呈黄色、有灰色残余物的为硝酸钠;燃烧出现带紫色火焰者是硝酸钾。 (8)在火上不燃烧,无变化的为过磷酸钙、钙镁磷肥、磷矿粉;在红木炭上变黑有焦味为骨粉。 (9)烧后无变化但有爆炸声,无氨味的是硫酸钾或氯化钾。
化学法检验鉴别	(1)外观鉴别,将肥料分类。结合第一、二环节,即根据肥料的颜色(白色、红色、灰色)、形状(结晶状、颗粒、粉末状)和溶解性,将肥料分为两大类:一类为磷肥类(灰色、粉末状、溶解性较差);另一类为氮肥和钾肥类肥料(白色或红色、结晶状、易溶于水)。 (2)加碱反应,区分铵态氮肥、尿素与钾肥。将每一种氮肥类和钾肥类肥料,进行加碱(石灰或氢氧化钠)反应,嗅闻气味以区分出有氨味的铵态氮肥和无氨味的尿素与钾肥。 (3)鉴别磷肥类肥料。将粉末状可能是磷肥类的肥料通过物理性状观察、酸碱度测试和钼蓝反应验证,确定为磷肥后,并区分出过磷酸钙、钙镁磷肥和磷矿粉。 (4)鉴别铵态氮肥。通过氨味辨别、碱性测试和加酸反应,鉴别出呈碱性且与稀 HCl 反应产生大量 CO_2 气泡的是碳酸氢铵;添加硝试粉进行 NO_3^- 鉴定,显红色的是硝酸铵;添加 $AgNO_3$ 进行 Cl^- 鉴定(生成白色絮状沉淀),鉴别出氯化铵;添加 $BaCl_2$ 进行 SO_4^{2-} 鉴定(生成白色沉淀),鉴别出硫酸铵。 (5)鉴别尿素与钾肥。将可能是尿素或钾肥的肥料进行缩二脲反应,鉴定出尿素(若有缩二脲反应,溶液变紫红色,说明是尿素肥料);分别添加四苯硼钠、$AgNO_3$ 溶液,进行 K^+ 和 Cl^- 鉴定,鉴别出氯化钾;再分别添加四苯硼钠、$BaCl_2$ 溶液,进行 K^+ 和 SO_4^{2-} 鉴定,鉴别出硫酸钾。

注意事项:在鉴定操作前一定要熟悉这些肥料的基本物理性状和化学成分及性质;用到鼻子嗅闻气味,但禁止口尝辨味。

拓展知识:常见化学离子(基团)鉴定

2.复(混)合肥料的鉴别

表 2-8-6　化学复(混)合肥料真伪简易识别操作要点及要求

工作环节	操作要点及要求
一看	首先,看包装。是否双层包装,外包装袋上是否标明商标、国家免检标志、三证(即生产许可证、肥料登记证、产品合格证)、产品名称、养分含量(等级)、净重、厂名、厂址、电话、全国免费服务电话等。 再看肥料颗粒。是否颜色一致、粒度均匀、表面光滑、有光泽,不易吸湿和松散无结块。如配用加拿大钾肥的,可见红色小钾肥颗粒;含氮量较高的复(混)合肥,存放一段时间肥料表面可见较多附着的白色或无色微细晶体,劣质肥没有这种现象。
二摸	用手抓半把复(混)合肥稍用力捏一捏,真正的复(混)合肥料稳固性好,硬度大,且硬度表现一致,手捏不容易碎也不容易软。而假劣复(混)合肥硬度差,硬度不一致,手捏易成块,或软如泥状。 再将肥料放在手心,用力握住或按压转动,按压几次,有"油湿"感、黏着感的即为正品,同时弄破颗粒,可见细小白色晶体物质。而劣质肥料手握后基本无黏着感,颗粒内无白色晶体。
三闻	复(混)合肥料一般无异味(有机无机复混肥除外);如果有异味,可能是由于基础原料氮肥主要用的碳酸氢铵,或是基础原料磷肥中含有毒物质三氯乙醛(酸),三氯乙醛(酸)进入农田后轻则引起烧苗,重则使农作物绝收,而且其毒性残留期长,影响下季作物生长。因此,最好不用有异味的复(混)合肥料。
四溶	将复(混)合肥料颗粒放入适量水中稍震荡,过一段时间后,可根据肥料的溶解情况进行判断。 优质复(混)合肥料水溶性较好,绝大部分能溶解,即使有少量沉淀物,也较细小;而假劣复合肥溶解性很差或根本不溶解,残渣粗糙而坚硬。
五烧	取少量复(混)合肥料置于铁皮上,放在明火中烧灼,从火焰颜色、熔融情况、烟味、残留物情况等进行鉴别。 首先会跳动或泡沫出现同时有气体放出,这主要是氮肥的作用,有氨臭味说明含铵态氮;其次会燃烧很旺,这主要是磷肥在燃烧,再次,出现蓝紫色火焰,这主要是钾在燃烧所致。这些现象越明显,则表明相应养分含量越高。一般优质复(混)合肥燃烧较完全,没有或较少残留物。
注意事项:此简易识别仅仅作为直观和最简单的真伪、优劣判断,还不能做出精准鉴别。若想准确地了解复(混)合肥料成分、养分含量,精确判断优劣,还需将肥料送到专门的土壤肥料部门进行进一步化验鉴定。	

五、作业与活动

1.作业

(1)根据实验结果,认真填写肥料定性鉴定表(表 2-8-7)。

表 2-8-7　肥料定性鉴定表

项目 编号	定性鉴别				结论 (肥料名称)
	外表观察	溶解性	灼烧检验 (可选择)	化学检验 (可选择)	

拓展知识

假肥料假在哪?

主要有这些方面的问题:

1.养分含量不足,以次充好;

2.国产肥料仿进口肥料;

3.有机肥料仿生物肥料;

4.傍知名品牌住商肥料;

5.以硝酸铵钙冒充尿素。

名言警句

探索真理比占有真理更为可贵。

(爱因斯坦)

随堂测试:化学肥料的鉴别

名言警句

惊奇就是科学的种子

（爱迪生）

（2）对当地几种常见化肥进行识别和定性鉴定操作，并通过现场考核。

2.课外活动

（1）以小组为单位，利用课余时间对几种当地常用的化学肥料进行识别和定性鉴定。

（2）走访附近肥料销售店或种植大户，了解其对肥料真伪是否采取鉴别措施？主要采用什么鉴别方法？

【小结与思考】

◆小结

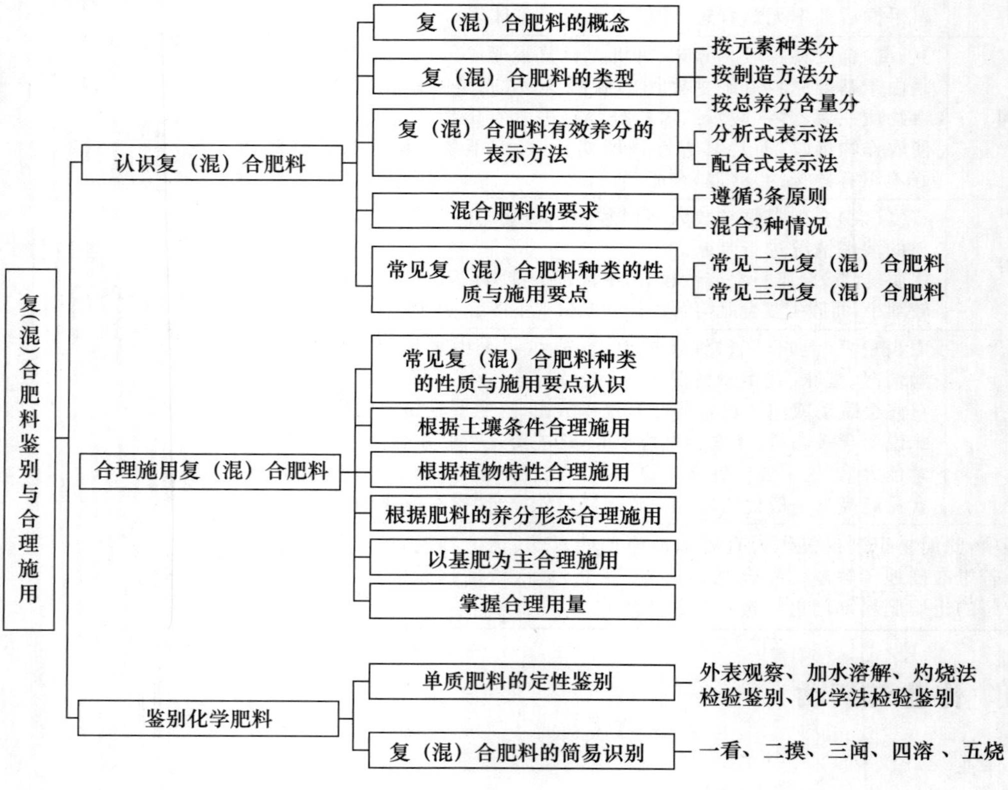

◆思考

1.如何理解复合肥料、复（混）合肥料的含义及关系？

2.你认为目前施用复（混）合肥料最需要重视和强化的措施是什么？

3.比较灼烧法检验鉴别与化学法检验鉴别单质化肥的优缺点。

项目九
新型肥料合理施用

【项目描述】

随着测土施肥项目的深入和经验的积累，传统肥料的一些问题日益凸显。在"减肥增效、绿色发展"的背景下，复合高效、长效控释、环境友好的新型肥料应运而生。新型肥料有些什么特性，施用上与传统肥料有哪些异同，又是农学专业学生面临的新问题和困惑。

【项目分析】

要合理用新型肥料，需得弄清楚当前主要新型肥料的类型、特点和施用的方法。所以，本项目要从认识当前主要新型肥料特征和掌握科学合理施用新型肥料入手。

【项目目标】

素质目标：增强创新意识；培养创造思维；树立生态文明理念；热爱并具有服务现代农业的信念。

知识目标：能说出缓/控释肥、水溶肥及其他新型肥料的主要性质；能总结缓/控释肥、水溶肥及其他新型肥料的施用技术要点。

能力目标：能结合当地作物种植情况，使用和推广适宜的新型肥料。

【任务导航】

根据项目分析及目标，需完成下列任务：

1.合理施用缓/控释肥料

2.合理施用新型水溶性肥料

3.合理施用其他新型肥料

任务一　合理施用缓/控释肥料

责任担当

新型肥料克服了传统肥料的不足，具有更高的肥效，更好的经济效益、环境效益和社会效益，同时积极响应国家农业“两减一增”政策。

我们农学人要加大新型肥料的推广，走高产高效、优质环保之路！

背景知识：什么是新型肥料

PPT课件：合理施用缓/控释肥料

一、任务要求

了解缓/控释肥料的性质，熟悉缓/控释肥料的合理施用。

二、相关知识

1.缓/控释肥料的定义

缓/控释肥料是指能够延缓养分释放性能的肥料的总称，可以进一步分为缓释肥料和控释肥料。缓释肥料指肥料中的养分以化合态或某种物理状态存在，养分的释放具有长效性。控释肥料指肥料中的养分微溶于土壤溶液，其效用贯穿作物的整个生长期，且养分的释放速率与作物的需求相一致。缓/控释肥料通过包膜调控养分的释放速率与释放期来满足作物不同生长时期的需求，通过改变包膜材料使其养分释放模式与不同作物相匹配。

2.缓/控释肥料的特点

缓释肥的特点：缓释肥较难溶于水，可以减缓营养元素在土壤中的释放速率，减少营养元素的损失；肥效稳定、长期，能连续不断地供给作物养分；由于肥效释放缓慢，基本不会造成因大量施用而出现的“烧苗”现象；减少了施肥的数量和次数，节约成本。

控释肥的特点：肥效利用率高，基本上能保证利用率在80%以上；增产效果显著，通过包膜控制养分释放，使作物养分供应平稳有规律，避免作物脱肥与徒长；省时省力，使用某些优质控释肥，大部分作物可以实现终生只施一次肥；杀菌驱虫效果明显，控释肥包膜材料多采用多硫化合物，可以杀菌驱虫；改善土壤，一些特殊工艺的包膜肥料，养分释放完后的空壳既可以蓄水保墒，又能起到通气保肥功能，使长期板结的土壤变得疏松。

3.缓/控释肥料的类型

目前，缓/控释肥料的开发主要采用肥料包膜（裹）、尿素与有机物反应两种技术方案，主要有聚合物包膜肥料、硫包衣肥料、包裹肥料、脲醛肥料等品种。

（1）聚合物包膜肥料　聚合物包膜肥料是指肥料颗粒表面包覆了高分子膜层的肥料。通常有两种制备工艺方法：其一是喷雾相转化工艺（物理法），即将高分子材料制备成包膜剂后，用喷嘴涂布到肥料颗粒表面形成包裹层的工艺方法；其二是反应成膜工艺（化学法），即将反应单体直接涂布到肥料颗粒表面，直接反应形成高分子聚合物膜层的工艺方法。

(2)硫包衣肥料　硫包衣肥料主要是硫包衣尿素,硫包衣尿素是以使用硫黄为主要包裹材料对颗粒尿素进行包裹,来实现对氮素缓慢释放的缓/控释肥料,一般含氮 30%～40%,含硫 10%～30%。

(3)包裹肥料　包裹肥料是一种或多种植物营养物质包裹另一种植物营养物质形成的植物营养复合体。包裹肥料主要产品分为两种类型,Ⅰ型包裹肥料产品以尿素为核心,钙镁磷肥为主要包裹层,其中的氮肥具有适度缓效性;Ⅱ型包裹肥料以二价金属磷酸铵钾盐为主要包裹层,其核心肥料仍采用尿素,产品有较好的缓释性能,供肥期一般为 3～4 个月。

(4)脲醛肥料　脲醛肥料是尿素和甲醛在一定条件下反应生产的产物,其总氮含量一般在 38%左右,主要包括脲甲醛肥料、异丁叉二脲、丁烯叉二脲、草酰铵(乙二酸二酰胺)、磷酸铵镁等。

三、任务准备

按 2～3 人一组,将全班同学分为若干组,每组准备不同类型的缓/控释肥样品或者资料。

四、实施步骤

表 2-9-1　常见缓/控释肥的合理施用操作要点及要求

工作环节	操作要点及要求
聚合物包膜肥料	一般作为基肥一次施用,施用部位也不那么严格,接触植物种子或施用于近根际也不会烧苗。
硫包衣肥料	一般配合磷钾肥,用作底肥,不能用作追肥。
包裹肥料	Ⅰ型包裹肥料:包裹肥料的施用方法与常规复(混)合肥料相似,可作基肥或追肥使用,适合多种机械施肥,做基肥时,如果采用与播种同步进行则要注意肥料和种子间隔一定的距离,最好保持 5～8 cm以上,以防影响种子发芽;作追肥使用时,建议施肥时间稍做提前,最好采用侧施或穴施技术,不建议表面撒施。 Ⅱ型包裹肥料:用作基肥,采用机械施肥与人工施肥的方式均可,采用种肥同播的施肥方法时,要注意肥料和种子至少应保持在 5 cm 以上距离。多年生作物可采用追肥的方式施用,草坪用肥以撒施为主,施肥后及时喷水,将撒落在草坪叶面上的肥料颗粒冲下;果树及景观树的追肥建议采用环施或穴施的方案,以获得更好的肥效。
脲醛肥料	脲醛肥料的应用市场,一部分是以高尔夫球场草坪为代表的非农业市场,这一市场多为专业用户,对产品的配比、中微量元素含量有明确的要求,针对性强,市场容量小。另一部分是应用于大田作物的农业用肥市场,报道较少。

(参考《新型肥料》,赵秉强等,2013)

学习视频:缓/控释肥料的合理施用

政策法规:政协十三届全国委员会第三次会议第 1848 号(农业水利类 184 号)提案答复摘要

名家故事:刘兆辉:农业变革需要科技支撑

拓展资料:GB/T 29401—2020 硫包衣尿素

拓展资料:GB/T 34763—2017 脲醛缓释肥料

五、作业与活动

1.作业

(1)什么是缓释肥？缓释肥的特点是什么？

(2)什么是控释肥？控释肥的特点是什么？

2.课外活动

到学校附近的农资市场上调研销量较好的缓/控释肥料，查询相关文献，写一份调研报告。

随堂测试：合理施用缓/控释肥料

任务二　合理施用新型水溶性肥料

一、任务要求

了解不同类型新型水溶性肥料的性质；熟悉新型水溶性肥料的合理施用。

责任担当

水肥同施、以水调肥不仅能节水节肥，提高水肥的利用率，而且能减少劳动力投入，提高生产效率。在国家提倡发展节水节肥农业的大背景下，我们应该大力推广水溶性肥料，既节约资源还可以保护环境，有利于农业可持续发展。

二、相关知识

1.水溶性肥料的定义

水溶性肥料是一类能完全溶解于水中的单质化学肥料或多元复合肥料，经水溶解或稀释，可应用于灌溉施肥、叶面施肥、无土栽培、浸种蘸根等用途的液体或固体肥料。其可以含有作物生长所需要的全部营养元素，也可以加入溶于水的有机物质，还可根据土壤养分丰缺状况与供肥能力以及作物对营养元素的需求来确定养分种类和配比。

2.水溶性肥料的特点

与常规肥料相比，水溶性肥料具有以下一些特点：①养分吸收快，肥效好，效率高。通过叶面喷施或滴灌施肥，养分可以直接施于作物根系或叶片，减少了养分在土壤中的浪费；而且营养物质可以直接从叶片进入植物体内，参与新陈代谢和有机物质的合成，速度和效果都比土壤施肥快。②满足作物特殊性需肥，针对性强，可以及时有效地矫正作物缺素症，特别是微量元素缺素症，如葡萄缺镁引起的果实凋落，只有喷施镁肥才有效。③用于喷施和灌溉施肥，实现水肥一体化。利用水溶性肥料与喷灌、滴灌相结合，可以发挥肥水协同效应，使肥料和水分的利用率明显提高。④养分全面、配方灵活，施肥方便，不受作物生育期影响。利用水溶性肥料实施水肥一体化，随水施肥，在作物整个生育期都可以施用。

PPT课件：合理施用新型水溶肥料

3.水溶性肥料的类型

包括清液型水溶肥料、氨基酸型水溶肥料、含腐殖酸型水溶肥料和生长调节剂型水溶肥料等。

(1)清液型水溶肥料　这类肥料又可以分为大量元素水溶肥料和微量元素水溶肥料。大量元素水溶肥料是一种可以完全溶于水的多元素全水溶肥料,它能迅速地溶解于水中,更容易被作物吸收,而且其吸收利用率相对较高,是一种营养全面、用量少、见效快的速效肥料。微量元素水溶性肥料是由铜、铁、锰、锌、硼、钼等单一微量元素或者按照所需比例制成的液体或固体水溶肥料。

(2)氨基酸型水溶肥料　是以游离氨基酸为主体的,按适合植物生长所需比例,添加适量钙、镁中量元素或铜、铁、锰、锌、硼、钼微量元素而制成的液体或固体水溶肥料。

(3)腐殖酸型水溶肥料　是以适合植物生长所需比例的矿物源腐殖酸,添加适量比例的氮、磷、钾大量元素或铜、铁、锰、锌、硼、钼微量元素而制成的液体或固体水溶肥料。

(4)生长调节剂型水溶肥料　是在清液型、氨基酸型、腐殖酸型三种水溶肥料基础上加入生长调节剂和叶面展着剂(如烷基苯磺酸铵、有机硅表面活性剂等)制成的水溶肥料。

学习视频:新型水溶肥料的合理施用

拓展资料:NY/T 3831—2021 有机水溶肥料通用要求

拓展资料:NY 1429—2010 含氨基酸水溶肥料

政策法规:对第十三届全国人大第四次会议第 7492 号建议的答复

三、任务准备

按 2～3 人一组,将全班同学分为若干组,每组准备不同类型的新型水溶性肥料样品或者资料。

四、实施步骤

表 2-9-2　常见新型水溶性肥料的合理施用操作要点及要求

工作环节	操作要点及要求
叶面喷施	(1)喷施浓度:可参考肥料包装上的建议浓度。在作物叶片正常不受肥害的情况下,适当增大浓度可提高施用效果,但在温度较高时,在适宜浓度范围内,原则上要把握“就低不就高”。一般而言,大量元素浓度以 0.1%～0.5%比较合适,微量元素以 0.05%～0.2%为宜。 (2)喷施时期及时间:喷施时期多数在苗期、花蕾期和生长盛期。一般选择在晴天上午 9 时以前、下午 4 时以后。 (3)喷施部位:应重点喷施叶片背面,叶片上、中部。 (4)喷施次数:一般不应少于两次。 (5)要与土壤施肥相结合。
灌溉施肥	(1)避免直接冲施,需采取二次稀释法。保证水溶性肥料完全溶解和安全施用浓度,随水喷施或灌溉,保证水溶性肥料施肥均匀,提高肥料利用率。 (2)严格控制施肥量。要采用少量多次施肥法,以满足植物不间断吸收养分的特点,避免肥料流失,提高施肥经济效益,实现高产、优质、高效。 (3)注意防止喷/滴头堵塞。水溶性肥料产品的酸碱度及钙镁等杂质含量的多少是影响节水灌溉系统是否易于堵塞的关键因素。
浸种	一般用水稀释 100 倍,浸种 6～8 h。

(参考《土壤肥料》,宋志伟、王庆安,2019)

随堂测试：合理施用新型水溶肥料

五、作业与活动

1.学生作业

简述水溶性肥料的类型及施用要点。

2.课外活动

调研当地农业企业或种植户，了解施用新型水溶性肥料的情况。

修为提示

肥料经历了化肥—复合肥—新型肥料的发展历程，未来农业的发展，需要依托更加高端、智能的肥料，我们在日常学习和工作中要培养创新意识。

创新需要建立在现有知识的基础上，善于观察和思考，敢于质疑，善于质疑。

任务三　合理施用其他新型肥料

一、任务要求

了解功能性肥料、微生物复混肥料、有机无机复混肥料、商品有机肥的性质；熟悉功能性肥料、微生物复混肥料、有机无机复混肥料、商品有机肥的合理施用。

二、相关知识

1.功能性肥料

指除具有一般营养功能以外，还具有其他新功能，如保水、除草、防病、促根、抗倒伏等功能。常见的主要有提高水分利用率的保水肥，可直接施用于根际环境的根际肥料，以及具有防病、抗倒伏功能的肥料等。

2.微生物复混肥料

PPT课件：合理施用其他新型肥料

是指由两种或两种以上有益微生物，或一种微生物与其他营养物质复配而成的肥料，以达到活化土壤养分、改良土壤、培肥地力、增强作物抗逆性的目的，包括根瘤菌剂、固氮菌肥料、解磷菌肥料、解钾菌肥料、秸秆腐熟剂、有机物料腐熟剂、抗生菌剂、抗逆性功能菌种和复合菌剂等。目前微生物肥料产业发展迅速，从当初仅应用在豆科植物过渡到现在的非豆科植物，菌种的使用也从单一化发展到多样化的复合菌种，前景十分广阔。

目前，微生物复混肥料包括微生物接种剂、复合微生物肥料和生物有机肥。微生物菌剂是指目标微生物经工业化生产增殖后直接使用，或经浓缩或经载体吸附而制成的活菌制品。生物有机肥是指目标微生物经工业化增殖后与主要以动植物残体（如畜禽粪便、农作物秸秆等）为来源并经无害化处理的有机物料复合而成的兼具微生物肥料和有机肥效应的肥料。复合微生物肥料是指目标微生物经工业化生产增殖后与营养物质复合而成的能提供、保持或改善植物营养，提高农产品产量或改善农产品品质的活菌制品。

学习视频：新型肥料的合理施用

3.有机无机复混肥料

是指以无机原料为基础，填充加工后的有机物料，如畜禽粪便、城市有机废弃物、垃圾有机物及草炭、蘑菇渣、氨基酸、腐殖酸等有机物质，然后经造粒、干燥后包装而成的肥料。

4.商品有机肥

主要是将畜禽粪便、动植物残体、农产品或食品加工的废弃物通过微生物发酵处理腐熟后，直接作为肥料或再添加一定量的氮、磷、钾或生物菌而制得的具有多种功能的肥料，以达到改良土壤和培肥地力的目的。

三、任务准备

按 2～3 人一组，将全班同学分为若干组，每组准备功能性肥料、微生物复混肥料、有机无机复混肥料、商品有机肥等样品或者资料。

四、实施步骤

表 2-9-3 其他新型肥料合理施用操作要点及要求

工作环节	操作要点及要求
功能性肥料	(1)保水肥 集保水与供肥为一体，依养分元素不同，可分为保水氮肥、钾肥和磷肥或保水复合肥。其核心成分是保水剂，保水剂可在土壤中直接施用，如撒施、沟施、穴施、喷施等。蘸根以及拌种或种子包衣应用较少。 (2)根际肥料 将根系浸泡在营养液中的施肥，能与种子混合并直接与发芽的种子接触的肥料。多适合于橡胶、油棕、椰子、可可等多年生经济作物，以油棕树为例，将根际肥料置入 20～30 cm 深处，在离棕树株头 1.5～4.5 m 范围内挖坑，根据树龄不同，每个坑穴放 50 g、100 g、200 g 片状根际肥若干片。对于成年采油的树，此坑最多可放置 4～5 kg 肥片埋在土壤中，所挖坑可多年使用。 (3)抗倒伏、防病害肥料 含具有抗倒伏、防病害作用的营养元素的多营养肥料。多用作基肥施用。
微生物复混肥料	(1)施用方法较多，主要有拌种、穴施、基肥、追肥、蘸根、种肥、淋芽、沾蔓等。不同肥料对不同的作物有最适施用方法、施用量和施用时间。 (2)为使作物增产效果明显，应在正常施肥或减肥条件下追施微生物肥。 (3)配施时应控制化肥施用量，尽量避免与农药同时施用。
有机无机复混肥	(1)主要在经济作物上作基肥施用，如花生、马铃薯、棉花、油茶以及果树等，可与耕层土壤混施，也可沟施、穴施等。 (2)磷钾含量较高的可作基肥施用，高氮型的可用作追肥施用。
商品有机肥	(1)农田对堆肥的需求量很大。农田适于施用新鲜堆肥和成品堆肥，一般可连续使用 2～4 年，最好是春、秋两季使用。每公顷农田可使用 20～60 t。 (2)葡萄园适合施用新鲜堆肥和成品堆肥，可连续使用 3～4 年。在黏土地施用新鲜堆肥，每公顷可施用 100～250 t，沙土地上可施用 1 000t 成品堆肥。 (3)普通菜地适于施用成品堆肥和专用堆肥，可连续使用 2～4 年，每公顷施用 50～100 t，而大棚菜园除施用期限和堆肥类型与普通菜地相同外，施用量为每公顷 10～15 t。 (4)堆肥对畜牧场作物生长也有很大促进作用，施用成品堆肥和专用堆肥。每公顷施用 100～150 t。 (5)在林业上，每公顷施用量是 1 500t 成品堆肥或专用堆肥。

（参考《新型肥料》，赵秉强等，2013）

典型案例：新型肥料“变废为宝”绿色农业循环发展

拓展知识：有机硅功能肥有望破解盐碱土壤大难题

拓展资料：GB/T 18877—2020 有机无机复混肥料

典型案例：“肉松”肥料

随堂测试：合理施用其他新型肥料

五、作业与活动

1.学生作业

简述微生物复混肥料的类型及施用要点。

2.课外活动

调查当地施用商品有机肥的情况。

【小结与思考】

◆小结

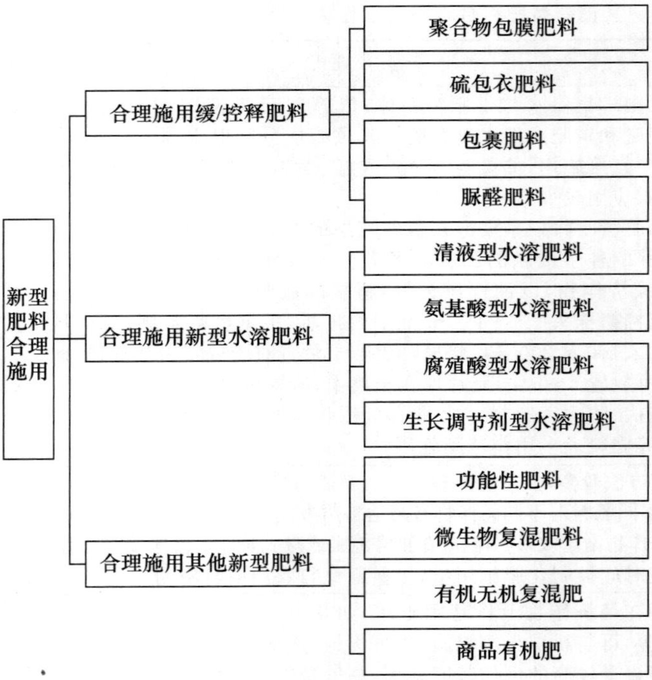

◆思考

1.缓/控释肥料在我国的应用现状是怎样的?

2.除了常见4种类型的水溶性肥料外,还有其他什么类型的水溶性肥料?

3.有机肥料在无公害食品生产中有哪些优势?

项目十
应用施肥新技术

【项目描述】

农学学生参与的测土施肥项目接近尾声了。但发现生产成本高、资源浪费较大、生态环境失调还是当前较为突出的农业问题，还需从技术角度去解决。随着“优质、高产、高效、生态、安全”的农业发展目标及“绿水青山就是金山银山”的生态文明理念的提出，改变传统施肥习惯、推广科学施肥技术，尤其是测土配方施肥技术，是当前农业技术推广的长期性目标之一。农学人该如何合理应用施肥新技术呢?

【项目分析】

目前我国化肥施用量居世界前列，“减肥增效”除了研究和生产新型肥料外，还应提高施肥技术，以协同促进肥料利用率。因此，本项目应从分析运用以测土配方施肥技术为代表的科学施肥新方法新技术入手，以实现施肥的科学化、现代化，最大限度发挥肥料的效益。

【项目目标】

素质目标：强化创新意识和创造思维；加强生态环保理念；确立正确的人生观和价值观。

知识目标：能说出测土配方施肥技术含义及技术环节，解释水稻“三控”施肥、无人机施肥、水肥一体化等新技术内涵。

能力目标：能利用养分平衡法计算肥料施用量；能结合当地作物种植情况，推广适宜的施肥新技术。

【任务导航】

根据项目分析及目标，需完成下列任务：

1.认识测土配方施肥技术

2.应用测土配方施肥技术

3.应用其他施肥新技术

责任担当

大力推进测土配方施肥技术，引导农民科学合理施肥，既能降低成本，还能提高粮食产量，有利于改善土壤，保护土壤肥力和环境，是发展绿色农业、规模种植，增加农民收入的一种重要的途径，我们要把其作为推动农业科技革命的重要举措。

任务一　认识测土配方施肥技术

一、任务要求

了解测土配方施肥的基本原理、原则和内容；掌握测土配方施肥技术的基本方法；能够协助技术人员完成土壤、植株样品的采集、制备与测试，设计大田作物的“3414”田间肥效试验，利用养分平衡法计算施肥量。

二、相关知识

测土配方施肥技术是以肥料田间试验和土壤测试为基础，根据作物对土壤养分的需求规律、土壤供肥性能和肥料效应，在合理施用有机肥料的基础上，提出氮、磷、钾及中、微量元素等肥料的施用品种、数量、施肥时期和施用方法的施肥技术体系。简单来讲，测土配方施肥包括测土、配方和施肥三个方面的内容。测土是对土壤养分进行测试，了解土壤供肥能力，测定土壤中氮、磷、钾等养分的含量；配方是根据土壤测试得到的土壤养分状况、种植作物要达到的目标产量及作物的需肥规律等，结合专家经验，计算出所需要的肥料种类、用量、施用时期、施用方法等；施肥是对已确定的“配方”执行，以实现农作物的目标产量。

PPT课件：认识测土配方施肥技术

1.测土配方施肥技术的基本原理

测土配方施肥技术是以植物矿质营养学说、养分归还学说、营养元素同等重要与不可替代律、最小养分律、肥料效应报酬递减律、因子综合作用律等为理论依据。

2.测土配方施肥技术的原则

（1）有机肥与无机肥相结合　实施测土配方施肥必须“以有机肥为基础”。土壤有机质是土壤肥力的基础，是衡量土壤肥力的重要指标之一。施用有机肥可以改善土壤的理化性质，提高土壤保肥、保水的能力，增强土壤微生物活性，提高化肥利用率，改善农产品品质等。因此，必须加强多种形式的有机肥投入，提高农业效益和生态效益，实现农业的可持续发展。

学习视频：测土配方施肥技术

（2）大量、中量、微量元素配合　各种营养元素的配合是配方施肥的重要内容，随着产量的不断提高，在耕地高度集约利用的情况下，必须进一步强调氮、磷、钾肥的相互配合，并补充必要的中、微量元素，才能获得优质高产。

（3）用地与养地相结合，投入与产出相平衡　要使作物—土壤—肥料形成物质和能量良性循环，必须坚持用养结合，投入与产出相平衡，才不至于消耗土壤肥力，保证农业的可持续发展。

3.测土配方施肥技术的内容

测土配方施肥技术主要包括“测土、配方、施肥、供应、施肥指导”5个核心环节和田间试验、土壤测试、配方设计、校正试验、配方加工、示范推广、宣传培训、效果评价和技术创新9项重点内容。

(1)田间试验　通过田间试验可以获得作物最佳施肥量、施肥时期、施肥方法,能够有效筛选、验证土壤养分测试技术、建立施肥指标体系。掌握各个施肥单元不同作物优化施肥量,基、追肥分配比例,施肥时期和施肥方法;摸清土壤养分校正系数、土壤供肥量、农作物需肥参数和肥料利用率等基本参数;构建作物施肥模型,为施肥分区和肥料配方提供依据。

名家故事:庄稼医生——蒋玉根

(2)土壤测试　土壤测试是制定肥料配方的重要依据之一。随着我国种植业结构的不断调整,高产作物品种不断涌现,施肥结构和数量发生了很大的变化,土壤养分库也发生了明显改变。通过开展土壤氮、磷、钾及中微量元素养分测试,了解土壤供肥能力状况。

(3)配方设计　肥料配方设计是测土配方施肥工作的核心。通过总结田间试验、土壤养分数据等,划分不同区域施肥分区;同时,根据气候、地貌、土壤、耕作制度等相似性和差异性,结合专家经验,提出不同作物的施肥配方。

(4)校正试验　为保证肥料配方的准确性,最大限度地减少配方肥料批量生产和大面积应用的风险,在每个施肥分区单元设置配方施肥、农户习惯施肥、空白施肥3个处理,以当地主要作物及其主栽品种为研究对象,对比配方施肥的增产效果,校验施肥参数,验证并完善肥料配方,改进测土配方施肥技术参数。

(5)配方加工　配方落实到农户田间是提高和普及测土配方施肥技术的最关键环节。目前不同地区有不同的模式,其中最主要的也是最具有市场前景的运作模式就是市场化运作、工厂化加工、网络化经营。这种模式适应我国农村农民科技素质低、土地经营规模小、技物分离的现状。

(6)示范推广　通过示范让农民亲眼看到实际效果,才能使测土配方施肥技术真正落实到田间。因此,建立测土配方施肥示范区,为农民创建窗口,树立样板,全面展示测土配方施肥技术效果,是推广前要做的重要工作。

(7)宣传培训　测土配方施肥技术宣传培训是提高农民科学施肥意识,普及技术的重要手段。农民是测土配方施肥技术的最终使用者,迫切需要向农民传授科学施肥方法和模式;同时还要加强对各级技术人员、肥料生产企业、肥料经销商的系统培训,逐步建立技术人员和肥料商持证上岗制度。

(8)效果评价　农民是测土配方施肥技术的最终执行者和落实者,也是最终受益者。检验测土配方施肥的实际效果,及时获得农民的反馈信息,不断完善管理体系、技术体系和服务体系。同时,为科学地评价测土配方施肥的实际效果,必须对一定的区域进行动态调查。

(9)技术创新　技术创新是保证测土配方施肥工作长效性的科技支撑。重点开展田间试验方法、土壤养分测试技术、肥料配制方法、数据处理方法等方面的创新研究工作,不断提升测土配方施肥技术水平。

政策法规:"十四五"全国农业绿色发展规划(节选)

4.测土配方施肥技术的基本方法

各地推广的测土配方施肥方法归纳起来有三大类六种方法:第一类是地力分区法;第二类是目标产量法,包括养分平衡法和地力差减法;第三类是田间试验法,包括肥料效应函数法、养分丰缺指标法、氮、磷、钾比例法。

(1)地力分区配方法　利用土壤普查、耕地地力调查和当地田间试验资料,把土壤按肥力高低分成若干等级,或划出一个肥力均等的田片,作为一个配方区,再应用资料和田间试验成果,结合当地的实践经验,估算出这一配方区内,比较适宜的肥料种类及其施用量。这一方法的优点是较为简便,提出的肥料用量和措施接近当地的经验,方法简单,群众易接受。缺点是局限性较大,每种配方只能适应于生产水平差异较小的地区,而且依赖于一般经验较多,对具体田块来说针对性不强。

(2)目标产量配方法　根据作物产量的构成,由土壤本身和施肥两个方面供给养分的原理来计算肥料的用量。先确定目标产量,以及为达到这个产量所需要的养分数量,再计算作物除土壤所供给的养分外,需要补充的养分数量,最后确定施用多少肥料。包括养分平衡法和地力差减法。

(3)田间试验法　通过简单的单一对比,或应用较复杂的正交、回归等试验设计,进行多点田间试验,从而选出最优处理,确定肥料施用量。田间试验有三种方法:

一是肥料效应函数法。即采用单因素、二因素或多因素的多水平回归设计进行布点试验,将不同处理得到的产量进行数理统计,求得产量与施肥量之间的肥料效应方程式。根据其函数关系式,可直观地看出不同元素肥料的不同增产效果,以及各种肥料配合施用的效果,这一方法的优点是能客观地反映肥料等因素的单一和综合效果,施肥精确度高,符合实际情况,缺点是地区局限性强,不同土壤、气候、耕作、品种等需布置多点不同试验。

典型案例:测土配方施肥,让土地吃上"营养餐"

二是养分丰缺指标法。此法利用土壤养分测定值与作物吸收养分之间存在的相关性,对不同作物通过田间试验,根据在不同土壤养分测定值下所得的产量分类,把土壤的测定值按一定的级差分等,制成养分丰缺及应该施肥量对照检索表。在实际应用中,只要测得土壤养分值,就可以从对照检索表中,按级确定肥料施用量。

三是氮、磷、钾比例法。原理是通过田间试验,在一定地区的土壤上,取得某一作物不同产量情况下各种养分之间的最好比例,然后通过对一种养分的定量,按各种养分之间的比例关系,来决定其他养分的肥料用量。

三、任务准备

按 2～3 人一组，将全班同学分为若干组，通过图书查询、网络资料收集等手段，每个小组准备测土配方施肥技术规程的图片或资料。

四、实施步骤

表 2-10-1　测土配方施肥技术规程

工作环节	操作要点及要求
肥料效应田间试验	(1)试验设计　肥料效应田间试验设计，取决于研究目的。对于大田作物而言，目前采用较多的是“3414”方案设计，在具体实施过程中可根据研究目的采用“3414”完全实施方案和部分实施方案。 ①“3414”完全实施方案　设置氮、磷、钾 3 个因素，0、1、2、3 共 4 个不同施肥量，14 个处理。

“3414”试验方案处理

试验编号	处理	N	P	K
1	$N_0P_0K_0$	0	0	0
2	$N_0P_2K_2$	0	2	2
3	$N_1P_2K_2$	1	2	2
4	$N_2P_0K_2$	2	0	2
5	$N_2P_1K_2$	2	1	2
6	$N_2P_2K_2$	2	2	2
7	$N_2P_3K_2$	2	3	2
8	$N_2P_2K_0$	2	2	0
9	$N_2P_2K_1$	2	2	1
10	$N_2P_2K_3$	2	2	3
11	$N_3P_2K_2$	3	2	2
12	$N_1P_1K_2$	1	1	2
13	$N_1P_2K_1$	1	2	1
14	$N_2P_1K_1$	2	1	1
注：0 指不施肥，2 指当地推荐施肥量，1＝2×0.5，3＝2×1.5				

②“3414”部分实施方案　若试验仅研究氮、磷、钾中某两个养分效应，可采用“3414”部分试验方案。其中，非研究养分选取 2 水平，试验应设置 3 次重复。如研究氮、磷养分效应的“3413”部分试验方案如下表。

氮、磷养分效应的“3413”试验处理

处理编号	“3413”方案处理编号	处理	N	P	K
1	1	$N_0P_0K_0$	0	0	0
2	2	$N_0P_2K_2$	0	2	2

名家故事：梅园雪：
“泥腿女局长”

续表 2-10-1

工作环节	操作要点及要求
肥料效应田间试验	（见下）

续表

处理编号	“3413”方案处理编号	处理	N	P	K
3	3	$N_1P_2K_2$	1	2	2
4	4	$N_2P_0K_2$	2	0	2
5	5	$N_2P_1K_2$	2	1	2
6	6	$N_2P_2K_2$	2	2	2
7	7	$N_2P_3K_2$	2	3	2
8	11	$N_3P_2K_2$	3	2	2
9	12	$N_1P_1K_2$	1	1	2

若为了取得土壤养分供应量、作物吸收养分量、土壤养分丰缺指标等参数，一般把试验设计为 5 个处理：空白对照（CK）、无氮区（PK）、无磷区（NK）、无钾区（NP）和氮、磷、钾区（NPK），这 5 个处理分别是“3414”完全实施方案中的处理 1、2、4、8 和 6，见下表。

常规 5 处理试验设计与“3414”方案处理编号对应表

处理编号	“3413”方案处理编号	处理	N	P	K
空白对照	1	$N_0P_0K_0$	0	0	0
无氮区	2	$N_0P_2K_2$	0	2	2
无磷区	4	$N_2P_0K_2$	2	0	2
无钾区	8	$N_2P_2K_0$	2	2	0
氮磷钾区	6	$N_2P_2K_2$	2	2	2

若研究有机肥料效应，可在上表所示试验设计的基础上增加一个有机肥处理区。该区有机肥用量的确定依据：以有机肥中氮用量为研究目的，以氮磷钾区中氮的用量为依据确定；以磷或钾为研究目的，则以氮磷钾区中磷或钾为依据确定。

若研究中（微）量元素效应，可在上表所示试验设计的基础上增加一个中（微）量元素处理区。该区的氮磷钾用量与氮磷钾区相同，仅增加中（微）量元素用量。

（2）试验实施

①试验地选择　宜选择平坦、齐整、肥力均匀，具有代表性的不同肥力水平的地块。试验地为坡地时，应尽量选择坡度平缓、肥力差异较小的地块。试验地应避开道路、有土传病害、堆肥场所或前期施用大量有机肥、秸秆集中还田的地块、阳光不充足等特殊地块。

②试验作物品种选择　田间试验应选择当地主栽作物品种或拟推广品种。

③试验准备　整地，设置保护行，根据试验设计方案进行试验小区区划。如水稻试验，小区之间应做小埂，小埂高度不低于 20 cm，宽度不小于 30 cm，小埂应用塑料膜包覆，深度不少于 30 cm；对玉米、棉花等试验，在雨水较多的种植区，试验小区之间应采取开沟、筑埂的方法，避免雨水径流影响。小区应单灌单排，避免串灌串排。

④试验小区　各小区面积应一致。密植作物，如水稻、小麦、谷子小区面积应为 20～30 m^2；中耕作物，如玉米、高粱、棉花等，小区面积应为

拓展资料：NY/T 497—2002 肥料效应鉴定田间试验技术规程

续表 2-10-1

<table>
<tr><th>工作环节</th><th>操作要点及要求</th></tr>
<tr><td>肥料效应田间试验</td><td>40～50 m^2。小区形状一般为长方形。面积较大时，长宽比以(3～5)∶1为宜；面积较小时，长宽比以(2～3)∶1为宜。
⑤试验重复　对“3414”完全试验方案时，若同一生长季、同一作物、同一试验内容在不同地方布置10个以上试验，则每个试验可不设重复。否则，每个试验至少设3次重复。采用随机区组排列，区组内土壤、地形等条件应相对一致。
⑥田间管理与观察　按照《NY/T 497—2002 肥料效应鉴定田间试验技术规程》进行田间管理与观察。田间试验结果应该适时记载，具体见副栏测土配方施肥“3414”(作物名)田间试验结果汇总表。
(3)试验统计分析　按照NY/T 497—2002的规定进行。
另外蔬菜推荐采用“2＋X”试验设计。“2”代表常规施肥和优化施肥2个处理。“X”代表如氮肥总量控制、氮肥分区调控、有机肥当量、肥水优化管理、氮营养规律等拟研究内容的试验设计。“2”为必做试验，“X”为选做内容。果树推荐采用“2＋X”试验设计。“2”代表常规施肥和优化施肥2个处理。“X”代表氮肥总量控制、氮肥分期调控、果树配方肥料、中微量元素试验等拟研究内容的试验设计。“2”为必做试验，“X”为选做内容。</td></tr>
<tr><td>土壤样品采集、制备与测试</td><td>(1)土壤样品采集与田间基本情况调查　土壤样品采集应具有代表性和可比性，并根据不同分析项目采取相应的采样和处理方法。
在土壤取样的同时，调查取样点田间基本情况，填写测土配方施肥采样地块基本情况调查表，见副栏。
土壤样品的制备　根据分析项目的要求，分别制备土壤新鲜样品和风干样品。
(2)土壤样品测试　根据不同作物的种类，分析测定土壤质地、pH、各种养分的含量等，具体测定项目见下表。
测土配方施肥土壤样品测试项目汇总表
<table>
<tr><th>序号</th><th>测试项目</th><th>大田作物</th><th>蔬菜</th><th>果树</th></tr>
<tr><td>1</td><td>土壤质地、指示法</td><td>必测</td><td></td><td></td></tr>
<tr><td>2</td><td>土壤质地，比重计法</td><td>选测</td><td></td><td></td></tr>
<tr><td>3</td><td>土壤容重</td><td>选测</td><td></td><td></td></tr>
<tr><td>4</td><td>土壤含水量</td><td>选测</td><td></td><td></td></tr>
<tr><td>5</td><td>土壤田间持水量</td><td>选测</td><td></td><td></td></tr>
<tr><td>6</td><td>土壤pH</td><td>必测</td><td>必测</td><td>必测</td></tr>
<tr><td>7</td><td>土壤交换酸</td><td>必测</td><td></td><td></td></tr>
<tr><td>8</td><td>石灰需要量</td><td>土壤 pH<6
必测</td><td>土壤 pH<6
必测</td><td>土壤 pH<6
必测</td></tr>
<tr><td>9</td><td>土壤阳离子交换量</td><td>选测</td><td></td><td>选测</td></tr>
<tr><td>10</td><td>土壤水溶性盐分</td><td>选测</td><td>必测</td><td>必测</td></tr>
<tr><td>11</td><td>土壤氧化还原电位</td><td>选测</td><td></td><td></td></tr>
<tr><td>12</td><td>土壤有机质</td><td>必测</td><td>必测</td><td>必测</td></tr>
<tr><td>13</td><td>土壤全氮</td><td>必测</td><td></td><td></td></tr>
</table></td></tr>
</table>

参考资料：测土配方施肥“3414”______(作物名)田间试验结果汇总表

参考资料：测土配方施肥采样地块基本情况调查表

续表 2-10-1

<table>
<tr><th>工作环节</th><th>操作要点及要求</th></tr>
<tr><td>土壤样品采集、制备与测试</td><td>
续表
<table>
<tr><th>序号</th><th>测试项目</th><th>大田作物</th><th>蔬菜</th><th>果树</th></tr>
<tr><td>14</td><td>土壤水解性氮</td><td rowspan="3">至少测一项</td><td>至少测一项</td><td>必测</td></tr>
<tr><td>15</td><td>土壤铵态氮</td><td></td><td></td></tr>
<tr><td>16</td><td>土壤硝态氮</td><td></td><td></td></tr>
<tr><td>17</td><td>土壤有效磷</td><td>必测</td><td>必测</td><td>必测</td></tr>
<tr><td>18</td><td>土壤缓效钾</td><td>必测</td><td></td><td></td></tr>
<tr><td>19</td><td>土壤速效钾</td><td>必测</td><td>必测</td><td>必测</td></tr>
<tr><td>20</td><td>土壤交换性钙、镁</td><td>土壤 pH<6.5 必测</td><td>选测</td><td>必测</td></tr>
<tr><td>21</td><td>土壤有效硫</td><td>必测</td><td></td><td></td></tr>
<tr><td>22</td><td>土壤有效硅</td><td>必测</td><td></td><td></td></tr>
<tr><td>23</td><td>土壤有效铁、锰、铜、锌、硼</td><td>必测</td><td>选测</td><td>选测</td></tr>
<tr><td>24</td><td>土壤有效钼</td><td>选测，豆科作物产区必测</td><td>选测</td><td></td></tr>
</table>
</td></tr>
<tr><td>植物样品采集、制备与测试</td><td>
(1)植物样品的采集
①采样要求　样品应具有代表性、典型性、适时性。
②样品采集　粮食作物、棉花、油菜、蔬菜等不同作物的样品采集方法不同，具体按照《NY/T 2911—2016 测土配方施肥技术规程》执行。
③标签内容　包括采样序号、采样地点、样品名称、采样人、采集时间和样品处理号等。
④采样点调查内容　包括作物品种、土壤名称（或当地俗称）、成土母质、地形地势、耕作制度、前茬作物及产量、化肥农药施用情况、灌溉水源、采样点地理位置简图和坐标。
(2)植物样品的处理与保存　根据大田作物、蔬菜、果树样品测试项目的制备要求，进行样品的处理与保存，具体按《NY/T 2911—2016 测土配方施肥技术规程》执行。
(3)植物样品测试　根据不同作物的种类，测定植物的全氮、全磷、全钾、水分等，具体测定项目见下表。
测土配方施肥植物样品测试项目汇总表
<table>
<tr><th>序号</th><th>测试项目</th><th>大田</th><th>蔬菜</th><th>果树</th></tr>
<tr><td>1</td><td>全氮、全磷、全钾</td><td>必测</td><td>必测</td><td>必测</td></tr>
<tr><td>2</td><td>水分</td><td>必测</td><td>必测</td><td>必测</td></tr>
<tr><td>3</td><td>粗灰分</td><td>选测</td><td>选测</td><td>选测</td></tr>
<tr><td>4</td><td>全钙、全镁</td><td>选测</td><td>选测</td><td>选测</td></tr>
<tr><td>5</td><td>全硫</td><td>选测</td><td>选测</td><td>选测</td></tr>
<tr><td>6</td><td>全硼、全钼</td><td>选测</td><td>选测</td><td>选测</td></tr>
<tr><td>7</td><td>全量铜、锌、铁、锰</td><td>选测</td><td>选测</td><td>选测</td></tr>
</table>
</td></tr>
</table>

拓展资料：NY/T 2911—2016 测土配方施肥技术规程

续表 2-10-1

<table>
<tr><th>工作环节</th><th>操作要点及要求</th></tr>
<tr><td>植物样品采集、制备与测试</td><td>
续表
<table>
<tr><th>序号</th><th>测试项目</th><th>大田</th><th>蔬菜</th><th>果树</th></tr>
<tr><td>8</td><td>硝态氮田间快速诊断</td><td>选测</td><td>选测</td><td>选测</td></tr>
<tr><td>9</td><td>冬小麦/夏玉米植株氮营养田间诊断</td><td>选测</td><td></td><td></td></tr>
<tr><td>10</td><td>水稻氮营养快速检测</td><td>选测</td><td></td><td></td></tr>
<tr><td>11</td><td>蔬菜叶片营养诊断</td><td></td><td>必测</td><td></td></tr>
<tr><td>12</td><td>果树叶片营养诊断</td><td></td><td></td><td>必测</td></tr>
<tr><td>13</td><td>叶片金属营养元素快速测试</td><td></td><td>选测</td><td>选测</td></tr>
<tr><td>14</td><td>维生素 C</td><td></td><td>选测</td><td>选测</td></tr>
<tr><td>15</td><td>硝酸盐</td><td></td><td>选测</td><td>选测</td></tr>
<tr><td>16</td><td>可溶性固形物</td><td></td><td></td><td>选测</td></tr>
<tr><td>17</td><td>可溶性糖</td><td></td><td></td><td>选测</td></tr>
<tr><td>18</td><td>可滴定酸</td><td></td><td></td><td>选测</td></tr>
</table>
</td></tr>
<tr><td>肥料用量的确定与肥料的配方设计</td><td>
(1)肥料用量的确定
①土壤与植物测试推荐施肥方法
A.氮素实时监控　小麦、玉米等旱地作物，根据不同土壤、不同作物、同一作物的不同品种、不同目标产量确定作物需氮量。一般以需氮量的30%～60%作为基肥用量，具体基施比例根据土壤全氮含量，同时参照当地丰缺指标来确定。在全氮含量偏低时，宜采用需氮量的50%～60%作为基肥；在全氮含量居中时，宜采用需氮量40%～50%作为基肥；在全氮含量偏高时，宜采用需氮量的30%～40%作为基肥。有条件的地区可在播种前对0～20 cm土壤无机氮(或硝态氮)进行监测，调节基肥用量。按照下面公式计算：
$$\text{基肥用量}=\frac{(\text{目标产量需氮量}-\text{土壤无机氮})\times(30\%\sim60\%)}{\text{肥料中养分含量}\times\text{肥料当季利用率}}$$
氮肥追肥用量推荐以作物关键生育期的营养状况诊断或土壤硝态氮的测试为依据，测试项目主要是土壤全氮含量、土壤硝态氮含量或小麦拔节期茎基部硝酸盐浓度、玉米最新展开叶叶脉中部硝酸盐浓度，水稻采用叶色卡或叶绿素仪进行叶色诊断。
B.磷、钾养分恒量监控　磷肥根据土壤有效磷测试结果和养分丰缺指标确定。当有效磷水平处在中等偏上时，磷肥用量为目标产量需要量100%～110%；随着有效磷含量的增加，需要减少磷肥用量，直至不施；随着有效磷的降低，需要适当增加磷肥用量，在极缺磷的土壤上，可以施到需要量的150%～200%。在2～3年后再次测土时，根据土壤有效磷和产量的变化再对磷肥用量进行调整。
钾肥首先需要确定施用钾肥是否有效，再参照上面方法确定钾肥用量，但需要考虑有机肥和秸秆还田带入的钾量。一般大田作物磷、钾肥料全部作基肥。
C.中微量元素养分矫正施肥　通过土壤测试和田间试验，评价土壤中、微量元素养分的丰缺状况，进行有针对性的因缺补缺的施肥。
②土壤效应函数法　根据“3414”田间试验结果建立当地主要作物的肥料效应函数，直接获得某一区域、某种作物氮、磷、钾肥料的最佳施用量。
</td></tr>
</table>

拓展知识：施肥点点通　施肥很轻松

修为提示

测土配方，施肥有方，科学种田，越种越甜。

（测土配方施肥技术宣传语）

参考资料：不同植物形成 100 kg 经济产量所需养分

续表 2-10-1

<table>
<tr><th>工作环节</th><th>操作要点及要求</th></tr>
<tr><td>肥料用量的确定与肥料的配方设计</td><td>
③土壤养分丰缺指标法　根据土壤养分测试和田间肥效试验结果，建立大田作物不同区域土壤养分丰缺指标。
土壤养分丰缺指标田间试验可采用“3414”部分实施方案。其中，处理2、处理4、处理8为缺素区即PK、NK和NP，处理6为全肥区，用缺素区产量占全肥区产量百分数（相对产量）作为土壤养分丰缺指标确定依据，见下表。进而确定适用于某一区域、某种作物的土壤养分及对应的肥料施用数量。
土壤养分丰缺指标确定依据
<table>
<tr><th>土壤养分丰缺指标</th><th>缺素区产量占全肥区产量的百分数/%</th></tr>
<tr><td>低</td><td>相对产量<60</td></tr>
<tr><td>较低</td><td>60～75</td></tr>
<tr><td>中</td><td>75～90</td></tr>
<tr><td>较高</td><td>90～95</td></tr>
<tr><td>高</td><td>≥95</td></tr>
</table>
④养分平衡法
A.基本原理和计算方法　根据作物目标产量需肥量与土壤供肥量之差计算施肥量，计算公式：
$$G=\frac{H-Q}{T\times X}$$
式中：G—施肥量（kg/667 m²）；H—目标产量所需的养分量（kg/667 m²）；Q—土壤供肥量（kg/667 m²）；T—肥料中养分含量（kg）；X—肥料利用率。
养分平衡法是根据作物带走养分量和以土壤养分测试值计算出的土壤养分供应量，确定肥料养分施用量的方法。养分平衡法涉及目标产量、作物需肥量、土壤供肥量、肥料利用率和肥料中有效养分含量等参数。目标产量确定后由于土壤供肥量的确定方法不同，分成了地力差减法和土壤有效养分校正系数法两种。
地力差减法是根据作物目标产量与基础产量之差来计算施肥量的一种方法，计算公式：
$$G=\frac{B_{目标}\times A_{全肥}-B_{缺素}\times A_{缺素}}{T\times X}$$
式中：$B_{目标}$—目标产量（kg/667 m²）；$A_{全肥}$—全肥区经济产量单位养分吸收量（kg）；$B_{缺素}$—缺素区产量（kg/667 m²）；$A_{缺素}$—缺素区经济产量单位养分吸收量。
土壤有效养分校正系数法是通过测定土壤有效养分含量来计算施肥量，计算公式：
$$G=\frac{N-Q}{T\times X}$$
式中：N—目标产量所需的养分总量（kg/667 m²）。
B.有关参数的确定
目标产量：可利用施肥区前三年平均单产和年递增率为基础确定目标产量，计算公式：
$$B_{目标}=(1+U)\times F$$
式中：U—增产率，一般粮食作物的递增率为10%～15%为宜，露地蔬菜一般为20%左右，设施蔬菜为30%左右；F—前三年平均单产（kg/667 m²）。
</td></tr>
</table>

续表 2-10-1

<table>
<tr><th>工作环节</th><th>操作要点及要求</th></tr>
<tr><td>肥料用量的确定与肥料的配方设计</td><td>
作物需肥量：通过对正常成熟的农作物全株养分的分析，测定各种作物百千克经济产量所需养分量，乘以目标产量即可获得作物需肥量。
$$L=\frac{B_{目标}\times A}{100}$$
式中：L—作物需肥量（kg/667 m²）；A—形成 100 kg 经济养分吸收量。
土壤供肥量：土壤供肥量可通过测定基础产量、土壤有效养分校正系数两种方法估算
通过基础产量估算：
$$Q=\frac{W_{无}\times A}{100}$$
式中：$W_{无}$—无肥区产量（kg/667 m²）。
通过土壤养分校正系数法估算：将土壤有效养分测定值乘一个校正系数，以表达土壤“真实”供肥量，计算公式：
$$Q=Z\times 0.15\times J$$
式中：Z—土壤测试值（mg/kg）；J—土壤有效养分校正系数；0.15—耕层土壤质量转换系数。
肥料利用率：通过差减法来计算，计算公式：
$$X=\frac{M-M_{缺素}}{G_1-T_1}\times 100\%$$
式中：X—肥料利用率；M—施肥区作物吸收养分量（kg/667 m²）；$M_{缺素}$—缺素区作物吸收养分量（kg/667 m²）；G_1—肥料施用量（kg/667 m²）；T_1—肥料中该养分含量（kg/667 m²）。
常见肥料的利用率见下表。
肥料当年利用率
<table>
<tr><th>肥料</th><th>利用率/%</th><th>肥料</th><th>利用率/%</th></tr>
<tr><td>堆肥</td><td>25～30</td><td>尿素</td><td>60</td></tr>
<tr><td>一般圈粪</td><td>20～30</td><td>过磷酸钙</td><td>25</td></tr>
<tr><td>硫酸铵</td><td>70</td><td>钙镁磷肥</td><td>25</td></tr>
<tr><td>硝酸铵</td><td>65</td><td>硫酸钾</td><td>50</td></tr>
<tr><td>氯化铵</td><td>60</td><td>氯化钾</td><td>50</td></tr>
<tr><td>碳酸氢铵</td><td>55</td><td>草木灰</td><td>30～40</td></tr>
</table>
C.基于养分平衡法的施肥量计算实例
小麦施肥量的计算：
<table>
<tr><td>作物目标产量的确定</td><td>(1)调查当地主要作物的前三年产量，计算平均产量。如某地冬小麦 2019 年、2020 年、2021 年产量分别是 450 kg/667 m²、460 kg/667 m²、480 kg/667 m²，则其平均产量为 463.33 kg/667 m²。
(2)确定当地主要作物的目标产量。根据本例的目标产量，以增产幅度 10%～15%为依据，则目标产量范围在 509.66～532.83 kg/667 m²，因此建议确定为 520 kg/667 m²。</td></tr>
</table>
</td></tr>
</table>

修为提示

计算施肥量时要细心，标错一个小数点或者单位，结果可能会有霄壤之别，对农业生产造成不可估量的损失。

在工作和学习中我们要有意识地坚持“高标准、严要求”，做完后要认真核对、检查，培养细心的好习惯。

拓展知识：果树“5416”测土配方施肥技术

续表 2-10-1

<table>
<tr><th>工作环节</th><th>操作要点及要求</th></tr>
<tr><td>肥料用量的确定与肥料的配方设计</td><td>
续表
<table>
<tr><td>作物目标产量所需养分量计算</td><td>根据种植的作物种类和确定的目标产量，查阅二维码 2-10-12 中 100 kg 经济产量所需养分，分别计算目标产量所需的氮、磷、钾养分量。
以上例为基础，则需要的氮、磷、钾养分量分别为：
(1)需氮量＝(520÷100)×3.00＝15.6 kg
(2)需磷量＝(520÷100)×1.25＝6.5 kg
(3)需钾量＝(520÷100)×2.50＝13 kg</td></tr>
<tr><td>土壤供肥量计算</td><td>(1)土壤速效养分测定。测定推广用地土壤样品土壤碱解氮、速效磷和速效钾含量。例如本例中的地块经过取样测定结果为：碱解氮为 60.3 mg/kg、速效磷为 8.8 mg/kg、速效钾 102.3 mg/kg。
(2)校正系数确定。一般条件下，为计算方便，碱解氮的校正系数为 1、速效磷为 0.5、速效钾为 0.7。
(3)土壤供肥量计算。根据计算公式可得：
土壤供氮量＝60.3×0.15×1＝9.05 kg
土壤供磷量＝8.8×0.15×0.5＝0.66 kg
土壤供钾量＝102.3×0.15×0.7＝10.74 kg</td></tr>
<tr><td>肥料利用率含量确定</td><td>生产中如果没有条件，可参考上表。假如本例施用的氮肥为尿素、磷肥为过磷酸钙、钾肥为硫酸钾，则三者的肥料利用率分别为 60%、25%、50%。</td></tr>
<tr><td>肥料中养分含量确定</td><td>一般的商品肥料，包装上都会标明肥料中的养分含量，可直接使用。一般尿素中含氮为 46%，过磷酸钙含五氧化二磷 20%，硫酸钾中含氧化钾为 52%。</td></tr>
<tr><td>施肥量确定</td><td>根据以上参数，分别计算氮肥、磷肥、钾肥的用量：
尿素用量＝(15.6－9.05)/(46%×60%)＝23.73 kg/667 m^2
过磷酸钙用量＝(6.5－0.66)/(20%×25%)＝116.8 kg/667 m^2
硫酸钾用量＝(13－10.74)/(52%×50%)＝8.69 kg/667 m^2</td></tr>
</table>
(2)肥料的配方设计
①基于地块的配方设计　首先确定氮、磷、钾养分用量，然后确定相应的肥料组合。具体氮、磷、钾肥用量见施肥量的确定单元。
②施肥单元确定与肥料配方设计　施肥单元确定：以县域土壤类型(土种)、土地利用方式和行政区划(村)的结合作为施肥单元，具体工作中可应用土壤图、土地利用现状图和行政区划图叠加生成施肥单元。
肥料配方设计：根据每个施肥单元的作物产量和氮、磷、钾及微量元素肥料的需要量设计肥料配方，设计配方时可只考虑氮、磷、钾的比例，暂不考虑微量元素肥料。在氮、磷、钾三元素中，可优先考虑磷、钾的配比设计肥料配方，在此基础上以不过量施用为原则设计氮的含量；区域肥料配方一般包括基肥配方和追肥配方，以县为单位分别设计。区域肥料配方设计以施肥单元肥料配方为基础，应用相应的数学方法(如聚类分析、线性规划等)将大量的配方综合，形成配方科学、工艺可行、性状稳定的区域主推肥料配方。
制作县域施肥分区图：区域肥料配方设计完成后，按照既经济又节肥的原则为施肥单元推荐肥料配方。具有相同肥料配方的施肥指导单元即为同一个施肥分区，将施肥单元图根据肥料配方进行渲染后形成县域施肥分区图。
肥料配方校验：在肥料配方应用的作物和区域，开展肥料配方验证试验。
</td></tr>
</table>

续表 2-10-1

工作环节	操作要点及要求
配方肥料合理施用	(1)施肥原则　在养分需求和供应平衡的基础上。坚持有机肥料与无机肥料相结合，坚持大量元素与中微量元素相结合，坚持基肥与追肥相结合，坚持施肥与其他措施相结合。在确定肥料配方和用量后，选择适宜的肥料种类、确定施肥时期和施肥方法等。 (2)肥料种类　根据肥料配方和种植作物，选择配方相同或相近的复混肥料。也可选用单质或复混肥料自行配制。 (3)施肥时期　根据作物阶段性养分需求特性、灌溉条件和肥料性质，确定施肥时期。配方肥料主要作为基肥施用。 (4)施肥方法　应根据作物种类、栽培方式、灌溉方式、肥料性质、施肥设备等确定适宜的施肥方法。常用的施肥方式有撒施后耕翻、条施、穴施等。有条件的地区推荐采用水肥一体化、机械深施、种肥同播等先进施肥方式。

五、作业与活动

1.学生作业

某农户承包 2 hm^2 水稻，已知土壤供氮量为 95 kg/hm^2，水稻的目标产量为 7 500 kg/hm^2，计划施用厩肥 40 000 kg/hm^2(含 N 为 0.5%，当季利用率为 20%)，问应施用尿素多少 kg(尿素含 N 46%，利用率 40%)?

2.课外活动

走访当地农业推广站，进行测土配方施肥技术的推广工作。

随堂测试：认识测土配方施肥技术

任务二　测土配方施肥技术应用

一、任务要求

了解水稻、小麦、玉米、苦瓜、香梨等作物的测土配方施肥技术，并能够结合当地农业种植的情况，进行测土配方施肥技术的推广与应用。

名言警句

测土配方进万家，家家种田乐开花。

配方施肥就是好，节本增收又增效。

(测土配方施肥技术宣传语)

二、相关知识

大力推进测土配方施肥技术应用，引导农民科学合理施肥，是新时代化肥减量增效工作的重要措施，也是实现粮食增产、农民增收、乡村振兴的重要保证。我国地域广阔，不同地区自然气候条件差异大，种植的农作物也不尽相同，因此各地推广测土配方施肥技术也有所区别。本任务主要以水稻、小麦、玉米、苦瓜、香梨为代表，说明测土配方施肥技术在不同地区，不同作物上的具体应用。

三、任务准备

按 2～3 人一组，将全班同学分为若干组，通过图书查询、网络资料收集等手段，每个小组准备不同作物测土配方施肥技术的图片或资料。

四、实施步骤

表 2-10-2　不同作物测土配方施肥技术

工作环节	操作要点及要求

水稻测土配方施肥技术

(1)适用范围　本方法适用于华南水稻种植区。

(2)推荐施肥量　采用土壤养分丰缺指标法，以相对产量 65%、71%、77%、83%和 90%将本地区土壤养分进行分级，确定施肥量，具体见下面 3 个表。

氮肥养分丰缺指标及其施肥量

等级	相对产量/%	全氮含量/(g/kg)	氮肥推荐施肥量(N)/(kg/hm^2)
很低	<65%	1.21～1.28	234～241
低	65～71	1.28～1.75	202～234
中等	71～77	1.75～2.21	178～202
较高	77～83	2.21～2.67	158～178
高	83～90	2.67～3.22	139～158
极高	>90	>3.22	0～139

磷肥养分丰缺指标及其施肥量

等级	相对产量/%	有效磷含量/(mg/kg)	磷肥推荐施肥量(P_2O_5)/(kg/hm^2)
很低	<65%	—	—
低	65～71	3.5～5.50	95～110
中等	71～77	5.50～11.70	70～95
较高	77～83	11.70～17.85	55～70
高	83～90	17.85～25.00	44～55
极高	>90	>25.00	0～44

钾肥养分丰缺指标及其施肥量

等级	相对产量/%	速效钾含量/(mg/kg)	钾肥推荐施肥量(K_2O)/(kg/hm^2)
很低	<65%	6.99～19.50	146～191
低	65～71	19.50～37.10	117～146
中等	71～77	37.10～54.60	101～117
较高	77～83	54.60～72.10	89～101
高	83～90	72.10～92.50	78～89
极高	>90	>92.50	0～78

(3)施肥方法

①基肥　氮肥：总氮量的 40%；磷肥：全部；钾肥：总钾量的 50%。

②追肥　结合灌溉追施剩余的氮肥和钾肥。

(参考《喀斯特地形区水稻测土配方施肥指标体系研究》，赵亮、张贺翠、廉小平，2015)

参考资料：山前平原区冬小麦推荐施肥量

参考资料：低平原区冬小麦推荐施肥量

续表 2-10-2

工作环节	操作要点及要求
冬小麦测土配方施肥技术	(1)适用范围　本方法适用于华北平原区冬小麦种植区。 (2)推荐施肥量　根据目标地块土壤养分含量、目标产量(以目标地块在正常气候和耕作条件下前3年的冬小麦平均产量增加10%～15%作为目标产量)及其所在区域(根据华北区冬小麦主要种植分布情况，依据气候、地貌类型等因素，将冬小麦种植区域划分三个区域：山前平原冬麦区、低平原冬麦区和冀东平原冬麦区)，确定氮、磷、钾以及微量元素推荐施肥量，分别参考副栏：山前平原区、低平原区和冀东平原冬小麦推荐施肥量。 (3)施肥方法 ①基肥　氮肥：高等地力水平地块施总氮量的40%，中等地力水平地块施50%，低等地力水平地块施60%；小麦—玉米两熟制前茬玉米秸秆还田的地块施50%～60%。磷肥：全部。钾肥：中低产麦田全部底施，高产麦田施总钾量的60%～70%。 ②追肥　起身—拔节期结合灌溉追施剩余的氮肥和钾肥。 (参考 DB 13/T 5043—2019　冬小麦测土配方施肥技术规程)

生态玉米测土配方施肥技术

(1)适用范围　本方法适用于华中地区生态玉米种植区。

(2)推荐施肥量　以土壤测试、肥料田间试验、作物需肥规律、土壤供肥性能和肥料效应等为基础，根据目标产量确定的氮肥(N)用量、土壤有效磷含量确定的磷肥(P_2O_5)用量、土壤速效钾含量确定的钾肥(K_2O)用量，具体见下面3个表。

氮肥用量

目标产量/(kg/hm^2)	推荐施氮量(N)/(kg/hm^2)
≥8 250	210～240
6 750～8 250	180～210
5 250～6 750	165～180
<5 250	120～165

磷肥用量

土壤有效磷含量/(mg/kg)	推荐施磷量(P_2O_5)/(kg/hm^2)
≥25	0～15
15～25	15～45
6～15	45～75
<6	75～105

钾肥用量

土壤速效钾含量/(mg/kg)	推荐施钾量(K_2O)/(kg/hm^2)
<70	90～135
70～100	45～90
100～135	15～45
≥135	0～15

(3)施肥方法

①基肥　氮肥：总氮量30%～40%；磷、钾肥：全部；微肥：对于缺锌土壤，施硫酸锌15～30 kg/hm^2。犁地前撒施，深翻，或与种肥同播。

参考资料：冀东平原冬小麦推荐施肥量

名言警句

我要把人生变成科学的梦，然后再把梦变成现实。

(居里夫人)

续表 2-10-2

<table>
<tr><th>工作环节</th><th>操作要点及要求</th></tr>
<tr><td>生态玉米测土配方施肥技术</td><td>秸秆还田：前茬作物秸秆粉碎（长度≤5 cm），覆盖地表，机械深翻压实，保持土壤较高湿度，促进秸秆快速腐烂。另外可增施有机肥：商品有机肥施用量为 3 000～4 500kg/hm^2。
②追肥　剩余的氮肥分两次追施。第一次于小喇叭口期（7～8 片叶）进行，追肥量为总氮量的 30%～40%。第二次于大喇叭口期（10～11 片叶），追施剩余的氮肥。追肥方式为穴施，覆土，然后浇小水。
另外推荐使用配方肥、复（混）合肥料。即在施用有机肥的基础上，以一般含量（N：P_2O_5：K_2O=28：6：6）为 40%的氮磷钾复（混）合肥料作为基肥，施量为 600 kg/hm^2 左右；追肥量（尿素）为 150 kg/hm^2 左右，追肥时间、追肥量及方式同上。
（参考 DB4104/T 096—2019　生态玉米测土配方施肥技术规程）</td></tr>
<tr><td>苦瓜测土配方施肥技术</td><td>（1）适用范围　本方法适用于华南露地苦瓜种植区。
（2）推荐施肥量　根据土壤养分丰缺指标确定施肥量，详见下面 3 个表。
苦瓜土壤水解性氮肥力等级及推荐施氮肥量
<table>
<tr><th>土壤养分肥力等级</th><th>土壤水解性氮含量/（mg/kg）</th><th>推荐施氮量（N）/（kg/667m^2）</th></tr>
<tr><td>极低</td><td>60～120</td><td>15.5～21.0</td></tr>
<tr><td>低</td><td>120～170</td><td>12.5～15.5</td></tr>
<tr><td>中</td><td>170～250</td><td>9.5～12.5</td></tr>
<tr><td>较高</td><td>250～300</td><td>8.5～9.5</td></tr>
<tr><td>高</td><td>>300</td><td><8.5</td></tr>
</table>
苦瓜土壤有效磷肥力等级及推荐施磷肥量
<table>
<tr><th>土壤养分肥力等级</th><th>有效磷含量/（mg/kg）</th><th>推荐施磷量（P_2O_5）/（kg/667m^2）</th></tr>
<tr><td>极低</td><td><14</td><td>11.0～13.5</td></tr>
<tr><td>低</td><td>14～30</td><td>9.5～11.0</td></tr>
<tr><td>中</td><td>30～75</td><td>8.0～9.5</td></tr>
<tr><td>较高</td><td>75～120</td><td>7.5～8.0</td></tr>
<tr><td>高</td><td>>120</td><td><7.5</td></tr>
</table>
苦瓜土壤速效钾肥力等级及推荐施钾肥量
<table>
<tr><th>土壤养分肥力等级</th><th>速效钾含量/（mg/kg）</th><th>推荐施钾量（K_2O）/（kg/667m^2）</th></tr>
<tr><td>极低</td><td><35</td><td>16.0～21.0</td></tr>
<tr><td>低</td><td>35～70</td><td>13.0～16.0</td></tr>
<tr><td>中</td><td>70～160</td><td>9.5～13.0</td></tr>
<tr><td>较高</td><td>160～230</td><td>8.0～9.5</td></tr>
<tr><td>高</td><td>>230</td><td><8.0</td></tr>
</table></td></tr>
</table>

修为提示

苦瓜味苦，有清热解暑、健脾开胃之效，但苦味过后，会有淡淡的甘甜，沁人心脾。亦如人生，不经历苦哪能得到甜。不想苦一辈子，就要苦一阵子，扛得住艰难，才能配得上梦想。农学人更需吃得苦中苦。

续表 2-10-2

工作环节	操作要点及要求
苦瓜测土配方施肥技术	(3)施肥技术 ①基肥　全部有机肥、50%磷肥和10%氮钾或10%配方肥用作基肥。建议适当增施有机肥,施肥量根据苦瓜产量确定。苦瓜产量一般1 500～2 000kg/667m^2计,则商品有机肥施用300 kg/667 m^2左右或者农家有机肥(堆肥、土杂肥等)750 kg/667 m^2左右。注意在有机肥料用量较大时,应适当减少化肥施用量。施用商品有机肥料时,可根据其养分含量和用量计算磷、钾养分施入量,相应减施化学磷、钾肥用量或按照每施100 kg商品有机肥,减施1.4 kg磷素(P_2O_5)和1.5 kg钾素(K_2O)。 ②追肥　除基肥外的化肥均作为追肥,一般分6次或以上施肥。肥料可配成水肥淋施于苦瓜根际,一般不要干肥撒施,但若遇雨后土壤湿透,可在根际作穴施后覆土。也可根据生长发育所需,适当喷施叶面肥。具体如下:在播种齐苗后第一片真叶平展时或移栽定植成活后约7 d进行第1次追肥,施肥量为氮、钾肥总量的5%,磷肥总量的10%;7～10 d(约为开花初期)后进行第2次追肥,施肥量为氮、磷、钾总量的10%;7～10 d(约为结果初期)后进行第3次追肥,施肥量为氮、钾肥总量的15%,磷肥总量的10%;约10 d左右后施第4次肥,施肥量为氮、钾肥总量的20%,磷肥总量的10%。以后隔约10 d追肥一次,氮、钾肥和配方肥料共追6次或以上(第7次以上用量与第4次同),磷肥共追5次。 ③中、微量元素肥料　有机肥施足时,可以不施用中、微量元素肥料。以下情况应补施:当土壤微量元素交换性镁＜100 mg/kg,有效硼＜0.20 mg/kg,有效钼＜0.07 mg/kg注意补充微量元素。全期施镁(Mg)肥量为0.3～0.8 kg/667 m^2,硼(B)肥量为0.03～0.06 kg/667 m^2,施钼(Mo)肥量为0.008～0.016 kg/667 m^2。注意硼、钼的施用量很低,施用时采用叶面喷施。 (参考DB44/T 2273—2021　苦瓜测土配方施肥技术规程)
香梨测土配方施肥技术	(1)适用范围　本方法适用于西北地区香梨种植区。 (2)推荐施肥量　幼龄香梨根据不同树龄、不同土壤肥力进行施肥量及肥料配方推荐,具体见副栏幼龄香梨测土配方平衡施肥参照表。成龄香梨根据目标产量(可根据树龄、树势、花芽及气候、土壤、栽培管理等综合因素确定当年合理的目标产量,一般以前3年在正常气候条件下的产量增10%～20%来确定)、不同土壤肥力进行施肥量及肥料配方推荐,见副栏成龄香梨测土配方平衡施肥参照表。 (3)施肥方法 ①基肥　将全部的有机肥、1/5的化肥作为基肥。在秋季果实采收前后(9月底—10月中旬),结合深翻耕进行施用,如有微量元素缺乏症也可在此时补充。施肥方法:在树冠两侧对称挖两条深50～60 cm的条沟或在树冠周围挖5～6个深50～60 cm的坑穴,将基肥与表土混合后施入沟穴中覆土。 ②追肥　一年追肥3～6次,主要在开花前、落花后、花芽分化期及果实膨大期等几个时期。施肥时,在树冠投影线周围均匀挖8～12个深15～20 cm的穴,将剩余的化肥分次施入后覆土。前期以氮肥为主,配合磷钾肥,后期以磷钾肥为主,配合氮肥。 ③微量元素肥料推荐　当土壤微量元素有效锌＜2 mg/kg,有效锰＜7 mg/kg,有效硼＜2 mg/kg,有效铁＜15 mg/kg时,注意补充该微量元素。一般在秋季结合基肥混合一并施入,施肥量为1～2 kg/667 m^2微量元素肥料。也可采用叶面追肥,喷施2～3次。微量元素肥料可采用硫酸锌、硫酸锰、硫酸亚铁、硼酸或硼砂,也可施用复合微量元素肥料。 (参考DB65/T 2922—2008　香梨测土配方平衡施肥技术规程)

参考资料:幼龄香梨测土配方平衡施肥参照表

参考资料:成龄香梨测土配方平衡施肥参照表

五、作业与活动

1.学生作业

了解近两年当地推广的施肥新技术，并根据实际情况，写一篇调研报告。

2.课外活动

走访当地农业推广站，进行测土配方施肥技术的推广工作。

任务三　应用其他施肥新技术

一、任务要求

了解水稻“三控”施肥、无人机施肥、二氧化碳施肥技术、水肥一体化等作物施肥的新技术，并能够根据当地作物种植情况，进行施肥新技术的推广与应用。

责任担当

长期以来，我国农村存在盲目或过度施肥的问题，导致农业肥料利用率低、农产品品质差、土壤环境受到污染等，制约了我国农业可持续发展。因此，我们应进一步提高认识，大胆创新，大力推广科学施肥新方法，助力“乡村振兴”战略。

二、相关知识

我国是农业生产大国，也是化肥消费大国。相关统计表明，目前我国化肥施用总量已居世界首位，化肥施用量接近国际公认化肥施用量上限的 2 倍，远超其他国家。虽然，化肥在促进粮食增产中发挥着重要的作用，但目前在农业生产施肥结构上依然存在着施肥总量过多、施肥结构不科学、施肥养分不平衡、施肥比例失调等问题，农民多施、偏施、盲目施肥现象非常普遍，严重影响了作物的品质，也造成了水体污染、土壤酸化、温室效应等生态问题。因此，大力推广科学施肥新方法，用精准农业技术管理土壤养分，实现施肥的定量化、科学化、机械化，对现阶段实施“减量化”，扭转不合理施肥现象促进农业绿色高质量发展具有重要意义。施肥新方法主要有下列几种。

PPT 课件：应用其他施肥新技术

1.水稻“三控”施肥技术

水稻三控施肥技术是针对我国水稻生产中化肥农药过量施用、环境污染严重、病虫害和倒伏等突出问题而研发的高效安全施肥及配套技术体系，是一项高产稳产、节本增效、环境友好、增进稻米安全的新型施肥技术。水稻三控施肥技术主要内容为控肥、控苗、控病虫（简称“三控”）。“控肥”即控制总施氮量和基蘖肥施氮量，提高氮肥利用率，减少环境污染；“控苗”即控制无效分蘖和最高苗数，提高成穗率和群体质量，实现高产稳产；“控病虫”即优化群体结构，控制病虫害的发生，减少农药用量，提升稻米食用安全性。与传统栽培相比，该技术具有省肥省药、增产增收、操作简便等优势，现为农业农村部主推技术。

2.水稻侧深施肥机械化技术

水稻侧深施肥机械化技术是指水稻机械化插秧作业时，通过插秧机加装施肥装置，同步完成开沟、施肥、覆土等作业，把肥料定量、均匀地施在秧苗侧部一定深度土壤中的机械化生产技术。该技术具有显著提高肥料利用率、促进水稻前期营养生长、减少水稻无效分蘖、抗倒伏、减轻环境污染、降低成本、减轻劳动强度等优势，能够促进水稻的高产、优质，为绿色高效复合装备技术。通过加快推广水稻侧深施肥机械化技术，可推动水稻生产全程机械化高质高效发展。

3.二氧化碳施肥技术

二氧化碳是植物进行光合作用的主要原料，施用二氧化碳能够提高植物抗病虫害能力，可显著增加蔬菜类、果树等作物的产量，改善作物品质。在现代农业生产中，增施二氧化碳肥料已成为设施园艺作物栽培中的重要增产措施。近年来，我国的温室大棚生产发展十分迅速，不少地区，如山东、辽宁、北京等地都在推广和应用二氧化碳施肥技术，并取得良好的效果。

4.水肥一体化(灌溉施肥)施肥技术

水肥一体化技术是将灌溉与施肥融为一体的农业新技术，是精确施肥与精确灌溉相结合的产物。水肥一体化是借助压力系统(或地形自然落差)，将可溶性固体或液体肥料，按土壤墒情、土壤养分含量和作物种类的需肥规律和特点，通过田间管网系统同灌溉水一起进行水肥供给，实现水肥同步管理和高效利用的一种节约型灌溉施肥技术。水肥一体化技术具有可控制、节水、节肥、供肥较快、肥力均匀、对根系损伤小、肥料利用率高、节省劳动力、增产、增效等优势，已广泛应用于大田生产和设施栽培粮食、蔬菜、花卉、果树等作物上。目前水肥一体化技术实施的模式主要有滴灌水肥一体化模式、微喷灌水肥一体化模式、膜下滴灌水肥一体化模式等。

5.无人机施肥技术

利用无人机搭载遥感传感器获取作物冠层图像，通过图像拼接和融合技术，结合相关数据，对作物生长信息进行定量分析，能够实现养分状况评估，进行合理施肥。与传统人工施肥相比，无人机施肥有着作业效率高、节约人力、作业效果好、施肥精度高等优势。除此之外，相关工作人员可根据不同时期农作物生长的营养需求，控制无人机的施肥种类与施肥量，给农作物补充相应的营养，以促进农作物的茁壮生长。

典型案例:水稻“三控”技术保粮食丰收

三、任务准备

按 2～3 人一组，将全班同学分为若干组，通过图书查询、网络资料收集等手段，每个小组准备作物施肥新技术的图片或资料。

四、实施步骤

表 2-10-3 常见农作物的施肥新技术操作规程

工作环节	操作要点及要求
水稻“三控”施肥技术	(1)氮肥总量控制　总施氮量(以纯 N 计)根据目标产量、无氮区产量、氮素养分消耗量和氮肥利用率估算,计算公式如下: 总施氮量=(目标产量－无氮区产量)×氮素养分消耗量/氮肥利用率 公式中,目标产量可根据品种、地点、季节和栽培管理水平确定,一般不超过产量潜力的 80%～90%,产量潜力可通过田间试验测得,也可采用当地的最高产纪录;无氮区产量可通过田间试验测得,在缺乏无氮区产量数据时,也可用以往在同一地点类似土壤获得的无氮区产量进行估计;氮素养分消耗量是指每生产 100 kg 稻谷所消耗的氮素养分量,一般早稻为 1.9 kg,晚稻为 2.1 kg,晚季高于早季,且氮素养分消耗量有随着结实期日照时数和产量水平的提高而提高的趋势;氮肥利用率一般以 40%计算。 (2)氮肥的分阶段调控　在总施氮量确定后,按照基肥占 35%～40%、分蘖中期(移栽至穗分化的中间点,一般在移栽后 12～17 d)占 20%左右、幼穗分化始期占 35%～40%、抽穗期占 5%～10%的比例,确定各阶段的施氮量。注意追肥前可再根据叶色诊断结果,适当调整实际施氮量。 (3)磷、钾肥的施用　磷、钾肥用量根据目标产量和缺素区产量确定。在不施肥空白区产量基础上,每增产 100 kg 稻谷需增施磷肥(以 P_2O_5 计) 2～3 kg,增施钾肥(以 K_2O 计) 4～5 kg。空白区即无磷区和无钾区的产量可通过磷、钾缺素区“开窗试验”确定。在缺乏空白区产量资料的情况下,可按 N : P_2O_5 : K_2O=1 : (0.2～0.4) : (0.8～1)的比例确定磷钾肥施用量。磷肥全部作基肥施用,钾肥一半作基肥或分蘖肥,一半在幼穗分化始期施用。 注意在有稻草还田的情况下,可适当减少钾肥用量。另外磷钾肥的施用量采用恒量监控的方法,以若干年(例如 3～5 年)为 1 个周期,结束后,再进行缺素区“开窗试验”,重新确定施用量。 (4)其他配套技术 ①选用良种,培育壮秧。根据当地气候条件、土壤肥力、产量水平和米质偏好等,选用株型和群体通透性好、抗病性较强的高产、优质良种。育秧方式可采用水、旱育秧或塑料软盘育秧等。大田育秧要求适当稀播,培育适龄壮秧。一般早稻秧龄为 25～30 d,晚稻秧龄为 15～20 d。 ②合理密植,保证基本苗数。根据实际情况,每亩栽插或抛秧 1.8 万穴左右。杂交稻每穴 1～2 苗,常规稻每穴 3～4 苗。机插秧行距为 30 cm,株距 12～18 cm(因品种不同可进行适当的调节)。 ③灌溉管理,中期控苗。移栽后浅水分蘖,当苗数达到有效穗数的 80%时开始晒田,倒二叶抽出时停止晒田,恢复水层。整个生育期以湿润灌溉为主,不能重晒田。收割前 7 d 左右断水,但不要断水过早。 ④防治病虫害。采用三控施肥技术的稻田,纹枯病、稻纵卷叶螟、稻飞虱等病虫害为害较轻,可酌情少施农药 1～3 次。注意最好选择低毒低残留药剂或生物农药进行防治,以提高稻米的安全品质。 注意事项:要保证栽插密度,不能太稀。前期禾苗长势不好,不要着急,这正是三控的关键。保水保肥能力差的土壤,应在插秧后 5～7 d 施尿素 2.5～5 kg,基肥量和分蘖肥量相应减少。中期晒田不要过重,后期断水不要过早。目标产量和地力不同,其施肥量不同,若施用了农家肥,或者前作是蔬菜或绿肥的,其施肥量要相应减少。
	(参考《水稻“三控”施肥技术规程》,钟旭华、黄农荣、郑海波等,2007)

农事谚语

施肥在雨前,
一夜长一拳。

续表2-10-3

工作环节	操作要点及要求
水稻侧深施肥机械化技术	(1) 安装合适的施肥机　根据田块的土壤类型选择风送式或垂直螺旋式施肥机，并将施肥机搭载在水稻插秧机上，实现插秧、施肥同步作业。注意在作业前对施肥机进行调试，确认各施肥口排肥量是否一致，各施肥口排肥量是否与理论施肥量一致，最后根据理论值与实践值间的差距进行肥量调节。 (2)选择适宜种类的肥料　应选择颗粒大小均匀一致(粒径 1.5～3.5 mm)，表面光滑，硬度适宜(用手挤压肥料颗粒，不易碎)，不吸湿，不相互粘连，不易固结的肥料，建议应用水稻缓/控释肥或配方复合肥。 (3)精细整地　田块要求做到“耙细、整平、洁净、沉实”。田块耕整深度均匀一致，田面高差不大于 3 cm；田面无残茬、无杂物；耕作层深度小于 30 cm，田面泥浆沉实但不板结，机插作业时不陷机，不拖泥。 (4)施肥作业　施肥机搭载在水稻插秧机上进行作业。要求肥料入泥后距离水稻秧苗根侧 5 cm，施肥深度距离地表 5 cm，施肥后肥料呈条状，与秧苗移栽方向平行，以提供水稻插秧后秧苗从返青到分蘖期间的肥料供应。并要求机插秧苗无缺株、倒伏、歪苗、埋苗等。 根据实际情况，按照土壤地力不同，与常规的施用量相比，采用机插侧深施肥，可按减肥 10%～15%确定施肥量，以达到减肥不减产的目的。 注意事项：作业前应先检查调试机具，调整好行距、施肥量。机插前，田面一定要平整，否则易导致肥料无法精准施用到合理的位置。操作时注意安全，操作人员应经专业的系统培训。 (参考《广西水稻机插秧同步侧深施肥技术规程》，2021)
二氧化碳施肥技术	目前国内外二氧化碳肥料的制作来源有很多，在生产实践中证明，比较好的方法有以下几种： (1)有机肥发酵法　施用有机肥不仅可以为作物生长提供各种养分，还能在棚内高温的条件下进行发酵，释放出二氧化碳，增强植株的光合作用。 (2)化学反应法　碳铵可与硫酸(比例为 1∶0.65)反应生成二氧化碳、硫酸铵和水，生成的硫酸铵还可做叶面肥。 (3)固体二氧化碳气肥施放法　固体二氧化碳气肥为褐色扁形颗粒或圆片状。在作物生长期间，将一定重量的二氧化碳固体肥料，放入棚室内，固体二氧化碳吸热挥发出气体二氧化碳。 (4)压缩二氧化碳气体　二氧化碳是乙醇发酵过程的副产物，把它压入钢瓶备用。施用时打开瓶栓即可把二氧化碳放出。 (5)有机物燃烧法　将木炭、天然气、煤油、丙烷等放在二氧化碳发生器中燃烧生成二氧化碳，此方法简便易行，但燃烧时容易产生别的有害气体如氮和氨、一氧化碳等，需过滤净化。 注意事项：施肥时，应选择在温暖光照充足的天气，在施肥 40 min 后应注意通风；注意二氧化碳浓度不能过高，高于饱和浓度时，不仅成本上升，而且易造成植株二氧化碳中毒，反而抑制光合作用；做好水肥管理，因为二氧化碳肥料的施入，植物光合作用增强，生长加快，产量提高，对水肥的需要量也相应增强；另外注意有害气体的危害，特别是采用燃烧法或化学反应法产生二氧化碳的时候，也产生一部分有害气体，要防止其对蔬菜和人体的毒害。
水肥一体化施肥技术	(1)设施设备　对当地的地质、土壤、气候、作物种植方式、地形地貌、水源特点等多种因素进行综合研究和分析，然后对水肥一体化的设施和设备(主要是灌溉设备和施肥设备)进行系统的设计和建设。水肥一体化的灌水方式可采用滴灌、微灌、渗灌、管道灌溉等。施肥设备主要包括施肥泵、施肥罐、施肥器、施肥池、施肥机等；施肥的系统包括蓄水池位置、蓄水量、出口、肥料、具体的管道及相关的分配器阀

典型案例：水稻侧深施肥技术助力粮食高产

典型案例：侧深施肥技术助力水稻绿色高效生产

续表2-10-3

工作环节	操作要点及要求
水肥一体化施肥技术	门等;施肥模式根据其工作原理和方法可分为压差式施肥、重力自压式施肥法、吸入式注肥、注入式施肥、文丘里施肥器等5种类型。 (2)肥料选择　水肥一体化施肥的过程中,要根据具体作物需肥规律、田间土壤肥力水平及目标产量、灌溉水的成分及pH、肥料之间的化学作用等原则进行选择。应满足以下要求:肥料中养分浓度较高,在田间能迅速地溶于灌溉水中;肥料杂质含量低,能够混合,不会阻塞过滤器和滴头;与灌溉水的相互作用很小,不会引起灌溉水pH的剧烈变化;对设备的腐蚀性小等。 (3)具体步骤　首先要将肥料进行溶解与混匀,特别是施用固态肥料时,要肥料与水进行充分的搅拌混合,如果肥料中的不可溶解物过多,要进行过滤,避免出现管道堵塞的问题。 其次要对肥料的施用量进行严格的控制,所施用的肥液的浓度最好控制在灌溉总流量的0.1%,并且保证肥液流得稳定。如果施用的肥料过量可能导致作物受害及环境污染。 最后在施肥的过程中要注意将施肥的程序进行准确的把握,根据少量多次、肥随水走、分阶段施肥的原则,对农作物的总施肥量和灌水量进行分配。 注意事项:在每次进行施肥之前,应该先滴清水,在压力稳定之后再进行施肥,当施肥完成之后,要及时用清水对管道进行清洗;在施肥过程之中,应该对灌水器中的水溶液浓度进行实时监测,从而避免肥害;对系统设备进行定期检查和及时维修,避免设备漏水;定期对设备进行排沙处理,及时清洗过滤器;另外在秋末应该对系统进行排水,防止管道结冰裂开,做好防冻措施。
无人机施肥技术	(1)叶面肥喷施时间要合适　为了延长叶面被肥料溶液湿润的时间,有利于营养元素的吸收,喷施叶面肥的时间选在晴朗无风的傍晚前后。这样可以延缓叶面的风干速度,有利于离子向叶片内渗透。喷施时要均匀,使叶片正面全湿。喷施叶面肥后如遇大雨,应重新再喷1次。 (2)叶面肥的浓度要适当　由于叶面肥是直接喷施于农作物上部的叶面,农作物对肥料的缓冲作用非常小。因此,一定要掌握好叶面肥的喷施浓度。浓度过低,农作物接触的营养元素量小,使用效果不明显;浓度过高往往会灼伤叶片造成肥害。同一种叶面肥在不同的农作物上喷施浓度也不尽相同,应根据农作物种类而定。 (3)叶面肥的酸度要适宜　营养元素在不同的酸碱度下有不同的存在状态。要发挥肥料的大效益,必须有一个合适的酸度范围,一般要求pH在5～8,pH过高或过低,除营养元素的吸收受到影响外,还会对农作物产生危害。 (4)添加助剂　飞控员在使用植保无人机给叶面喷施肥液时,适当添加助剂,能提高肥液在植物叶片上的黏附力,促进肥料的吸收。 (5)喷洒作业后　植保无人机喷洒作业结束后,请马上用香皂把手和脸洗干净,并与飞控员协力将植保无人机和喷洒装置等清洁干净。 (6)作业完成清洗　植保无人机喷洒完成之后,清洗药箱及喷洒装置里残留的肥液,并进行适当的处理,配管里的残余肥液也要进行安全处理,药箱、配管、喷头等需要特别清洗。 注意事项:施肥前,应做好机械全面检查工作,要仔细查看无人机底座是否有破损或者是断裂的情况,保证相关设备没有任何问题;在无人机正式飞行之前,还需要检查各项电子配件是否正常运行,比如说天线有没有松动,是否能够正常通信,LED等通电之后是否能够正常闪烁,失控保护措施是否能够正常启动等;无人机作业之前要对当天的环境气象进行分析,严禁在雷雨天或者是大风天飞行作业,否则会增加事故发生率等。

名家故事:尹飞虎:滴灌水肥一体化技术的开拓者

拓展知识:物联网技术在水肥一体化中的应用

典型案例:无人机施肥助丰产丰收

正能量微语

一份信心,一份努力,一份成功;十分信心,十分努力,十分成功。

五、作业与活动

1.学生作业

简述水稻“三控”施肥技术的要点。

2.课外活动

了解近五年的农作物施肥新技术、新成果、最新研究进展等，写一篇施肥新技术方面的综述。

参观智慧农业温室大棚，总结其施肥技术。

随堂测试：应用其他施肥新技术

【小结与思考】

◆小结

- 应用施肥新技术
  - 认识测土配方施肥技术
    - 基本原理
    - 原则
    - 内容
    - 基本方法
  - 测土配方施肥技术的应用
    - 水稻
    - 冬小麦
    - 玉米
    - 苦瓜
    - 香梨
  - 应用其他施肥技术
    - 水稻“三控”施肥技术
    - 水稻侧深施肥机械化技术
    - 二氧化碳施肥技术
    - 水肥一体化施肥技术
    - 无人机施肥技术

◆思考

1.测土配方施肥对我国现代农业生产有何重要的意义？

2.阐述水肥一体化技术在我国农业生产上的应用现状与发展趋势。

参考文献

[1]刁杰.我国农田土壤重金属污染现状、危害及风险评价研究[J].江西化工,2021,37(6):27-29. DOI:10.14127/j.cnki.jiangxihuagong.2021.06.008

[2]杜相革.农产品安全生产技术[M].北京:中国农业大学出版社,2007.

[3]广西水稻机插秧同步侧深施肥技术规程[J].广西农业机械化,2021(1):39-40.

[4]郭开良.试论微生物肥料与提升农产品品质的关系[J].农业与技术,2017,37(24):12-13.

[5]黄昌勇.土壤学[M].北京:中国农业出版社,2000.

[6]黄建,赵晓强,孟嗣杰,等.离子色谱法测定土壤有效硫含量[J].中国土壤与肥料,2021(4):347-353.

[7]金为民,宋志伟.土壤肥料[M].2版.北京:中国农业出版社,2009.

[8]李小坤,鲁剑巍,吴礼树.土壤钾素固定和释放机制研究进展[J].湖北农业科学,2008(4):473-477.

[9]李小庆.农作物生产中钾肥的作用及施用技术要点[J].南方农业,2021,15(6):236-237.DOI:10.19415/j.cnki.1673－890x.2021.06.110

[10]李振陆.植物生产环境[M].北京:中国农业出版社,2006.

[11]梁飞,等. 正确选用肥料与科学施肥知识问答[M].北京:中国农业出版社,2020.

[12]林敏霞,张晓东,邱美欢,等.植物镁素生理功能及镁素营养诊断和施用[J].热带农业科学,2016,36(3):39-43.

[13]刘军辉,李利.我国微生物肥的应用研究进展[J].河北果树,2018(5):5-6.DOI:10.19440/j.cnki.1006-9402.2018.05.002

[14]刘雁彬,拜艳玲.土壤肥料对农产品质量的影响与对策[J].农村实用技术,2021(6):53-54,52.

[15]陆景陵.植物营养学[M]:上册.2版.北京:中国农业出版社,2003.

[16]骆永明,马奇英,等.土壤环境与生态安全[M].北京:科学出版社,2009.

[17]慕兰.合理施肥与农产品质量安全[C]//科技、工程与经济社会协调发展——河南省第四届青年学术年会论文集(下册),2004:182-185.

[18]彭天玥,王洁玲.农田重金属污染现状、风险与管控对策研究[C]//中国环境科学学会2021年科学技术年会——环境工程技术创新与应用分会场论文集(二),2021:336-345,395.DOI:10.26914/c.cnkihy.2021.022090

[19]强秦.土壤与植物营养[M].西安:西安地图出版社,2004.

[20]屈小荣,亓昭英.我国钾肥行业现状及未来发展趋势分析[J].肥料与健康,2020,47(5):7-11.

[21]全国农业技术推广服务中心.土壤分析技术规范[M].2版.北京:中国农业出版社,2006.

[22]任红梅,郝立冬,魏雅冬,等.土壤学实训教程[M].北京:北京大学出版社,2019.

[23]任莉.肥料对农产品质量安全的影响[J].吉林农业,2014(6):82.

[24]任轶.植物营养中钙的功能及其在土壤改良中的作用[J].现代农业科技,2013(12):202.

[25]沈阿林.新编肥料实用手册[M].郑州:中原农民出版社,2004.

[26]盛姣,耿春香,刘义国.土壤生态环境分析与农业种植研究[M].西安:世界图书出版西安有限公司,2018.

[27]石伟勇.植物营养诊断与施肥[M].北京:中国农业大学出版社,2005.

[28]石赟,董宁,桂文君,等.土壤营养与肥料施用学[M].兰州:兰州大学出版社,2017.

[29]宋志伟,王庆安.土壤肥料[M].5 版.北京:中国农业出版社,2019.

[30]宋志伟.土壤肥料[M].北京:高等教育出版社,2005.

[31]宋志伟,王阳.土壤肥料[M].4 版.北京:中国农业出版社,2015.

[32]谭金芳.作物施肥原理与技术[M].北京:中国农业大学出版社,2003.

[33]王迪轩,何永梅,李建国.新编肥料使用技术手册[M].北京:化学工业出版社,2020.

[34]王慧芳,李镶成,杨雪,等.土壤重金属污染现状及修复技术研究[J].种子科技,2021,39(20):81-82.DOI:10.19904/j.cnki.cn14-1160/s.2021.20.040

[35]王敬国.农用化学物质的利用与污染控制[M].北京:北京出版社,2005.

[36]王梅,尹显慧,龙友华,等.硫素营养与植物病害关系研究进展[J].山地农业生物学报,2015,34(5):70-73.DOI:10.15958/j.cnki.sdnyswxb.2015.05.014

[37]王荣慧,白冬,章路,等.超声浸提 ICP－OES 法同时测定土壤中交换性钙、镁和速效钾[J].浙江农业科学,2021,62(9):1853-1856.

[38]王文斌.云南烟区土壤、肥料和烟叶中的放射性核素[D].重庆:西南大学,2002.

[39]王云龙.关于农作物常用微肥科学施用技术的研究[J].农业与技术,2018,38(20):25.

[40]王紫艳,杨桂玲,虞铁俊,等.有机肥施用对农产品质量安全及土壤环境的影响研究[J].农产品质量与安全,2020(4):67-73.

[41]熊晓莉,李宁,张晓岸.有机肥料生产·登记·施用[M].北京:中国农业出版社,2019.

[42]薛敏,颜学佳,但仕勇.土壤稀释对速效钾测定的影响[J].耕作与栽培,2019(3):22-23.

[43]占华丽,吴琼泽,钟昌柏,等.合理施肥与农产品质量安全的探讨[J].农技服务,2010,27(1):66-68.

[44]张福锁.作物施肥图解[M].2 版.北京:中国农业出版社,2011.

[45]张红军.微肥施用技术浅谈[J].农家参谋(种业大观),2014(9):54.

[46]张建平,仪海亮,马梅静,等.作物营养缺素诊断与科学施肥[M].郑州:中原出版传媒集团中原农民出版社,2021.

[47]张心昱,陈利顶.土壤质量评价指标体系与评价方法研究进展与展望[J].水土保持研究,2006(3):30-34.

[48]张秀菊.常用微肥施用技术[J].现代农业科技,2009(7):183.

[49]张亦驰,李林,史喜林,等.土壤钾素形态及有效性的研究进展[J].吉林农业科学,2013,38(6):52-54,61.DOI:10.16423/j.cnki.1003－8701.2013.06.011

[50]张元兰,张正苇,陆龙平.浅析肥料与农产品质量安全的关系[J].中国农业信息,2016(24):78-79.

[51]赵秉强,等.新型肥料[M].北京:科学出版社,2013.

[52]赵亮,张贺翠,廉小平,等.喀斯特地形区水稻测土配方施肥指标体系研究.植物营养与肥料学报,2015,21(4):10.

[53]赵玉婷,于鹏,祝贺鹏,等.不同类型农田土壤交换性钙镁测定方法的研究[J].农业与技术,2021,41(6):56-60.

[54]郑诗樟.硫肥对土壤性质、重金属形态和作物生长的影响[D].武汉：华中农业大学，2012.
[55]钟旭华，黄农荣，郑海波，等.水稻“三控”施肥技术规程[J].广东农业科学，2007(5)：13-15，43.
[56]周建军，周桔，冯仁国.我国土壤重金属污染现状及治理战略[J].中国科学院院刊，2014，29(3)：315-320，350，272.
[57]邹良栋.植物生长与环境[M].北京：高等教育出版社，2015.
[58]光明网_新闻视野、文化视角、思想深度、理论高度(gmw.cn)
[59]三农百科 https：//baike.baidu.com/item/%E4%B8%89%E5%86%9C/15989？fr=aladdin
[60]学习强国(xuexi.cn)
[61]DB13/T 5043—2019，冬小麦测土配方施肥技术规程.
[62]DB44/T 2273—2021，苦瓜测土配方施肥技术规程.
[63]DB65/T 2922—2008，香梨测土配方平衡施肥技术规程.
[64]GB/T 17420—2020 微量元素叶面肥料.
[65]GBT 21633—2020 掺混肥料(BB 肥).
[66]GBT 15063—2020 复合肥料.
[67]GB 8569—2009 固体化学肥料包装.
[68]GB 20287—2006 农用微生物菌剂.
[69]NY/T 889—2004 土壤速效钾和缓效钾含量的测定.
[70]NY/T 1121.13—2006 土壤检测　第 13 部分：土壤交换性钙和镁的测定.
[71]NY/T 1121.14—2006 土壤检测　第 14 部分：土壤有效硫的测定.
[72]NY/T 1121.9—2012 土壤检测　第 9 部分：土壤有效钼的测定.
[73]NY/T 1121.8—2006 土壤检测　第 8 部分：土壤有效硼的测定.
[74]NY/T 1535—2007 肥料合理使用准则　微生物肥料.
[75]NY/T 798—2015 复合微生物肥料.
[76]NY/T 890—2004 土壤有效态锌、锰、铁、铜含量的测定　二乙三胺五乙酸(DTPA)浸提法.
[77]NY/T 1113—2006 微生物肥料术语.
[78]NYT 525—2021 有机肥料.